国家出版基金项目
NATIONAL PUBLICATION FOUNDATION

"十二五""十三五"国家重点图书出版规划项目

风力发电工程技术丛书

浓缩风能型 风电机组理论研究

田德 韩巧丽 林俊杰 等 著

U0259201

中国水利水电出版社
www.waterpub.com.cn
·北京·

内 容 提 要

本书是《风力发电工程技术丛书》之一，介绍了浓缩风能理论和浓缩风能型风电机组发展历程、关键技术研究开发与应用，主要包括三部分内容：浓缩风能型风电机组基础理论与发展历程，浓缩风能型风电机组关键技术研究开发，浓缩风能型风电机组技术应用示范与噪声、材料、提水系统方面的研究。书中重点介绍了浓缩风能型风电机组基础理论研究、设计方法、风洞实验、车载实验和系统仿真实验。

本书可作为高等院校风电相关专业的研究生以及风电相关行业科研院所工作人员的参考书，也可供机械工业部门、电气工业部门和其他工业部门相关设计人员参考。

图书在版编目（ＣＩＰ）数据

浓缩风能型风电机组理论研究 / 田德等著. －－ 北京：
中国水利水电出版社，2017.3
（风力发电工程技术丛书）
ISBN 978-7-5170-5503-7

Ⅰ．①浓… Ⅱ．①田… Ⅲ．①风力发电机－发电机组
－研究 Ⅳ．①TM315

中国版本图书馆CIP数据核字(2017)第127122号

书 名	风力发电工程技术丛书 **浓缩风能型风电机组理论研究** NONGSUO FENGNENG XING FENGDIAN JIZU LILUN YANJIU
作 者	田德 韩巧丽 林俊杰 等 著
出版发行	中国水利水电出版社 （北京市海淀区玉渊潭南路1号D座　100038） 网址：www.waterpub.com.cn E - mail：sales@waterpub.com.cn 电话：（010）68367658（营销中心）
经 售	北京科水图书销售中心（零售） 电话：（010）88383994、63202643、68545874 全国各地新华书店和相关出版物销售网点
排 版	北京万水电子信息有限公司
印 刷	北京瑞斯通印务发展有限公司
规 格	184mm×260mm　16开本　18.75印张　445千字
版 次	2017年3月第1版　2017年3月第1次印刷
定 价	**88.00元**

主要参编单位 （排名不分先后）

河海大学

中国长江三峡集团公司

中国水利水电出版社

水资源高效利用与工程安全国家工程研究中心

水电水利规划设计总院

水利部水利水电规划设计总院

中国能源建设集团有限公司

上海勘测设计研究院有限公司

中国电建集团华东勘测设计研究院有限公司

中国电建集团西北勘测设计研究院有限公司

中国电建集团中南勘测设计研究院有限公司

中国电建集团北京勘测设计研究院有限公司

中国电建集团昆明勘测设计研究院有限公司

中国电建集团成都勘测设计研究院有限公司

长江勘测规划设计研究院

中水珠江规划勘测设计有限公司

内蒙古电力勘测设计院

新疆金风科技股份有限公司

华锐风电科技股份有限公司

中国水利水电第七工程局有限公司

中国能源建设集团广东省电力设计研究院有限公司

中国能源建设集团安徽省电力设计院有限公司

华北电力大学

同济大学

华南理工大学

中国三峡新能源有限公司

华东海上风电省级高新技术企业研究开发中心

浙江运达风电股份有限公司

本书编委会

主　　编　田　德

副 主 编　韩巧丽　林俊杰

参编人员　马广兴　姬忠涛　习明光　季　田

　　　　　　康丽霞　辛海升　张春莲

前　言

风能作为一种清洁的可再生能源，越来越受到世界各国的关注，已经成为现代能源系统中的主要组成部分之一。为了降低风能的波动性和提高风能密度，经过大量的科学实验研究，在国际上提出浓缩风能理论，研制出浓缩风能型风电机组样机，获得了中国发明专利（专利号：ZL201510163513.9）和实用新型专利（专利号：ZL94244155.9）。与普通型同等级功率的风电机组相比，浓缩风能型风电机组将低密度的风能通过浓缩风能装置进行加速、整流和均匀化后，驱动风轮旋转发电；因此，机组启动风速低、风轮直径小、输出功率大，风轮承受的流体能切变小，风轮与传动链承受的载荷波动小，机组运行平稳、安全性高、噪声低、电能质量高、寿命长，机组年发电量大。开展浓缩风能型风电机组理论与技术研究对规模化开发利用低品位风能资源、增强风电行业产品竞争力、提高经济效益和生态环保效益意义深远。

全书共7章，第1章介绍了浓缩风能型风电机组的基本概况与发展历程；第2章介绍了浓缩风能型风电机组的工作原理、组成与特点以及低速永磁发电机和控制系统的设计方法；第3章介绍了浓缩风能型风电机组自然风场测试与风洞实验研究；第4章介绍了浓缩风能型风电机组车载实验研究；第5章介绍了浓缩风能型风电机组系统建模仿真研究；第6章阐述了浓缩风能型风电机组技术应用示范；第7章介绍了浓缩风能型风电机组的噪声、材料和提水系统研究。

本书内容涵盖了浓缩风能基础理论研究、特性实验与设计方法；分别对浓缩风能型风电机组的整体模型、系列化叶轮和风切变条件下的浓缩风能装置进行了风洞实验对比分析，并且对螺旋桨式风轮、浓缩风能型风电机组模型和浓缩风能装置进行车载实验，结合建模仿真实验结果研究分析了浓缩风能型风电机组特性。阐述了浓缩风能型风电机组的应用示范，对典型的浓缩风能型风电机组特性进行了对比分析，为浓缩风能型风电机组的大型化、系列化发展奠定了理论基础。

本书的完成首先要感谢国家自然科学基金资助项目《浓缩风能型风力发电机的整体模型风洞实验》（59306060）、国家自然科学基金资助项目《浓缩风能型风力发电机形体流场自迎风控制系统的研究》（59566001）、国家自然科学基金资助项目《浓缩风能型风力发电机叶轮系列化的风洞实验与研究》（59776033）、国家教委留学回国人员资助项目《明星式风力发电装置的研究》（教留司研〔1993〕360号）、科技部科技攻关项目（西部新能源行动计划）《1000W浓缩式离网型风力发电机组试点示范》（〔2003〕国科高函字67号）、内蒙古自治区科委科技攻关项目《200W浓缩风能型风力发电机的研制》（95-01-17）、内蒙古自治区"321人才工程"人选科技活动资助项目《600W浓缩风能型风力发电机的研制》（内人专字〔1999〕51号）、内蒙古自治区工业科技攻关项目《新型（600～1000W）风力发电机的研制》（内科发新字〔2001〕39号）、内蒙古高等教育"111"人才工程项目《特种风力发电机的研究》（内教高字〔2001〕9号）、内蒙古自治区人事厅人才开发基金项目《生态环境建设用移动式浓缩风能型风光发电站的实验研究》（内人专字〔2002〕45号）、内蒙古自治区科技攻关项目《户用风光互补发电与泵水系统研究开发》（内科发新字〔2003〕33号）、内蒙古自治区财政厅项目《风光互补发电系统在京津风沙源区工程中的应用研究》（内财建〔2004〕804号）、内蒙古自治区科技计划项目《1kW浓缩风能型风光互补发电系统的示范推广》（KJT2005-GXZHB02）的资助。如果没有这些项目的资助，作者将无法开展浓缩风能型风电机组理论研究工作。同时感谢在作者所在团队里工作过的郭凤祥、刘树民、王海宽、黄顺成、陈松利、高宏中、王永维、孔令军、赵慧欣、张文瑞、王利俊、徐丽娜、盖晓玲、亢燕茹、陈忠雷、毛晓娥、钱家骥、罗涛、闫肖蒙，他们多年来在团队里辛勤工作取得的研究成果，对本书的完成作出了重要贡献。

尽管作者慎之又慎，但由于水平有限，书中难免存在不妥之处，恳请读者批评指正。

田德

2017年6月于华北电力大学

符 号 表

b——长方形断面的横向幅度，m

D_1——转动箱直径，m

D_2——固定翼箱外径，m

d——风力机翼直径，m

F——通道断面面积，m^2

g——重力加速度，9.80665m/s^2

l——轴向长度，m

C_p——压力系数

$2\varphi_0$——圆锥扩压管扩大角

m——流体平均深度，m

p——压力，Pa

Re——雷诺（Reynolds）数

v——速度，m/s

W——风电机组输出功率，kW 或 MW

r——空气单位体积的重量，$r=p/g$，kgf/m^3

η——效率

θ——换算成圆形断面扩散管的扩散角，（°）

ξ——系数

ρ——空气密度，kg/m^3

B——机组黏摩擦阻尼系数

B_t——风电机组黏滞阻力系数

C——蓄电池可用电荷容量与总电量的比值

i_{AC}——交流电流

i_d——电流在 d 轴的分量

I_{DC}——直流电流

I_{dmax}——蓄电池最大可放电电流

i_{dref}——电流在 d 轴分量参考值

i_q——电流在 q 轴分量

J——风力机转动惯量

J_g——风电机组转动惯量

k——蓄电池比率常数

q_0——蓄电池在时间步长 Δt 起始时刻总电荷容量，$A \cdot h$

q_{10}——蓄电池在时间步长 Δt 起始时刻可用电荷容量，$A \cdot h$

q_{max}——蓄电池最大容量，A·h

T_f——风轮气动转矩

T_g——发电机电磁转矩

T_m——风轮轴阻力矩

U_d——电压在 d 轴分量

U_q——电压在 q 轴分量

υ——风速

U_{AC}——交流电压

U_{DC}——直流电压

U_g——发电机定子电压

λ——叶尖速比

ω——风轮角频率

ω_g——风电机组角频率

$\Delta\omega$——风轮角加速度

下角标1～5——各断面的值（例如：12表示断面1和断面2之间的值）

目　录

第1章 绪 论

1.1 浓缩风能型风电机组

浓缩风能型风电机组是为了改善风力发电的经济性而设计的新型发电装置（已获得中华人民共和国专利，专利号：ZL94244155.99），其通过浓缩风能装置将稀薄的、非稳定的自然风浓缩加速、整流并均匀化后驱动风轮旋转发电，以提高单机输出功率和机组年运转率，在一套机组内可重叠设置几台风电机组，从而达到降低风力发电成本的目的。

浓缩风能型风电机组的设计思想是为了克服风能能量密度低这一弱点，对稀薄的风能进行浓缩利用，在浓缩风能的过程中，浓缩风能装置能有效克服风能的不稳定性，从而实现提高风电机组的效率和可靠性、降低风力发电成本的目的；其技术原理是把独特的风电机组风轮置入浓缩（增速）装置中，风轮前设增速流路，风轮后设扩散管，实现把稀薄的风能浓缩后利用的目的。浓缩风能型风电机组主要由浓缩风能装置、发电机、风轮、尾翼、回转体、塔架等部件组成，浓缩风能装置由增压圆弧板、收缩管、中央圆筒、扩散管组成，浓缩风能型风电机组部分主要结构如图 1-1 所示。

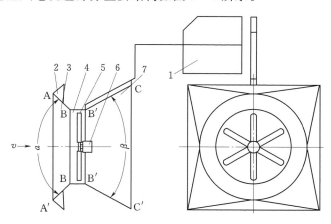

图 1-1 浓缩风能型风电机组部分主要结构
1—尾翼；2—增压圆弧板；3—收缩管；4—中央圆筒；5—风轮；6—发电机；7—扩散管

浓缩风能型风电机组具有单机输出功率大、风能利用率高、风轮直径小、切入风速低、噪声小、单位度电成本低、稳定性高、安全性高、可靠性高、年发电量大等特点，与传统风电机组相比优势明显，应用前景广阔。这种风电机组的关键技术特征如下：

（1）空气动力学方面。浓缩风能装置的设计可使自然风的流速增高、湍流度降低。当自然风流过该机组时，浓缩风能装置后方形成低压区，前方形成高压，自然风在前后压差的作用下增速，提高风能的能流密度，拓宽了风能利用的下限风速，使得机组启动风速低；风轮所受载荷均匀性程度提高，输出功率增大，风能年利用率提高，有利于电气系统正常工作，达到增长机组寿命，提高风电机组的可靠性和降低风力发电成本等的目的。

浓缩风能型风电机组在低风速时的输出功率明显大于普通型风电机组，实验证明：某一时刻自然风的流速可增至原来的 1.36 倍以上，输出功率是普通型风电机组的 2.5 倍以上。输出功率大可以使在相同额定功率下的高速旋转部件——风轮的直径比普通型风电机组风轮直径小，因此，在相同风速载荷作用下，浓缩风能型风电机组的风轮寿命更长。

风速大小、方向频繁变化的自然风经浓缩风能装置的中央圆筒进一步整流和均匀化后驱动风轮旋转发电，降低了风能湍流度，提高了风能的品质。实验证明：在低风速段（10m/s 以下）通过浓缩风能装置的风能湍流度可降低 9%，高风速段下降会更明显。日本 200W 小型浓缩风能型示范风电机组，于 2004 年经历两次台风袭击，无损坏正常运转，这说明湍流度下降具有延长风轮及机械、电气部件寿命的实际效果。

（2）机械方面。浓缩风能型风电机组可实现自动迎风，且迎风导向性能好，机组运行更平稳。与其他类型机组相比，浓缩风能型风电机组的风轮和发电机安装在浓缩风能装置内，同尾翼一起构成机组主体，这种结构在自然风场中能够形成自动对向力矩，配合尾翼，导向灵敏度高；驱动风轮旋转的气流是经过加速、整流、均匀化的高品质风能，这减少了交变载荷对风轮的冲击，使风轮旋转时振动小，机组运行更平稳，延长了整个机组的寿命。尾翼中心线与浓缩风能装置的对称中心线无偏心且机组整体结构过渡平滑，从而使低风速导向平稳。

（3）控制方面。由形体流场分析和实践证明，浓缩风能型风电机组在空气流场中始终受迎风力矩，形体有利于自迎风导向。在此基础上的自迎风控制运转平稳，高效节能，采用为浓缩风能型风电机组大型化并网发电设计的限速自动控制系统，由于大型机组质量和体积都较大，惯性力很大，一般的机械控制难以实现准确对风，所以采用数控技术实现自动迎风控制，使用同一套自动控制机构实现大风时的顺桨限速，也就是使风轮扫掠面平行于风向，由于浓缩风能装置的遮蔽作用，既可以使叶片停转而限速，又可以保护叶片不受风载荷，起到了保护叶片的作用。

（4）噪声方面。与普通型风电机组相比，浓缩风能型风电机组机械噪声和空气动力学噪声都相对较小。浓缩风能型风电机组采用低额定转速的发电机，即发电机达到额定输出功率时，发电机转速较低，振动较小，同时浓缩风能装置为发电机部分工作提供了较好的工作环境，杂物不容易进入机体，可使发电机长期处于稳定的工作状态，因此发电机产生的噪声较小。机组尾翼中心线与浓缩风能装置的对称中心线无偏心、无振动、过渡平滑，并没有附加的调速和对风机构，也没有偏尾机构，因此对风、调速机构产生的噪声较小。绝大部分的空气动力学噪声来自线速度最高的部位——叶尖，在功率相同的情况下，浓缩风能型风电机组的叶尖速度比普通型风电机组小；相同功率输出时，风轮直径比普通型风电机组风轮直径小，风轮所受冲击载荷小，浓缩风能装置也具有减振降噪的作用，故产生的噪声较小。

（5）安全性方面。浓缩风能型风电机组的风轮安装在浓缩风能装置内，即使损坏飞落，也不会伤害人、畜和建筑物，在运行使用过程中具有很高的安全性。随着浓缩风能型风电机组向大型化和海上风电机组发展，在台风等极端风况下机组可通过智能控制及时关闭浓缩风能装置的进风口、出风口，可以避免极端载荷与复杂载荷对机组生存与运行的破坏失效。浓缩风能型风电机组的降载控制方法和技术能够提高机组运行的安全性。

1.2 浓缩风能型风电机组发展历程

浓缩风能型风电机组的发展主要分为 3 个阶段：早期结构比较复杂，转动箱和固定翼箱的设计使得机组体积较大，制造用材较多，成本高且生产加工比较困难；中期的机组结构得到了部分简化，但是注入腔和抽吸腔的结构仍比较复杂；目前的机组结构是经过大量的优化和改进得到的，结构简单、易于加工，且功能完善，可以更好地实现浓缩风能的目的。

1.2.1 早期结构

20 世纪 90 年代，风力发电由于其制造费用高、年运转率低，因此经济性差，投入使用很难。进入实用阶段的风电机组，例如日本的 MWT250 型三菱风车，其 1 台的输出功率是 250kW，若要达到大容量输出，必须在一处设置几十台风电机组。为了改善经济性，需要制造大容量发电机组，以降低单位容量的价格、提高机组年运转率以及降低发电总量的单价。笔者结合内蒙古地区实际风能状况，提出了一种新的大容量风力发电装置，如图 1-2 所示，即早期的浓缩风能型风电机组结构，单机的输出功率是当时风电机组的几倍，

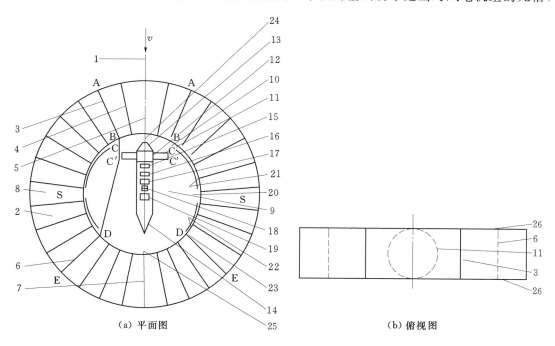

（a）平面图 （b）俯视图

图 1-2 大容量风力发电装置

1—风向；2—固定翼箱；3—入口外侧固定翼；4—入口第二枚固定翼；5—入口中央固定翼；6—出口外侧固定翼；
7—出口中央固定翼；8—固定翼箱侧面；9—转动箱；10—风路外壁；11—风电机组机翼；12—风电机组轮毂；
13—入口机器箱；14—出口机器箱；15—低速星齿轮增速箱；16—高速行星齿轮增速箱；17—小容量发电机；
18—离合器；19—大容量发电机；20—转动箱低压室；21—转动箱前部外壁；22—转动箱后部外壁；
23—抽气孔；24—转动箱入口部导流叶片；25—转动箱出口部导流叶片；26—上下壁

平均最高输出功率在 5180kW 以上。该设计思想是把风能浓缩后利用，提高每台风电机组的容量，并且一套机组内几台风电机组可以重叠设置。

为了浓缩风能，早期的浓缩风能型风电机组具有固定翼箱 2，固定翼箱内有 30 枚固定翼。在固定翼箱的内侧设置一个可以随风向转动的转动箱 9。转动箱内设置发电用的风电机组机翼 11，增速箱（15、16）和发电机（17、19）。从固定翼空气吸入口（断面 A）至风电机组机翼部（断面 C′），因流路面积减少为入口的约 1/2.5 而增速。随后，为提高增速效果，从风电机组机翼部（断面 C′）至转动箱出口（断面 D），进而从转动箱出口（断面 D）至固定翼箱空气放出口（断面 E），设置两段扩散管，因流路面积增加为断面 C′ 的约 4.5 倍而减速。

如图 1-2 所示，取风电机组机翼直径为 d，固定翼箱外径 $D_B = 4.76d$，固定翼流入侧角度为 48°。各断面的面积如下：

风电机组翼直径 $d = 50$m 时，得断面 A 面积
$$F_A = dD_B \sin 24° = 4840 \text{m}^2$$

断面 B 是边长为 d 的正方形，因此得
$$F_B = d^2 = 2500 \text{m}^2$$

断面 C 和断面 C′ 是外径 d，轮毂外径为 $d_b = 0.1d$ 的环形，因此得
$$F_C = F_{C'} = (1^2 - 0.1^2)(\pi/4)d^2 = 1944 \text{m}^2$$

转动箱直径
$$D_A = d/\sin 24° = 2.46d$$

断面 D 是长方形，因此得
$$F_D = dD_A \sin 48° = 4568 \text{m}^2$$

断面 E 是长为 b_E，宽为 d 的长方形，故得
$$F_E = db_E = dD_B \sin 48° = 8839 \text{m}^2$$

轴向长度计算结果如下：
$$L_{AB} = \{(D_B - D_A)/2\}\cos 24° = 52.5 \text{m}$$
$$L_{BC} = L_{CC'} = 0.207d = 10.35 \text{m}$$
$$L_{C'D} = (D_A/2)\cos 24° - 2L_{BC} + (D_A/2)\cos 48° = 76.6 \text{m}$$
$$L_{DE} = (D_B - D_A)/2 = 57.46 \text{m}$$

增速部的损失忽略不计，只考虑扩散管的损失。该损失参照《机械工学便览》（1989年版）按同一尺寸得出最大输出功率这样的条件计算，从而决定增速比和减速比如下：从断面 A 至断面 C 的增速比约为 2.5，从断面 C′ 至断面 E 的减速比约为 1/4.5。其中关于从断面 C′ 至断面 D 及断面 D 至断面 E 减速比的设计原理在后面叙述。再者在这两个扩散管的连接面（断面 D）处，不使用动力源，利用固定翼箱侧面的低压抽吸由于在扩散管内减速而增长的边界层。综合上述两点，可以完成风电机组机翼前的风能浓缩。

雷诺（Reyonlds）数增大时，扩散管的最适扩散角度比《机械工学便览》所示的值增大。扩压管的边界层分离角度计测结果如图 1-3 所示，雷诺数 $Re = 3.51 \times 10^5$ 时，无边界层分离扩散管的扩散角如果换算为圆形断面，为 9.8° 以上。无边界层分离和有边界层分离的照片如图 1-3（b）、（c）所示。雷诺数增加，湍流度增加，无边界层分离扩散管

的扩散角变大。边界层分离的性质是如果雷诺数增大至较大的扩散角时也不发生边界层分离，边界层分离是不连续的、突然发生的。根据 S. J. Stveens 等的文献可知，特意制作漩涡时，尽管扩散管的入口侧有损失，但是出口侧效率比原来要高。

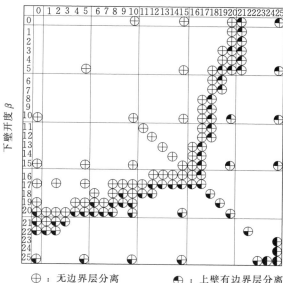

上壁开度

下壁开度 β

水温 24℃
$\Delta p = 110 \text{mm}$
$Q = 0.050 \text{m}^3/\text{s}$
$v = 2.1 \text{m/s}$
$Re = 3.51 \times 10^3$

Δp：小孔压力差
Q：流量

⊕：无边界层分离　　　　　◑：上壁有边界层分离

◓：上下壁皆有边界层分离　　⊖：下壁有边界层分离

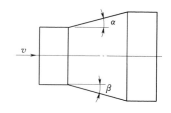

（a）边界层分离角度的计测

（b）无边界层分离

（c）上下壁皆有边界层分离

图 1-3　扩压管的边界层分离角度计测结果

漩涡诱起装置对扩压的压力恢复率的影响如图 1-4 所示，特意制作漩涡（漩涡透起装置长宽比 $AS = 1.5$）时，最适扩散角度（圆锥扩压管扩大角）8°～15°，比不特意制作漩涡最适扩散角度 8°时压力恢复率高。图 1-4 中，无 VG 表示无漩涡诱起装置；$AS = 1.5$ 表示漩涡诱起装置大；$AS = 1.0$ 表示漩涡诱起装置中；C_p 为压力系数；$2\varphi_0$ 为圆锥扩压管扩大角。

对于 S. J. Stevens 等和妹尾泰利等的文献以及上述实验数据雷诺数（$2 \times 10^5 \sim 7 \times 10^5$）

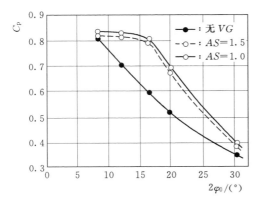

图 1-4 漩涡诱起装置对扩压的
压力恢复率的影响

来说,《机械工学便览》的实验是雷诺数勉强能达到 10^4 这样小而产生的结果。本风电机组的雷诺数约为 2×10^7,数值较大,因此效率会更高,扩散管的扩散角可以取更大些。并且,机组机翼有制作漩涡的功能,其中制作漩涡的损失在风电机组效率计算中考虑,因此扩散管的效率比计算值要高。所以,一方面风电机组机翼后面从断面 C′ 至断面 D 的减速比设计为 1/2.35,扩散管的扩散角度设计为 14.6°;另一方面距风电机组机翼较远的断面 D 至断面 E 的减速比设计为 1/1.935,扩散管的扩散角度设计为 12.7°。总之,把本设计的扩散管的扩散角限制在 8°～15°范围内,即使使用《机械工学便览》给出的 8°时的系数 ξ 计算,仍然有充分余地。取上述数值进行计算。

关于从断面 C′ 至断面 D,面积比 $F_D/F_C = 2.35$,因此系数 $\xi_{C'D}$ 根据《机械工学便览》换算,得

$$\xi_{C'D} = 0.1296 - 3.807 \times 10^{-3} \times (2.25 - 2.35) \approx 0.1300$$

效率 $\eta_{C'D}$ 为

$$\eta_{C'D} = 1 - \xi_{C'D} \frac{1 - F_C/F_D}{1 + F_C/F_D} = 0.9476$$

从断面 C′ 至断面 D 换算为直径 $d_{C'}$ 和 d_D 的圆形断面时的扩散管的扩散角的 $\theta_{C'D}$ 为

$$d_{C'} = 4m_{C'} = \frac{4F_{C'}}{\pi d + 0.1\pi d} = 45\text{m}$$

$$d_D = 4m_D = \frac{4F_D}{2(d + b_D)} = 64.6\text{m}$$

$$\theta_{C'D} = 2\arctan \frac{d_D - d_{C'}}{2l_{C'D}} = 14.6°$$

同理,因为从断面 C 至断面 D 也是扩散管,所以计算方法与上述相同。面积比为

$$\frac{F_E}{F_D} = \frac{D_B}{D_A} = 1.935$$

系数 ξ_{DE} 根据《机械工学便览》换算,得

$$\xi_{DE} = 0.1295 - 3.807 \times 10^{-3} \times (2.25 - 1.935) \approx 0.1283$$

效率 η_{DE} 为

$$\eta_{DE} = 1 - \xi_{DE} \frac{1 - F_D/F_E}{1 + F_D/F_E} = 0.9591$$

从断面 D 至断面 E 换算为直径为 d_D 和 d_E 的圆形断面时,扩散管的扩散角 θ_{DE} 为

$$d_D = \frac{(\pi D_A/30)d}{2 \times (\pi D_A/30 + d)} \times 4 = 20.48\text{m}$$

$$d_E = \frac{(\pi D_B/30)d}{2 \times (\pi D_B/30 + d)} \times 4 = 33.25\text{m}$$

$$\theta_{DE}=2\arctan\frac{d_E-d_D}{2l_{DE}}=12.7°$$

因为 $8°<\theta<15°$，所以如前所述，设计合理。

在 50m 的岗上建立内设控制室的 10m 高塔，在塔上垒积单机高 50.5m 的风电机组 5 台。地面上风速为 8m/s 时，风电机组设置平均高度处的风速按草原地带风速根据高度变化的分布换算为 $v_0=12.6$m/s。根据此风速进行计算。

各断面的风速如下：

$$v_A=v_0=12.6\text{m/s}$$
$$v_B=(F_A/F_B)v_A=24.4\text{m/s}$$
$$v_C=v_{C'}=(F_B/F_C)v_B=31.4\text{m/s}$$
$$v_E=(F_C/F_D)v_C=13.4\text{m/s}$$
$$v_E=(F_D/F_E)v_D=6.9\text{m/s}$$

各断面的压力如下：

$$p_A=8688\text{kgf/m}^2=85200\text{Pa}(海拔1500.00m的内蒙古平均气压)$$
$$p_B=p_A-(r/2g)(v_B^2-v_A^2)$$
$$r=1.0503(海拔1500.00m的内蒙古空气单位体积的重量)$$
$$p_B=84970\text{Pa}$$
$$p_C=p_B-(r/2g)(v_C^2-v_B^2)=84765\text{Pa}$$

本机组的固定翼箱是圆柱体，并且雷诺数很大，圆柱体周围的压力分布如图 1-5 所示，因此根据图 1-5 得

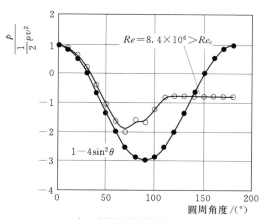
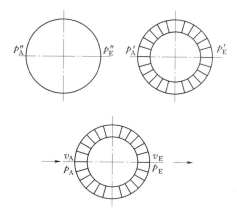

（a）表面光滑的圆柱体周围的压力分布　　（b）表面光滑的圆柱体与固定翼箱表面压力分布比较

图 1-5　圆柱体周围的压力分布

$$(p_A-p_E)/(r/2g)v_A^2=0.8$$
$$p_E=p_A-0.8\times(r/2g)v_A^2=85133\text{Pa}$$
$$p_D=p_E-(r/2g)(v_D^2-v_E^2)\eta_{DE}=85066\text{Pa}$$
$$p_{C}'=p_D-(r/2g)(v_{C'}^2-v_D^2)\eta_{C'D}=84665\text{Pa}$$

作为参考，p_E 的计算从图 1-5（b）中得

$$p''_A - (r/2g)v^2_A - p''_E = 0.8(r/2g)v^2_A$$

$$p''_A - p''_E < p'_A - p'_E$$

$$p_A = p'_A - (r/2g)v^2_A$$

$$p_E = p'_E - (r/2g)v^2_B$$

$$p_A - p_E > 0.8(r/2g)v^2_A + (r/2g)v^2_B > 0.8(r/2g)v^2_A$$

因此，经计算可得 p_E 的取值范围。

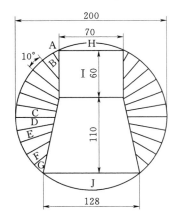

图 1-6 实验模型（单位：m）

为了便于计算上述 p_E 的范围，设计了实验模型，如图 1-6 所示。在实物中（参见图 1-2）从断面 A 至断面 C 是增速的，但是本实验模型雷诺数比实物的雷诺数小，并且在流路中没有做边界层吹吸的空间，所以为了防止扩散管部的边界层分离除去了入口的增速部分。本实验模型扩散管的扩散角与实物不同，设计为 8°，其原因是当雷诺数很小时，扩散角为 8°时扩散管的效率最高。

对图 1-6 中的各压力作以下说明。

A、B 位置的压力计测是为了验证图 1-2 断面 C'、断面 D 之间的扩散管壁面生成边界层增速的可能性。气流在风电机组机翼处做功后，从断面 C' 以后压力降低，于是可以预料 A、B 位置的压力和断面 C' 以后的压力之差所形成的速度比主流速度高很多，因此就可以通过高速吹入，使断面 C'、断面 D 之间的扩散管边界层增速。从断面 C' 开始至后方什么位置可能做高速吹入，根据压力计测结果可以判断。

C、D、E 位置的压力计测是为了验证在图 1-2 断面 D 和断面 E 之间进行边界层抽吸的可能性。断面 D 以后的压力因扩散管效应而升高，利用 C、D、E 位置的负压可以在几处进行边界层抽吸。

F、G 以及 J 位置的压力的计测是为了检测固定翼箱后方 J 部的压力分布。H 位置的压力计测入口的压力分布，I 位置的压力计测扩散管前方流路的压力分布。在 H 位置贴上金属网，使气流压力以相当于在风电机组机翼处做功的量降低。然后进行固定翼箱周围压力分布的风洞实验。

由前述计算，可得

$$p_C - p'_C = 100 \text{Pa}$$

这个压力差就是作用在本风电机组机翼单位面积上的压力。风电机组及发电机等全效率取 $\eta = 0.85$，得输出功率为

$$W = (1/102g)F_A v_A (p_C - p'_C)\eta = 5180 \text{kW}$$

作为参考，图 1-2 中 s 点的压力 p_s 根据图 1-5 可以计算，得

$$p_s = p_A - 2(r/2g)v^2_A = 84976 \text{Pa}$$

因为 p_s 比 p_D 低，所以在断面 D 处不需要动力源就可以进行边界层抽吸。因此，即使从断面 C' 至断面 D 和从断面 D 至断面 E 两段扩散管重复，也不会使效率下降。

由于通过风电机组机翼的风被增速，因此可以增加转速，加大机翼直径。即使地面上风速为 2m/s，气流的绝对速度与机翼圆周速度之间的夹角也必须达到 15°。

根据牛山等的文献，普通风电机组如果在同等尺寸和同样风速的条件下换算，例如风电机组机翼直径为50m，风速为10m/s时，得输出功率为

$$W = 28.369 \times (50/12)^2 \approx 493 \text{(kW)}$$

但是本设计在同等条件下输出功率为2.59MW。

本设计选择内蒙古作为建设地。众所周知，内蒙古的风能密度很高，居全国首位。内蒙古风能状况见表1-1，平均风速为3.2~4.6m/s；由于没有台风且最大风速在21.3m/s以下；地面风速10m/s以上的风年发生率在1%以下。因此本风电机组年运转率可以达到90%以上。

表1-1 内蒙古风能状况（1988年度）

地名	平均风速/(m·s⁻¹)												
	1月	2月	3月	4月	5月	6月	7月	8月	9月	10月	11月	12月	年平均
锡林浩特	3.7	2.9	3.4	4.2	4.0	3.7	2.7	2.5	2.3	2.8	3.4	2.8	3.2
通辽	5.1	4.8	5.2	5.3	5.9	4.8	3.5	3.4	3.1	3.9	5.4	4.3	4.6
海拉尔	3.4	2.3	3.5	5.0	4.3	3.9	3.6	2.8	2.8	3.1	4.5	2.7	3.5

地名	风速10m/s以上的日数												
	1月	2月	3月	4月	5月	6月	7月	8月	9月	10月	11月	12月	年总计
锡林浩特	0	0	0	0	1	0	0	0	0	0	0	0	1
通辽	0	0	1	0	2	0	0	0	0	0	0	0	3
海拉尔	0	0	0	0	1	0	0	0	0	0	0	0	1

地名	最大风速/(m·s⁻¹)												
	1月	2月	3月	4月	5月	6月	7月	8月	9月	10月	11月	12月	年极值
锡林浩特	14.3	17.7	13.3	16.7	20.0	13.0	16.0	10.0	11.3	20.0	19.0	11.7	20.0
通辽	16.3	16.3	16.0	16.0	19.3	14.0	10.7	11.0	9.7	16.0	21.3	13.7	21.3
海拉尔	12.7	8.0	15.0	15.3	16.0	14.0	13.7	15.0	9.0	11.0	16.0	12.0	16.0

注：此表根据内蒙古气象厅的记录整理。

本风电机组设置850kW和5500kW两台发电机，低风速时，850kW发电机发电，5500kW发电机用离合器切离；高风速时，5500kW发电机用离合器接合和850kW发电机共同发电。加之风被增速，因此可以在1.6~8m/s这样较广的风速范围内发电。

内蒙古南有黄河，北有阴山山脉，因此可以利用黄河之水，阴山山脉与草原的高度差，建设抽水蓄能电站，储存剩余电力，调节电力供给。

1.2.2 中期结构

中期浓缩风能型风电机组模型如图1-7所示。发电用的风电机组机翼5和发电机7设置在中间圆筒形流路中。为了浓缩稀薄的风能，设计了增速装置。从空气流入口（断面Ⅰ）至风电机组机翼5的前方（断面Ⅱ），因流路面积减少为空气流入口的约1/1.8而增速。随后，为了提高该增速效果，从风电机组机翼后方（断面Ⅱ′）至空气流出口（断面Ⅲ），设置扩散管，因流路面积增加为断面Ⅱ′（断面Ⅱ′与断面Ⅱ形状相同）的约2.7倍而减速。扩散管的扩散角为20°。空气流入口（断面Ⅰ）的两侧迎风面设计为圆弧板2，既有利于增速装置前后形成压差，又建立了高压区（注入用）和低压区（抽吸用）。为了提高扩散管的效率，利用增速装置前方空气流入口（断面Ⅰ）外侧附近的高压气流从注入

腔 13、14 至注入孔 9 向扩散管的边界层进行少量的注入。注入孔的前半部分是 7 排沿圆周方向均布直径为 8mm 的孔，前半部分注入孔的总面积是注入腔均匀环形流路（距装置前端 939mm）断面面积的 1.9％；注入孔的后半部分是 7 排沿圆周方向均布直径为 10mm 的孔，后半部分注入孔的总面积是注入腔均匀环形流路（距装置前端 939mm）断面面积的 4.4％。为了提高扩散管的效率，利用增速装置侧面的低压从抽吸腔 17、18 至抽吸孔 1 对扩散管进行边界层抽吸。抽吸孔是两排沿圆周方向均布直径为 10mm 的孔，每排抽吸孔的总面积是抽吸腔均匀环形流路（距装置前端 939mm）断面面积的 2.3％。

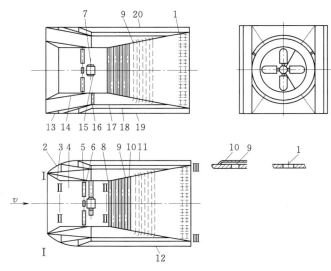

图 1-7　中期浓缩风能型风电机组模型

1—抽吸圆孔；2—侧圆弧板；3—收缩管；4—中央圆筒；5—风电机组机翼；6—轮毂；7—发电机；

8—扩散管；9—注入圆孔；10—注入导流片；11—左侧外壁；12—右侧外壁；13—注入外壁方筒；

14—注入内壁筒；15—发电机支承；16—支承；17—抽吸内壁筒；18—抽吸外壁筒；

19—下侧外壁；20—上侧外壁

浓缩装置中分别设置了仅根部安装角不同（分别为 15°、18°、21°）而其他参数都相同的叶片，其型式与前几种不同，根部安装角为 39.5°。

1.2.3　目前结构

浓缩风能装置是浓缩风能型风电机组的核心部件，前方设收缩管和增压圆弧板，中间设中央流路圆筒，后方设扩散管。风轮和发电机安装在浓缩风能装置中，同尾翼一起构成机组主体，由于增压圆弧板和尾翼的共同作用，回转体以上的主体部分可自动迎风。自然风流经浓缩风能装置时，前方形成高压区，后方形成低压区，不稳定的自然风由于收缩管和中央圆筒前后压差作用而增速，提高风能的能流密度，拓宽了风能利用的下限风速；风速大小方向频繁变化的自然风经中央圆筒进一步整流和均匀化后，不稳定性得到改善，然后以较高质量的风能驱动风轮旋转发电；自然风流经风轮后，从浓缩风能装置的扩散管流路流向大气中。后方设置的扩散管不仅可以防止涡流损失，又能更好地提高增速效果，最终得到优化后的浓缩风能。经过这一系列过程后，能量可以被看作是得到了集聚和整合，能够大幅度提高风电机组的输出功率和发电效率。

第2章 浓缩风能型风电机组

2.1 浓 缩 风 能 理 论

2.1.1 浓缩风能原理

风能是地球表面大量空气流动所产生的动能，是一种蕴藏量巨大，分布广泛，对环境无污染的优质可再生能源，有重要的开发应用价值。风能资源决定于风能密度和可利用的风能年累积小时数。风能密度是单位迎风面积可获得的风功率，与风速的三次方和空气密度成正比关系。但是风能能流密度低、不稳定性等缺点又给风能利用带来了一定困难。风能能流密度低是指空气的密度低，例如：在标准大气状态下（大气压力为101325Pa，温度为15℃），水的密度是空气密度的814.9倍，说明在相同流速条件下，水的动能是风的动能的814.9倍，可见风能的能流密度是较低的。因此，利用能流密度很低的风能进行发电，其发电成本高、经济性差，在电力市场上缺乏商业竞争力。

浓缩风能理论就是为了克服风能能流密度低和不稳定性等缺点。在浓缩风能过程中，自然风经浓缩风能装置的加速和均匀化之后驱动风电机组风轮旋转，使稀薄的风能被浓缩后利用，机组启动风速降低，风轮所受载荷均匀性程度提高，输出功率增大，风能年利用率提高，有利于电气系统正常工作，机组寿命长，安全性好，达到了提高风电机组的可靠性和降低风力发电成本等目的。

浓缩风能理论的核心是将稀薄的风能浓缩后再利用，创新点是提高风能的能流密度。关于提高风能的能流密度问题，可作如下理论分析。

空气运动具有动能，空气在单位时间（1s）流经单位面积（1m²）时，其具有的风能为

$$P = \frac{1}{2}\rho v^3 \qquad\qquad (2-1)$$

式中 P——空气在单位时间流经单位面积时所具有的风能，W；

ρ——空气密度，kg/m³；

v——风速，m/s。

根据式（2-1）可以这样分析，如果发明一种浓缩风能装置，使 v 增大，则 P 必然增大。设使 v 增大为 n 倍，由式（2-1）可得

$$P' = \frac{1}{2}\rho (nv)^3 = n^3 \frac{1}{2}\rho v^3 = n^3 P \qquad\qquad (2-2)$$

根据式（2-2）和式（2-1）可知，如果使自然风速增加 n 倍，则风能将增加 n^3 倍。这就是浓缩风能理论的基本思想。

如何实现不消耗任何能源，使自然风的流速增加，这是浓缩风能的关键。流场中表面光滑的圆柱体周围流体的流动状况如图 2-1 所示。当流体作用于表面光滑圆柱体时（流体流速与圆柱体轴线垂直），在流场作用下其圆周各处的压力大小和方向是不同的。从图 2-1（a）可知，与理想流体不同的是对于实际流体，在圆柱体后方出现漩涡而产生湍流。图 2-1（b）表示了在流场中表面光滑的圆柱体周围的理论与实验的静压系数的分布，横轴表示圆柱周围方向的角度（因圆柱的对称性，只列出了 0°～180°的情况），纵轴表示静压系数（静压与前方来流动压之比）；点圆线为理论静压系数分布曲线，实线是试验雷诺数为 $Re=8.4\times10^6$ 时实验所得的静压系数分布曲线。图 2-1（c）表示了在实际流场中表面光滑的圆柱周围 360°方向的静压系数分布情况。由图 2-1（b）可知，在流场中从圆柱体正前方 0°到两侧 30°以内，静压系数为正值；在 30°以外静压系数为负值；70°附近负压值最低（真空度最大）。根据伯努利方程可得，压力系数从正变成负时流速就会增加。

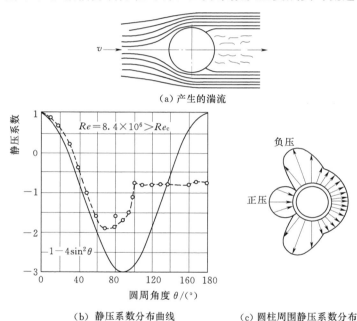

(a) 产生的湍流

(b) 静压系数分布曲线　　　　(c) 圆柱周围静压系数分布

图 2-1　流场中表面光滑的圆柱体周围流体的流动状况

Re—雷诺数；Re_c—临界雷诺数

　　如果在圆柱体形状的装置中部从 0°向 180°方向开设一条流路，流路的中段是均匀的圆筒形通路且安装特种风轮和发电机，风轮前方设收缩管，后方设扩散管，然后将此装置置于自然风场中且保持风轮前方正对准自然风的来流方向，则根据在实际流场中表面圆柱体周围的静压系数分布特性可推断，当自然风通过此圆柱体形状的装置时，装置的正前方 60°范围内将形成正压，60°以外的侧面与后方将形成负压，其结果是不消耗任何能源，也能使通过风轮的自然风被加速，即自然风的动能增大，实现了浓缩风能的目的。上述装置称为浓缩风能装置。浓缩风能理论就是通过特殊的浓缩风能装置，使自然风的风速增大，也就是使自然风的动能增大。同时，在使自然风增速的过程中，也使不稳定的自然风得到整流、均匀化，提高了风能的品质，取得了以提高功率输出为主的多种功效。

大气边界层内的自然风流动是一种随机的湍流运动，这给风能利用带来了一定困难，也是风电成本高的原因之一。通过浓缩风能型风电机组的自然风是被加速、整流后的流动，这种流动湍流度变小，不稳定性明显改善，从而实现将风电机组工质品位提高的目的。因此，浓缩风能型风电机组发电稳定、发电质量好、机组寿命长、度电成本降低。

2.1.2 浓缩风能型风电机组工作原理

600W 浓缩风能型风电机组如图 2-2 所示，浓缩风能型风电机组实验样机结构如图 2-3 所示，其中浓缩风能装置采用浓缩风能原理，前方设收缩管，中间设中央圆筒，后方设扩散管。自然风经收缩管及浓缩风能装置前后压差的作用而增速，提高风能的能流密度，拓宽了风能利用的切入风速；使风速大小、方向频繁变化的自然风经中央圆筒进一步整流和均匀化后驱动风轮旋转发电，提高了风能的品质，改善了风能的不稳定性。减少了交变载荷对风轮的冲击，使风轮旋转时振动小、噪声小，提高了机组的寿命；后方设置的扩散管又更好地提高了增速效果。从能量角度看，采用浓缩风能装置后，在相同风轮直径和相同来流风速的条件下，浓缩风能型风电机组可以输出更大的功率。

图 2-2　600W 浓缩风能型风电机组

随着研究人员对浓缩风能型风电机组的不断改进，新型浓缩风能型风电机组主要由发电机、风轮、收缩管、中央圆筒、扩散管、尾翼等组成，浓缩风能型风电机组实验样机结构如图 2-3 所示。浓缩风能装置中安装有发电机和风轮，风轮的旋转区域近似圆筒形，风轮的后方设有扩散管路，风轮的前方设有收缩管路，发电机位于中央圆筒后方靠近扩散管一侧，扩散管路上方设有导向用尾翼。

风力发电度电成本高的主要原因是空气密度低和自然风流动是随机的湍流运动。浓缩风能理论的核心是能量守恒定律，通过特殊的浓缩风能装置，将自然风加速、整流后驱动发电机的风轮旋转发电，从而提高发电功率、降低风电机组的启动风速和切入风速，降低自然风的湍流度、降低机组噪声、提高机组安全性、延长机组寿命，使风力发电的度电成本降低；并且可以拓宽风能的可利用范围，降低风电场的评估标准，使部分年平均风速低

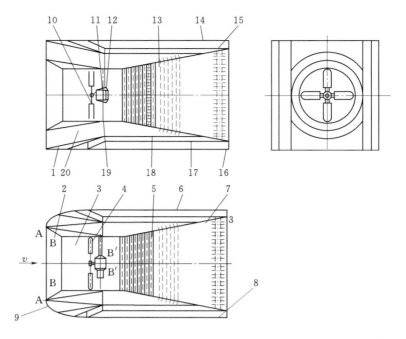

图 2-3　浓缩风能型风电机组实验样机结构图

1—注入外壁方筒；2—收缩管；3—中央圆筒；4—叶片；5—注入导流片；6—左侧外壁；7—扩散管；
8—右侧外壁；9—侧圆弧板；10—轮毂；11—发电机；12—发电机支承；13—注入圆孔；
14—上侧外壁；15—抽吸圆孔；16—下侧外壁；17—抽吸外壁筒；
18—抽吸内壁筒；19—支承；20—注入内壁筒

于 5m/s 地区的风能也能够得到有效利用。通过理论研究、模型实验和样机运行实验证明了浓缩风能理论与技术是科学的、可行的。

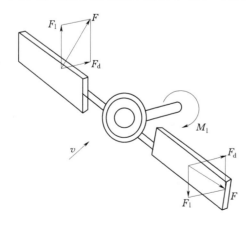

图 2-4　风轮转动示意图

风轮是风电机组最重要的部件之一，风电机组依靠风轮把风所具有的动能转化为机械能并加以利用，风轮设计的好坏对风电机组有重大影响。水平轴风轮通常由两个以上几何形状一样的叶片组成（有的风电机组风轮只有一个叶片）。风轮使空气运动的速度减慢，在空气动力的作用下，风轮绕轴旋转并将风能转化为机械能。

风轮转动示意如图 2-4 所示。从图 2-4 中可以看到，两个叶片的倾斜方向不同，因此风作用在风轮两个叶片上的合力 F 的指向也不同：一个指向右上方，一个指向右下方。两个叶片产生的升力 F_l，其指向则是一个向上，一个向下，这两个升力便构成了推动风轮转动的升力矩 M_l；在两个叶片上产生的阻力 F_d，其指向则是相同的，它们构成了作用在风轮上的轴向压力。当作用在风轮上的升力矩 M_l 克服了发电机的启动阻力矩和风轮的惯性力矩后，便推动风轮转动，这就是风轮能在风的作用下转动起来的原理。在这个过程中，一部分风能转换成了推动风轮转动的机械能。

2.1.3 浓缩风能型风电机组中央流路的流场特性

浓缩风能型风电机组中央流路流场特性是风轮设计的主要依据之一。模型中央流路的轴向流速分布如图 2-5 所示，发电机输出功率与风洞风速关系如图 2-6 所示，由风洞实验结果得到浓缩风能型风电机组中央流路的流场有以下特征：

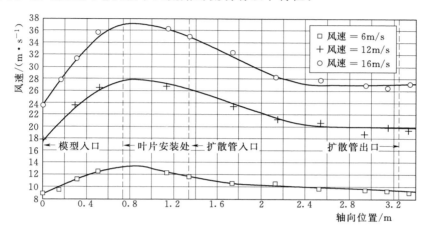

图 2-5　模型中央流路的轴向流速分布

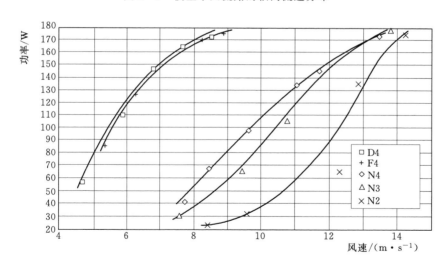

图 2-6　发电机输出功率与风洞风速关系

（1）在浓缩风能装置的综合作用下，中央流路风轮安装处的风速可增至风洞风速的 2 倍，该风电机组比普通型风电机组启动风速低，拓宽了可利用风能的下限，因此可提高风能的年利用率。

（2）经测试风轮安装的位置合适。在风轮安装处，流体力学特征中的静压系数及轴向流速分布均为最大值。

（3）浓缩风能型风电机组的实际应用与浓缩风能理论相一致。

（4）与普通型风电机组相比，在相同的功率下，浓缩风能型风电机组实现了小直径下达到额定功率的目标。

（5）浓缩风能型风电机组驱动风轮的工质是经过加速、整流和均匀化的自然风，减少了风轮受冲击载荷的破坏，提高了风轮和机组的寿命。

2.2　浓缩风能型风电机组的组成与特点

2.2.1　结构与计算公式

2.2.1.1　浓缩风能型风电机组结构

浓缩风能型风电机组由于减少了交变载荷对风轮的冲击，使风轮旋转时振动减小，且噪声降低，提高了发电机和风轮的寿命，延长了整个机组的寿命，从而提高了发电总量，降低了风电度电成本。自然风流经浓缩风能型风电机组时，呈湍流运动的自然风在增压圆弧板、收缩管、中央圆筒和扩散管的共同作用下被增速、整流和均匀化后驱动风轮旋转发电。这里以 200W 浓缩风能型风电机组为例介绍浓缩风能型风电机组的结构。

200W 浓缩风能型风电机组整体结构如图 2−7 和图 1−1 所示。图 1−1 中，收缩管 3 从空气流入口（断面 A）至中央圆筒 4 入口（断面 B）的收缩面积比设计为 $F_1:F_2$；收缩管 3 收缩角为 α；风轮 5 和发电机 6 安装在中间圆筒流路中；扩散管 7 从风轮 5 的后方（断面 b'）至空气流出口（断面 c）的扩散角设计为 β；扩散管出口（断面 c）和入口（断面 b'）的面积比设计为 $F_3:F_2$。空气流入口（断面 a）的四周迎风面设计为增压圆弧形状 2，既有利于浓缩风能型风电机组的前后方形成压差，又有利于风电机组导向。

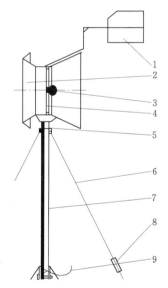

图 2−7　200W 浓缩风能型风电机组整体结构图

1—尾翼；2—浓缩风能装置；3—发电机；4—风轮；5—回转体；6—钢丝绳；7—塔架；8—紧线器；9—三相交流输出

2.2.1.2　计算公式

1. 总压恢复系数 σ

总压恢复系数 σ 的计算公式为

$$\sigma = p_{t_2} / p_{t_1} \qquad (2-3)$$

式中　p_{t_1}——控制体进口断面的总压；

　　　　p_{t_2}——控制体出口断面的总压。

2. 总压系数

总压系数 C_{p_t} 的计算公式为

$$C_{p_t} = \frac{p_t}{\frac{1}{2}\rho_0 v^2} \qquad (2-4)$$

式中　v——自然风场风速，m/s；

　　　　ρ_0——空气密度，kg/m³；

　　　　p_t——浓缩风能装置内测试点总压，Pa。

3. 静压系数

静压系数 C_{p_s} 的计算公式为

$$C_{p_s} = \frac{p_s}{\frac{1}{2}\rho_0 v^2} \qquad (2-5)$$

式中 p_s——浓缩风能装置内测试点静压，Pa。

4. 动压系数

动压系数 C_{p_V} 的计算公式为

$$C_{p_V} = C_{p_t} - C_{p_s} \qquad (2-6)$$

2.2.2 浓缩风能型风电机组能量转换理论分析

2.2.2.1 提高风速对空气密度的影响

（1）雷诺数 Re 的计算公式为

$$Re = \frac{vd}{\gamma} \qquad (2-7)$$

式中 v——自然风场风速，m/s；

d——模型的特征几何尺寸（当量直径），m；

γ——空气的运动黏度，m^2/s。

（2）马赫数 M 的计算公式为

$$M = \frac{v}{a} \qquad (2-8)$$

式中 a——当地声速，m/s。

（3）当 v 增大为 n 倍时，空气密度为 ρ，马赫数为 M'，则

$$\frac{\rho}{\rho_0} = 1 - \frac{1}{2}M'^2 = 1 - \frac{1}{2}n^2\left(\frac{v}{a}\right)^2 = 1 - \frac{1}{2}n^2M^2 \qquad (2-9)$$

式中 ρ_0——空气密度，kg/m^3。

目前，风电机组利用自然风场最大风速为 25m/s，设当地声速为 340m/s，马赫数 M 为 0.074，当风速增加为原来的 1.5 倍时，此时空气密度降低为 ρ_0 的 0.7%。

2.2.2.2 能量转换理论分析

风能是指空气运动具有的动能，空气在单位时间（1s）流经风轮时，风轮所获得的能量为

$$P = \frac{1}{2}C_p\rho_0 A v^3 \qquad (2-10)$$

式中 P——风轮在单位时间所获得的能量，W；

A——风轮面积，m^2；

ρ_0——空气密度，kg/m^3，$\rho_0 = 1.159kg/m^3$；

C_p——风能利用系数，$C_p = 0.3$。

根据式（2-10）可以分析得到，通过浓缩风能装置，使 v 增大，则 P 必然增大。设使 v 增大 n 倍，由式（2-9）和式（2-10）可得

$$P' = \frac{1}{2} C_p \rho A (nv)^3 = n^3 \frac{1}{2} \left(1 - \frac{1}{2} n^2 M^2\right) C_p \rho_0 A v^3 \tag{2-11}$$

由式（2-11）可知，使 v 增大后，ρ 比 ρ_0 略有减小，则 P' 增加。

浓缩风能型风电机组的有效功率 N_e 为

$$N_e = \frac{1}{2} A \left(1.293 \times \frac{273}{T} \times \frac{p - 0.378\varphi P_s}{101325}\right) \left(1 - n^2 \frac{1}{2} \frac{v_r}{\kappa R T}\right) (nv)^3 \eta C_p \tag{2-12}$$

式中　A——风轮扫掠面积，m^2；

T——大气温度，K；

p——大气压力，Pa；

φ——相对湿度；

P_s——饱和水蒸气压力，Pa；

n——浓缩风能装置内风轮处风速提高倍数；

v_r——额定风速，m/s；

κ——空气绝热指数，$\kappa = 1.4$；

R——湿空气气体常数，$J/(kg \cdot K)$；

C_p——风轮风能利用系数；

η——发电机效率，%。

2.2.3　浓缩风能型风电机组特点

浓缩风能型风电机组可使自然风增速为原来的 1.367 倍以上，发电机输出功率增加为 2.554 倍，可以预测，经过进一步提高浓缩风能效果，发电机输出功率可增加为原来的 3 倍以上。实际运行的浓缩风能型风电机组在内蒙古锡林郭勒盟年平均风速最高的苏尼特右旗草原连续运行发电（每天可 24h 运行）6 年内无一次故障；出口日本的风电机组在 2003 年经历两次台风袭击无损坏，进一步证明了浓缩风能型风电机组的高可靠性。

被浓缩后的高品位风能与国际上广泛通用的三叶片螺旋桨式风轮风电机组有根本区别：

（1）使自然风的流速增高。可使风电机组启动时的自然风速低，切入时的自然风速低；低风速时输出功率明显大于普通型风电机组。实验证明：某一时刻自然风的流速可增至原来的 1.36 倍以上，输出功率可以是普通型风电机组的 2.5 倍以上。输出功率大可以使在相同额定功率下高速旋转部件——风轮的直径比普通型风电机组风轮直径小，因此，在相同风速载荷的作用下，浓缩风能型风电机组的风轮寿命长。

（2）使自然风的湍流度下降。实验证明，在低风速段（10m/s 以下）湍流度可降低 9%，高风速段下降会更明显。日本 200W 小型浓缩风能型示范风电机组，2004 年经历两次台风袭击，无损坏正常运转，说明了湍流度下降使风轮及机械、电气部件寿命延长的实际效果。多台组合式机组的优点是系统中某一台（或几台）若需维护或故障停机时，其余机组照常发电，不影响系统正常使用。

与普通型风电机组相比，浓缩风能型风电机组具有以下特点：

（1）单机输出功率大。在风轮直径相同的情况下，本机组输出功率大。本机组的核心技术指标达到了小型风电机组应用技术的国际领先水平。

（2）年发电量大。浓缩风能型风电机组启动风速低，低风速可建压充电。采用流体力学原理限速，高风速时自动限速可不停机连续发电。而普通型风电机组采用偏尾限速机构，用户在大风和夜间常采用人工刹车措施、发电时间短；在高风速或大风季节，为了防止"飞车"，强制刹车，故而年发电量小。因此，浓缩风能型风电机组风能利用率高，年发电时间长，年发电量大。

（3）噪声低。相同功率输出时，风轮直径比普通型风电机组风轮直径小，风轮所受冲击载荷小，且无偏尾机构，浓缩风能装置也具有减振降噪的作用，因此，与其他类型机组相比，噪声显著降低。

（4）运行安全性高。风轮安装在浓缩风能装置内，即使损坏飞落，也不会伤害人、畜和建筑物，在运行使用过程中具有很高的安全性。

（5）机组使用寿命长。机组设计独特，自然风经浓缩之后，气流的湍流度下降、尾流效应变小，使风轮所受载荷均匀性提高，减少了对风轮的冲击，延长了风轮寿命；稳定性提高，可靠性提高，遇到大风或台风也不易损坏。浓缩风能装置还可以防止雨、雪对于发电机和风轮的侵害，从而也能保护机组。

（6）迎风导向性能好。与其他类型机组相比，浓缩风能型风电机组的形体在自然风场中能够形成自动对向力矩，配合尾翼，导向灵敏度高；浓缩风能装置前方的增压板不采用圆锥形，而是采用了天方地圆结构；尾翼中心线与浓缩风能装置的对称中心线无偏心、无振动、过渡平滑，从而使低风速导向平稳。

（7）经济效益与环境保护效益高。综合性能指标高、度电成本低，维护简便，经济效益好；对环境无污染，对生态无破坏，是环保型能源产品。

（8）性价比高。浓缩风能型风电机组的目标是为内蒙古、西藏、青海等高海拔、低风速、低空气密度的农牧区研究一种高效、稳定、寿命长的小型离网或并网式风力发电站，探索一种新的风力发电模式，向国内外推广。

2.3　低速永磁发电机

目前，离网型风力发电专用发电机一般采用稀土永磁同步发电机，其定子结构与电磁式同步发电机基本相同，而转子的结构形式则有所不同，永磁同步发电机以永久磁铁取代了电磁式同步发电机的电励磁绕组，简化了发电机的结构。其转子有多种结构形式，通常按永磁体磁化方向和转子旋转方向的相互关系，分为切向式、径向式、混合式和轴向式四种。在实际应用中，常以切向磁化结构和径向磁化结构居多。在浓缩风能型风电机组基础上，采用低转速稀土永磁同步发电机，将进一步减小轴承等部件的机械磨损，降低风电机组噪声，延长风电机组的寿命，从而降低风电机组的度电成本。目前，已研制了额定功率1kW、额定转速280r/min的永磁同步发电机，并在包头电机厂试制了样机。

2.3.1　设计概述

根据浓缩风能型风电机组的特点，需要研制一种额定转速低、体积小、功率质量比大的稀土永磁发电机。发电机磁钢采用高效的稀土永磁材料钕铁硼。为了减小发电机体积、增大发电机功率质量比、减少原理样机的制造成本，采用现有 600W 永磁发电机的壳体。通过对发电机的磁路进行优化设计计算，确定发电机定子冲片、定子绕组、转子和轴的最佳结构尺寸。

稀土永磁体具有较高的矫顽力，因此电机气隙可以较大，且永磁体充磁方向可以做薄，便于构成新型磁路。目前国内外对稀土永磁电机的结构研究，主要集中在转子结构方面，采用的磁路结构多样化，其目的主要是追求最大限度地利用稀土永磁材料，提高功率密度和效率，改善运行性能。

2.3.2 技术要求

根据风电机组的实际应用情况，设计的稀土永磁发电机应满足以下技术要求：

（1）发电机的运行环境恶劣，要求发电机的安全可靠性高，能防雨雪、沙尘及雷击。

（2）要求发电机的起始建压转速低，以最大限度地提高风能利用系数（在 65% 的额定转速下，发电机的空载电压应不低于额定电压）。

（3）发电机的启动阻力矩 T_N 尽量小，以使发电机在较低风速下能良好的启动，同样提高风能的利用程度。

（4）发电机效率 $\eta > 74\%$。

（5）在 150% 额定转速下，发电机在额定电压下应能过载运行 2min。

（6）发电机在空载情况下，应能承受 2 倍额定转速，历时 2min，转子结构应不发生损坏及有害变形。

除此之外，风电机组还应符合一般电机的绝缘、耐压、机械强度等技术要求。

2.3.3 风力发电专用低转速稀土永磁发电机的结构设计分析

稀土永磁发电机的结构设计主要是对定子冲片、定子绕组、转子磁钢及转子极靴的结构尺寸进行优化设计，找出最佳值。定子绕组采用分数槽绕组，可有效地减小阻力矩。转子采用瓦片式稀土磁钢激磁、径向式结构，这种结构漏磁较小。

2.3.3.1 定子结构设计分析

风力发电专用的稀土永磁发电机的定子结构与一般电机类似，但因为该类发电机的电负荷较大，使得发电机的铜耗较大，因此应在保证齿、轭磁通密度及机械强度的前提下，尽量加大齿槽面积，增加绕组线径，减小铜耗，提高效率。设计时应考虑到对其他性能参数的影响和发电机成本以进行综合分析确定齿槽面积和绕组线径。

定子绕组的分布影响发电机启动阻力矩的大小。启动阻力矩是风力发电专用的稀土永磁发电机设计中一个至关重要的参数。启动阻力矩小，发电机在低风速时便能发电，风能利用程度高；反之，风能利用程度低。启动阻力矩是由于永磁发电机中齿槽效应的影响，使得发电机在启动时引起磁阻转矩。从电机理论上讲，降低齿槽效应引起的阻转矩的方法，主要是采用定子斜槽、转子斜极以及定子分数槽绕组。但是实践证明采用分数槽绕组是降低阻转矩最有效的办法。

采用定子斜槽，工艺上比较容易实现，但效果不明显，而且如果斜槽距离太大，发电机的电气性能会受影响；采用转子斜极，将转子磁钢、磁极扭到合理的尺寸，工艺上难度较大，而效果也不明显；因此，大多采用分数槽绕组。

分数槽绕组每极每相槽数

$$q=\frac{Z_s}{2mp}=a+\frac{c}{d} \qquad (2-13)$$

分数槽绕组每极槽数

$$Q=\frac{Z_a}{2p}=A+\frac{c}{b} \qquad (2-14)$$

式中　　Z_s——定子槽数；

　　　　　m——绕组相数；

　　　　　p——发电机极对数；

　　　　A、a——整数；

C/D、c/d——不可约分的分数。

理论和实践证明：D 越大，发电机的启动阻力矩越小，但 D 的大小也影响着发电机的其他电气性能，因此不宜过大。此外，随着 q 值的增加，负序阻抗减小，漏抗降低，这是我们希望的。但是同时，过分增大 q 值，发电机抑制高次谐波的能力降低，又是该避免的。因此，需要满足国际规定的阻转矩大小的要求，并不是 q 值越大越好。

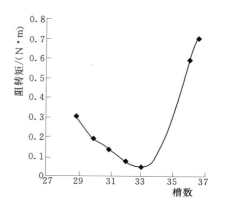

图 2-8　阻转矩与槽数关系曲线

几种同功率发电机阻转矩与槽数关系曲线如图 2-8 所示，从中可以判定齿极配合的情况，为发电机的槽数选择提供依据。

2.3.3.2　转子结构设计分析

永磁同步发电机的定子结构与电磁式同步发电机的定子结构基本相同，而转子的结构形式则有所不同，永磁同步发电机以永久磁铁取代了电磁式同步发电机的电励磁绕组，简化了发电机的结构。其转子有多种结构形式，通常按永磁体磁化方向和转子旋转方向的相互关系，分为切向式、径向式、混合式和轴向式四种。在实际应用中，常以切向磁化结构和径向磁化结构居多，径向转子结构如图 2-9 所示、切向转子结构如图 2-10 所示。

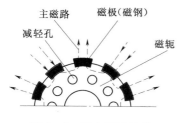

图 2-9　径向转子结构

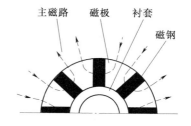

图 2-10　切向转子结构

一般将小型风电机组的负载简单地看作电阻性，在转速不变时，发电机输出功率和发电机气隙磁密的平方成正比，即

$$P_2=\frac{U^2}{R_F}\approx\frac{E^2}{R_F}\propto B_\delta^2 \qquad (2-15)$$

式中　　P_2——发电机输出功率，W；

　　　　U——发电机输出电压，V；

　　　　E——发电机电势，V；

　　　　B_δ——发电机气隙密度，T；

　　　　R_F——发电机负载电阻，Ω。

因此研究气隙磁场对发电机的技术指标和经济指标非常重要。

1. 径向磁场型式

从图 2-9 所示的主磁路可以看出，径向磁场型式是一对极的两块磁钢串联。仅有一个磁钢截面积对每一个气隙提供磁通，而有两个磁钢长度对发电机提供磁势。磁铁的磁化轴线与气隙磁通轴线基本一致，而且接近转子表面，有可能在转子装配后进行组件充磁。由于小型风电机组的运行速度比较低，故直接将励磁磁钢粘结在转子磁轭上。为了减轻转子的整体重量，可以在转子磁轭上开减轻孔。

从图 2-12 中 4 种永磁材料的退磁曲线可以看出，转子磁钢如选用铁氧体材料，其矫顽力 H_c 相对比较高，因此具有较强的抗去磁能力。但是，其剩余磁密 B_r 较小，发电机能获得的气隙磁密 B_δ 较小。显然制造出的发电机体积会较大。如选用高磁能积的钕铁硼材料，其 B_r、H_c 都很高，不存在上述问题，发电机体积小，性能优良。

2. 切向磁场型式

如图 2-11 所示，切向式结构是把磁钢镶嵌在转子磁极中间，磁钢与磁极固定在隔磁衬套上。磁极由导磁性能良好的铁磁材料（如软铁等）制成，衬套由非磁性材料制成（如铝、工程塑料等），用以隔断磁极、磁钢与转子的磁通路，减小漏磁。切向式结构是一对磁极的两块磁极并联，由两块磁钢向每个气隙提供磁通，这样发电机的气隙磁密 B_δ 高，制造出的发电机体积小。切向磁场型式的转子整体结构比较复杂，除机械加工量比较大外，它的拼装必须用专用设备，尤其将磁钢镶嵌到磁极中间要有专用工具。转子拼装好后，在转子端部将磁钢固紧，以免造成转子（对定子）的扫膛现象，甚至卡死，发电机烧坏。

在切向结构中，磁铁的磁化轴线与气隙磁通轴线接近垂直而且偏离转子表面，组件充磁困难，必须先充磁后装配。由于稀土磁铁的磁性强，给加工、检测、装配和动平衡等带来困难，对工艺及清理提出了较高的要求。从工艺要求来看，切向磁化结构对零件精度及装配质量要求较高。

在百瓦级小型交流永磁风电机组中，切向结构型式选用铁氧体磁钢有诸多成功的设计和制造实例。

3. 两者比较

在漏磁方面，径向磁场结构型式的转子漏磁导相对气隙磁导比较小，所以漏磁系数较小；而切向磁场结构型式的磁钢、磁极之间（端部两侧和底面）的漏磁导相对气隙磁导较大，转子漏磁大，从而减小了有效磁通的利用。

在满足性能指标的前提下，转子型式及磁钢的选择必须考虑到其经济性，百瓦级的小型风电机组转子多采用切向结构，磁钢选用铁氧体，而千瓦级的小型风电机组如选用铁氧体作转子材料，制造出的发电机体积大，重量较大，需要更牢固的塔架等支撑机构，加大了成本，就风电机组总体而言并不经济。因此选用经济、实用的钕铁硼较多，转子结构型式兼而有之，选用何种转子结构型式要取决于设计人员的综合考虑，做出合理的决定。

根据上述分析，可结合具体情况选取转子结构形式。一般来说，对于小功率发电机，为了简化工艺、减少漏磁，采用径向磁化结构较多；而对于功率较大的发电机，为了提高气隙磁感应强度，从而增加电机的比输出功率，多采用切向磁化结构。

2.3.4 电磁理论设计与分析

2.3.4.1 额定数据

根据国标《离网型风力发电机组用发电机 第1部分：技术条件》（GB/T 10760.1—2003）的规定，发电机经整流后输出电压为56V（DC），由经验数据可知，经整流后的直流输出电压与发电机输出线电压之比为1.35，因此，发电机的额定线电压为

$$U_{Nl} = \frac{56}{1.35}$$

额定相电压（Y接法）

$$U_N = \frac{1}{\sqrt{3}}U_{Nl}$$

1kW低转速稀土永磁发电机额定数据见表2-1。

表 2-1 1kW 低转速稀土永磁发电机额定数据

额定容量/kVA	相数	额定线电压/V	额定相电压/V	额定相电流/A	发电机效率
1	3	41.481	23.949	13.918	0.74
功率因数	额定转速 /(r·min⁻¹)	频率/Hz	转子结构	固有电压调整率 /%	预计工作温度 /℃
0.8	250	20.8	径向瓦片式	37.80	80

2.3.4.2 永磁体的结构设计

1. 永磁体体积的估算方法

由于发电机转子结构不同，计算方法也不同，精确且通用地推出功率和体积关系是困难的，一般采用估算的方法给定功率和磁钢体积的关系

$$V_m = 51 \times \frac{P_N \sigma_0 K_{ad} K_{Fd}}{f K_\mu K_\Phi C(BH)_{max}} \times 10^6$$

（2-16）

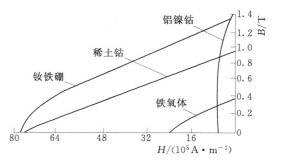

图 2-11 4种永磁材料的退磁曲线

式中 P_N——发电机的额定容量；

σ_0——漏磁系数；

K_{ad}——直轴电枢磁势折算到转子磁势的折算系数；

K_{Fd}——发电机短路时每对极的磁钢磁势 F_{mk} 为直轴电枢磁势 $2F_{adk}$ 的倍数；

f——频率；

K_μ——电压系数；

K_Φ——波形系数；

C——磁钢利用系数；

$(BH)_{max}$——磁钢最大磁能积。

考虑到磁钢不一定能工作在最佳工作点和电枢反应的去磁作用，利用式（2-16）求得的 V_m，要有适当余量，一般加大 20％左右。

2. 极对数的选择方法

在转子结构和磁钢材料确定后，从式（2-16）可以看出，增大频率可以减小需要磁钢的体积，提高磁钢的利用程度。从 $f=pn/60$ 可知，在转速 n 一定时，f 和极对数 p 成正比，因此在设计发电机时尽量选取较多的 p。但是，p 的增加受电机尺寸和加工工艺的限制，由于发电机转速较低，不考虑由于 f 增大对磁滞、涡流损耗的影响，在发电机直径及工艺允许的条件下，尽量选取较多的极对数 p，以缩小发电机的体积，减轻其重量。

3. 永磁体主要尺寸的确定

根据发电机体积的估算结果、壳体的结构尺寸和极对数确定永磁体和转子的主要结构尺寸，永磁体和转子的结构参数见表 2-2。

表 2-2 永磁体和转子的结构参数

永磁体磁化方向长度/cm	永磁体宽度/cm	永磁体轴向长度/cm	极对数	永磁体每极截面积/cm²	永磁体每对极磁化方向长度/cm
0.5	2.7	8.6	5	23.22	1.0	116.1

永磁体质量/kg	气隙长度/cm	转子外径/cm	轴孔直径/cm	极距/cm	极弧系数	极间宽度/cm
0.871	0.15	12.7	4.4	3.99	0.6767	1.29

2.3.4.3 定子冲片和定子绕组的设计与分析

由于发电机的壳体采用现有规格，定子冲片的外径与壳体的内径相等。根据表 2-2 中发电机转子的结构尺寸和气隙长度可以确定定子冲片的内径。设计定子冲片时，在保证齿轭强度的情况下，应尽量加大齿槽的面积。定子绕组采用分数槽绕组，减小发电机的启动阻力矩；并且考虑尽量增大绕组线径，减少绕组匝数，可以减小固有电压调整率，降低电压调节的难度。定子冲片和定子绕组参数见表 2-3，1kW 低转速稀土永磁发电机定子冲片如图 2-12 所示。

表 2-3 定子冲片和定子绕组参数

定子外径/cm	定子内径/cm	定子铁芯长度/cm	每极每相槽数	定子槽数	绕组节距	绕组因数
21.0	14.0	8.6	$1\frac{1}{10}$	33	3	0.9452
预估空载磁通/Wb	预估空载电动势/V	绕组每相串联匝数	每槽导体数	实际每相串联匝数	估算绕组线规/mm²	实际电流密度/(A·mm⁻¹)
1.829×10^{-3}	26.35	157.4	58.0	159.5	2.324	2.995
电负荷/(A·cm⁻¹)	齿宽/cm	轭高/cm	槽上半部半径/cm	槽满率%	计算空载磁通/Wb	磁场波形系数
326.130	0.690	1.520	0.252	93.95	1.805×10^{-3}	1.1685

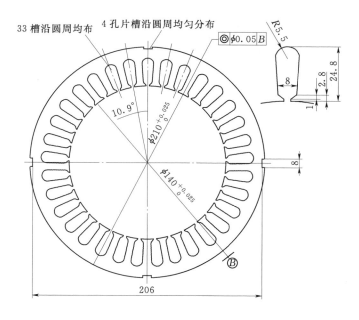

图 2-12　1kW 低转速稀土永磁发电机定子冲片图（单位：mm）

2.3.4.4　磁路计算

根据表 2-2 和表 2-3 列出的发电机结构和性能参数值，采用目前通用的永磁同步发电机磁路计算方法计算发电机的电磁参数值。内蒙古农业大学新能源技术研究所在包头电机厂、内蒙古动力机械厂多年积累的实践经验基础上，完成了对 120W 永磁发电机的改进和稀土永磁发电机的前期研究，为设计过程中发电机系数值的选取提供了依据。利用 VB 编制电磁计算程序进行发电机的磁路计算，1kW 风力发电专用低转速稀土永磁发电机的电磁计算程序主界面如图 2-13 所示，计算出的发电机磁路主要性能参数及其计算值见附表 5。

2.3.4.5　实验样机的试制

1kW 风力发电专用的低转速稀土永磁发电机的壳体、定子、转子、转轴、轴承等的结构参数确定后，根据各结构参数的设计计算值绘制加工图纸，该机的定子冲片结构尺寸如图 2-12 所示，定子冲片槽数为 33，槽沿圆周均布，在该图的右上角给出了定子冲片梨形槽的结构尺寸，槽高为 24.8mm。1kW 低转速稀土永磁发电机转子极靴如图 2-14 所示，为了减轻重量、减少材料的用量，在极靴中沿圆周方向均匀地开 10 个直径为 20mm 通孔，在通孔外侧极靴的表面铣 10 个深为 2mm 的槽，将转子磁钢粘结在该槽中，为了保证磁钢的可靠性，再用紧固螺钉将磁钢紧固在槽中。

1kW 风力发电专用的低转速稀土永磁发电机加工图纸绘制完成后，在包头电机厂试制了两台实验样机，每台重量为 47kg，现有 600W 永磁发电机的重量为 45kg，两者的体积大小相同。这是内蒙古农业大学新能源技术研究所首次涉足发电机研制领域，各方面的经验和技术还不够成熟，所以在保证加工精度的情况下，采用精密的线切割技术加工定子冲片，省去了制作定子冲片模具的费用，降低了试制的成本。

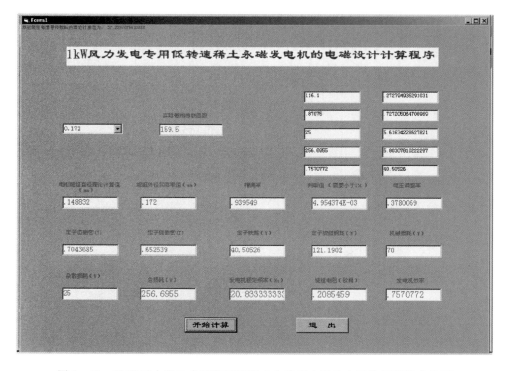

图 2－13　1kW 风力发电专用低转速稀土永磁发电机的电磁计算程序主界面

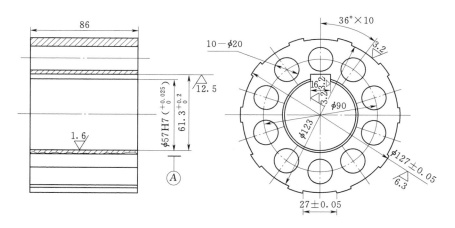

图 2－14　1kW 低转速稀土永磁发电机转子极靴图（单位：mm）

试制的两台 1kW 风力发电专用的低转速稀土永磁发电机实验样机如图 2－15 所示。

2.3.5　性能实验

2.3.5.1　主要实验仪器

1. 转矩转速传感器

型号：ZJ 型；额定转矩：10kg·m；齿数：120；精度：0.2 级；转速范围：0～6000r/min；轴温系数：－0.027％/℃；标定系数：7656（环境温度 15℃）。

图 2-15 1kW 低转速稀土永磁发电机实验样机

2. 微机型转矩转速记录仪

型号：ZJYW₁。

型号：$ZJYW_1$。

3. 电磁调速电机控制器

型号：JD1A-40；测量范围：0～1500r/min。

4. 电磁调速电动机

型号：YCT220-4A；额定转矩：69.1N·m；调速范围：125～1250r/min；绝缘等级：B 级；激磁电压：70V；激磁电流：1.91A。

5. 电流表

型号：C59-A 型；额定电压降约为 45mV。

6. 电压表

型号：C59-V 型；额定电流约为 1mA。

7. 交直流数字电参数测量仪

型号：8716C 型；量程：5～300V，0.01～240A；分辨率：0.001A（<2A），0.01A（≥2A），0.1V；工作误差：±(0.25%读数＋0.25%量程)。

8. 温度计

测量范围：-50～50℃；准确度：±1℃。

2.3.5.2 实验测试系统

对两台 1kW 低转速稀土永磁发电机实验样机的输出特性进行实验研究，实验方法参照《离网型风力发电机组用发电机 第 2 部分：试验方法》(GB/T 10760.2—2003) 的规定，发电机实验测试系统原理简图如图 2-16 所示。测试系统中，通过滑差电机调速装置和电磁调速电动机调整三相感应电动机的转速，采用转矩转速传感器对三相感应电动机的输出转矩和转速进行实时测试，并通过转矩转速记录仪记录和打印出结果，即得到此时被测发电机的转矩和转速值。同时，发电机的输出端通过长 25m 的铜芯电缆连接到整流桥的三相输入端，经全桥整流后三相交流电被变为直流电输出，采用电流表和电压表或电流电压测试仪测得输出的直流电压和电流。发电机测试实验台和发电机实验用负载和部分显示仪器如图 2-17 和图 2-18 所示。

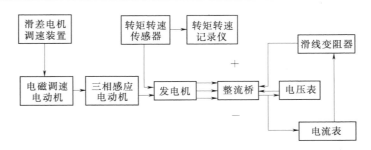

图 2-16　发电机实验测试系统原理简图

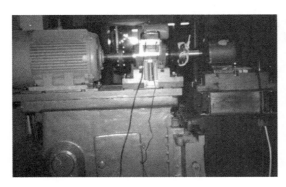

图 2-17　发电机测试实验台　　　　　图 2-18　发电机实验用负载和部分显示仪器

2.3.5.3　实验研究的内容和方法

1. 不同工作转速下发电机空载电压的测定

发电机分别在 65％、72.5％、80％、90％、100％、110％、117.5％、125％的额定转速下空载运行，用电磁式电压表测量发电机空载整流后的直流电压。发电机 I 号、II 号样机转速与整流后空载电压关系见表 2-4、表 2-5。

表 2-4　发电机 I 号样机转速与整流后空载电压关系

转速/(r·min⁻¹)	162.5	181.3	200.0	225.0	250.0	275.0	293.8	312.5
空载电压/V	58.5	65.5	72.5	81.5	90.5	99.5	105.5	113.4

表 2-5　发电机 II 号样机转速与整流后空载电压关系

转速/(r·min⁻¹)	162.5	181.3	200.0	225.0	250.0	275.0	293.8	312.5
空载电压/V	58.2	64.7	71.8	80.9	89.7	98.6	105.8	112.5

从表 2-4 和表 2-5 可以看出，两台实验样机在 65％额定转速下的空载输出电压分别为 58.5V 和 58.2V，均大于额定输出电压 56V，满足国标的要求。两台样机的空载电压随着转速的升高而增大，并且增加的趋势线近似一条直线。发电机 I 号样机、II 号样机空载电压与转速关系曲线如图 2-19、图 2-20 所示。

2. 发电机输出功率和额定转速的测定

发电机输出端按《离网型风力发电机组　第 1 部分：技术条件》（GB/T 19068.1—2003）规定的接线方法连接，经整流后加电阻负载，保持发电机的电压为额定电压，当发

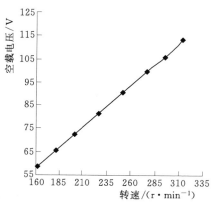

图 2-19　发电机Ⅰ号样机空载电压
与转速关系曲线

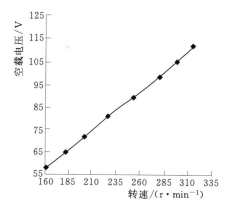

图 2-20　发电机Ⅱ号样机空载电压
与转速关系曲线

电机的输出功率为额定值时，测得的转速即为发电机的额定转速。测得两台发电机输出额定功率时的转速分别为 249r/min、253r/min，国标允许 5% 的误差（12.5r/min）；如果发电机额定转速取 250r/min，在误差允许的范围内，因此将发电机的额定转速定为 250r/min，比《离网型风力发电机组用发电机　第 1 部分：技术条件》（GB/T 10760.1—2003）中规定的额定转速 280r/min 低 30r/min。

3. 启动阻力矩的测定

发电机转轴伸出端上固定安装一直径为 100mm 的圆盘，取一根质量可忽略不计的细绳，细绳的一端固定一砝码托盘。把细绳缠绕在圆盘上，砝码托盘便靠重力沿圆盘的切线方向加力，逐渐向砝码托盘中加砝码，测量出圆盘开始转动时所加砝码的重量，其最大重量与圆盘半径的乘积即为启动阻力矩，一个圆周内测点不少于 3 点。用这种方法测得Ⅰ号样机的启动阻力矩为 1.568N·m，Ⅱ号样机的启动阻力矩为 1.215N·m。在国标 GB/T 10760.1—2003 中规定，1kW 永磁发电机的启动阻力矩不大于 1.5N·m，因此，Ⅰ号样机的启动阻力矩不满足国标的要求，Ⅱ号样机的启动阻力矩满足国标的要求。

4. 效率的测定

效率测定采用直接法。发电机在额定电压、额定功率下运行，此时发电机转速应不大于 105% 额定转速，当温度基本上达到稳定以后，测得两台发电机的输入功率分别为 1459.8W 和 1284.9W，直流输出功率分别为 1064.0W 和 1002.4W，则发电机Ⅰ号样机的效率 $\eta_1 = \dfrac{1064.0}{1459.8} = 72.89\%$，Ⅱ号样机的效率 $\eta_2 = \dfrac{1002.4}{1284.9} = 78.01\%$，在国标 GB/T 10760.1—2003 中规定，1kW 永磁发电机的效率不低于 74%。因此，Ⅰ号样机的效率不满足国标的要求，Ⅱ号样机的效率满足国标的要求。

5. 负载特性曲线的测定

为了更准确地反映发电机的负载特性，在 GB/T 10760.2—2003 规定的测点间增加测点，即在 60%、65%、72.5%、80%、90%、100%、110%、117.5%、125%、135%、145%、150% 的额定转速下，用直接负载法（电阻负载）测定此时发电机的输出功率和发电机的实测效率。按 GB/T 10760.2—1989，额定转速以上时仍通过改变负载保持额定电

压不变，以转速为横坐标，效率和输出功率为纵坐标做出关系曲线；而新国标 GB/T
10760.2—2003 规定，在额定转速以上时，保持额定功率时的负载电阻不变，以转速为横
坐标，效率和输出功率为纵坐标做出关系曲线。经过分析，旧国标的效率测试方法主要考
虑了离网型风力发电系统中蓄电池的容性稳压作用；新国标保持额定负载不变，主要考虑
了蓄电池是风力发电系统的一个不变的负载，同时，这种测试方法也考虑了蓄电池容性稳
压作用的局限性，即当发电机的输出功率大于额定功率时，发电机的实际输出电压大于发
电机的额定电压。因此分别采用两种方法测试发电机的负载特性，对其输出功率和效率进
行分析。

由附表 1~附表 4 可知，当两台样机在额定转速下运行时，输出功率分别为 1064.0W
和 1002.4W，效率分别为 72.89% 和 78.01%。1kW 低转速稀土永磁发电机Ⅰ号样机功率
特性曲线如图 2-21 所示，1kW 低转速稀土永磁发电机Ⅰ号样机效率曲线如图 2-22 所
示，1kW 低转速稀土永磁发电机Ⅱ号样机功率特性曲线如图 2-23 所示，1kW 低转速稀
土永磁发电机Ⅱ号样机效率曲线如图 2-24 所示。从图 2-22 和图 2-24 可以看出，两台

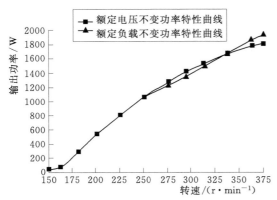

图 2-21 1kW 低转速稀土永磁发电机Ⅰ号
样机功率特性曲线

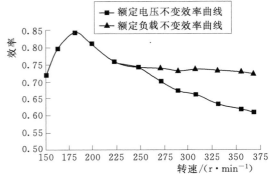

图 2-22 1kW 低转速稀土永磁发电机Ⅰ号
样机效率曲线

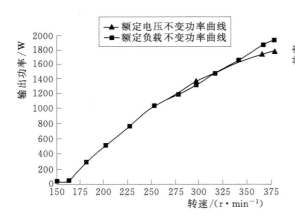

图 2-23 1kW 低转速稀土永磁发电机Ⅱ号
样机功率特性曲线

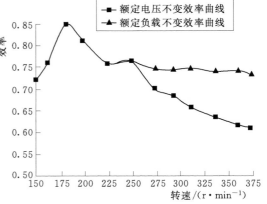

图 2-24 1kW 低转速稀土永磁发电机Ⅱ号
样机效率曲线

样机功率特性曲线的形状和变化趋势基本相同，发电机输出功率随着发电机转速的升高而增大。发电机在额定转速以下运行时，两台样机的功率输出曲线重合。在额定转速以上，135%额定转速以下时，保持额定电压不变和保持额定负载不变的功率输出曲线十分接近，135%额定转速以上时，保持额定电压不变的功率特性曲线比保持额定负载不变的功率特性曲线略低，由此可知，两种测试方法均能测得发电机的输出功率随着发电机转速变化而变化的情况。由图 2-23 和图 2-25 可知，在 72.5%额定转速时，两台样机效率分别升高至最大值 83.94%和 85.34%，在 50.0%～72.5%额定转速时效率的升高速率和在 72.5%～90.0%额定转速时效率的降低速率均较高，在 65%～100%额定转速之间的效率比额定转速时的效率高。由于发电机一般运行在额定转速以下，因此，工作中两台样机能够保持在较高效率下运行。

6. 温升试验

温升试验是根据绕组电阻随着绕组温度变化而变化的原理，当发电机绕组的温度稳定时，通过测量发电机绕组电阻随着绕组温度升高而增大的值，推算出绕组温度的升高值，即为发电机的温升。

参照《三相同步电机试验方法》（GB/T 1029—2005）的规定，温升试验时应尽可能使发电机外部散热符合其实际工作状态。即用鼓风机或风扇吹其外表面，使发电机表面风速达到风电机组的额定工作风速；但如果不向发电机表面吹风，即把发电机放在空气不流动的室内实验台进行温升试验，测得的结果将会比风电机组实际工作状态时的温升要大。因此，如果用该方法测得的发电机温升满足设计要求，则必然也满足发电机的实际工作状态要求。

由于绕组电阻的阻值较小，采用能够精确测量低值电阻的携式直流双臂电桥测量发电机绕组的电阻，该电桥采用密闭箱式结构。平滑调节臂、单双桥比例臂、检流计、工作电源和标准电阻均装于一块金属面板上。所有电阻元件均采用优质漆包锰钢漆包线，以无感式绕于高频瓷管上，并经过严格的人工老化筛选，以保证阻值稳定可靠。携式直流双臂电桥测量绕组电阻接线方法如图 2-25 所示，通过电桥面板上的平滑调节臂示值和倍率档示值直接读出被测阻值。

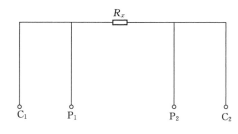

图 2-25 携式直流双臂电桥测量
绕组电阻接线方法

测量发电机绕组电阻 R_x 时，首先标记发电机的任意两相为被测发电机绕组电阻 R_x，记下此时的环境温度 T_1（℃），将被测电阻 R_x 按图 2-25 所示连接。C_1C_2 为电流端，P_1P_2 为电位端，电桥平衡时读出双桥倍率读数乘平滑调节臂读数的值，即为发电机绕组的冷态电阻值 R_1（Ω）；然后使发电机在额定转速、额定负载下运行至发电机表面温度基本稳定，测量方法同上，测得此时的绕组电阻值并记录，相邻两次的时间间隔逐渐缩短，当测得的相邻三次阻值差小于 0.001Ω 时，则认为发电机的绕组温度已经达到稳定状态，记下此时的冷却介质温度 T_2（℃）和发电机绕组阻值 R_2，则发电机的温升 ΔT 为

$$\Delta T = \frac{(R_2 - R_1) \times (235 + T_1)}{R_1} + T_1 - T_2 \tag{2-17}$$

式中　T_1——环境温度,℃；

　　　　T_2——发电机绕组温度稳定时的冷却介质温度,℃；

　　　　R_1——发电机绕组的冷态电阻值,Ω；

　　　　R_2——发电机绕组温度稳定时的阻值,Ω；

　　　　ΔT——发电机的温升,℃。

1kW 风力发电专用的低转速稀土永磁发电机 I 号、II 号样机温升试验结果见表 2-6、表 2-7。其中, I 号样机的温升为 74.9K, II 号样机的温升为 64.8K。按 GB/T 10760.1—2003 的规定,1kW 永磁发电机的温升应小于 80K。因此,两台实验样机的温升均满足国标的要求。由于发电机温升试验是在室内进行的,而且发电机周围的介质是静止不流动的,所以在发电机实际应用时的温升还将低于该实验结果。1kW 风力发电专用的低转速稀土永磁发电机 I 号、II 号样机温升曲线如图 2-26、图 2-27 所示。从图 2-26、图 2-27 可以看出,随着发电机运行时间的延长,绕组温度越来越高, I 号样机的温度稍高于 II 号样机,大约运行 120min 以后,两台样机绕组的温度基本趋于稳定。

表 2-6　1kW 风力发电专用的低转速稀土永磁发电机 I 号样机温升试验结果

记录次数	记录时间/min	冷却介质温度/℃	电阻值/Ω	温升/K
冷态	0	6.2	0.9925	0.0
1	60	9.5	1.2360	55.9
2	90	10.0	1.2770	65.3
3	110	10.4	1.2940	69.1
4	140	10.9	1.3200	74.9
5	165	11.1	1.3200	74.7
6	180	11.1	1.3200	74.7

表 2-7　1kW 风力发电专用的低转速稀土永磁发电机 II 号样机温升试验结果

记录次数	记录时间/min	冷却介质温度/℃	电阻值/Ω	温升/K
冷态	0	4.5	0.9855	0.0
1	80	7.5	1.2215	54.4
2	120	9.3	1.2610	62.2
3	140	9.9	1.2710	64.0
4	155	10.3	1.2715	63.7
5	170	10.3	1.2760	64.8
6	185	10.7	1.2765	64.5
7	200	10.8	1.2765	64.4
8	215	11.1	1.2765	64.1
9	225	11.1	1.2765	64.1

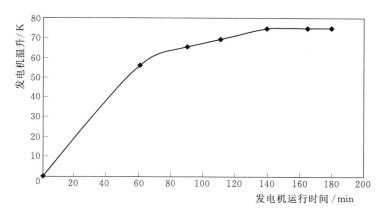

图 2-26 1kW 风力发电专用的低转速稀土永磁发电机 I 号样机温升曲线

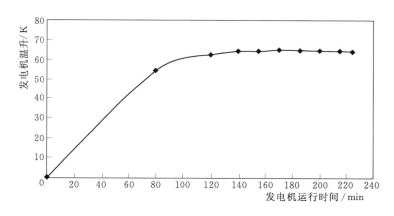

图 2-27 1kW 风力发电专用的低转速稀土永磁发电机 II 号样机温升曲线

2.3.5.4 主要性能参数设计值与实测值的对比分析

因为两台样机的额定转速仅为 250r/min，试验时采用直流电动机通过变速箱降低转速直接拖动两台样机。两台样机技术性能参数见表 2-8。从表 2-8 可以看出，两台样机建压转速（Turn on speed）低，低速运行性能好。I 号样机的启动阻力矩较大，效率较低，不满足设计要求。由于实验中所研制的两台样机是单件生产，手工组装，没有工装胎

表 2-8 两台样机的主要技术性能参数

项　　目	I 号样机实测值	II 号样机实测值	设计值
额定输出功率/W	1064	1002	1000
整流后额定输出电压/V	56	56	56
额定转速/(r·min^{-1})	249	253	250
建压转速/(r·min^{-1})	155	155	162.5
启动阻力矩/(N·m)	1.568	1.215	1.5
额定状态时效率/%	72.89	78.01	75.71
温升（室内自然冷却封闭式）/℃	74.9	64.8	80

具和固定量具，因此无法保证加工精度，造成发电机的同心度不够、气隙不均匀、轴承的松紧度不同，从而造成两台样机的启动阻力矩不同。Ⅰ号样机的启动阻力矩大，无功功率大，功率因数小，效率也较低。

由于转子磁钢采用了磁能积大、矫顽力大的钕铁硼磁钢，发电机效率从普通电机的 50％提高到 74.9％，其制成的发电机有以下优点：

（1）高磁能积使得输出同样功率时，整机重量减少 30％，同体积输出功率可增大 50％，同时可减小离心力，提高转速，降低电流强度，减少冷却不够和机械轴承磨损问题。

（2）高剩磁使得气隙磁通密度较高，可节约铜绕组用量，降低电机成本。

（3）高矫顽力使得退磁危险降低。对各种磁体几何形状，磁化强度稳定，给定子、转子外形设计带来方便。

（4）价格相对低廉，储量较大，使得电机成本较低，可大规模生产和推广。

（5）定子绕组采用分数槽绕组，可以使输出电压波形更稳定。

2.3.6　结论

通过对 1kW 浓缩风能型风电机组专用低转速稀土永磁发电机的设计制造与发电性能测试，对实验结果的分析得出如下结论：

（1）两台样机的转速分别在 249r/min 和 253r/min 时达到额定输出功率 1kW，两台样机的额定转速定为 250r/min，比 GB/T 10760.1—2003 要求的 280r/min 低 30r/min，因此两台样机均满足了低额定转速的设计要求。

（2）两台样机在 65％额定转速下，空载输出电压比额定电压分别高 2.5V 和 2.2V，并随着转速的升高而增大，增加的趋势线近似一条直线，因此两台样机的起始建压转速低。

（3）与外形尺寸相同的普通永磁发电机相比，两台样机的功率质量比提高了 63.1％；功率体积比提高了 66.7％，因此两台样机比同功率的普通永磁发电机体积小、重量轻。

（4）两台样机的启动阻力矩分别为 1.568N·m 和 1.215N·m，因此Ⅱ号样机满足国标 GB/T 10760.1—2003 中对启动阻力矩小于 1.5N·m 的要求。

（5）两台样机在额定状态下的效率分别为 72.89％和 78.01％，因此Ⅱ号样机满足国标 GB/T 10760.1—2003 中对效率不低于 74％的要求。

（6）两台样机在（65％～100％）的额定转速之间的效率比额定转速时的效率高，在 72.5％额定转速附近效率达到最大值。由于发电机一般运行在额定转速以下，因此，两台样机在工作时能够保持在较高效率下运行。

（7）两台样机的温升分别为 74.9K 和 64.8K，满足 GB/T 10760.1—2003 中对温升低于 80K 的要求。

在浓缩风能型风力发电系统中采用低转速稀土永磁发电机，可以改进机组的性能，但目前研制的发电机仍然存在许多问题，对此提出如下建议：

（1）通过扩大定子冲片齿槽的尺寸，增加绕组线径 d_{cu}，降低每元件匝数 W_c 和减小极弧系数 α 的方法，进一步提高发电机的效率、降低发电机的固有电压变化率和绕组温升，但要考虑对发电机成本、槽满率、气隙磁场和电压波形的影响。

（2）确定发电机的额定转速和测试发电机的负载特性时，要保证发电机能在额定状态下运行 120min 以上。

（3）在 VB 电磁计算程序的基础上，用 MATLAB 和 ANSYS 软件对发电机的电磁场进行计算和模拟分析，进一步提高电磁场计算的效率和准确性。

2.4 控 制 系 统

2.4.1 迎风及限速自动控制系统

2.4.1.1 工作原理

由形体流场分析和实践证明，浓缩风能型风电机组在空气流场中始终受迎风力矩，形体有利于自迎风导向。因此，在此基础上的自迎风控制运转平稳，高效节能。

为实现浓缩风能型风电机组的大型化并网发电，需为其设计限速自动控制系统，由于大型机组质量和体积都较大，惯性力很大，一般的机械控制难以实现准确对风，所以决定采用数控技术实现自动迎风控制。对于限速机构，由于此机型风轮在浓缩风能装置中，改变叶片受空间的限制，同时也会改变风轮所受空气动力，影响性能，因此不适合采用变桨和扰流。最好的办法是使用同一套自动控制机构实现大风时顺桨限速，也就是使风轮扫掠面平行于风向，由于浓缩风能装置的遮蔽作用：①可以使叶片停转而限速；②可保护叶片不受风载荷，又起到了保护作用。各主要部件的具体选择思路如下：

（1）控制单元选择。风电机组大多运行在高寒、高湿、大风沙等恶劣环境下，因此要求控制单元对环境有较强的适应能力。可编程控制器（Programmable Logic Controller，PLC）工作环境温度可达 $-30 \sim 35℃$，湿度范围在不凝露的情况下可达 $10\% \sim 90\%$，能长时间无故障运行。鉴于 PLC 对恶劣环境的适应能力及抗干扰能力比单片机系统强，所以选择 PLC 作为浓缩风能型风电机组自动控制系统的主控单元。

（2）风速风向测量装置选择。为了能够可靠、准确地实现控制效果，不仅要求控制系统本身安全可靠，而且要求对控制参数的测量及时准确。本系统采用高精度的 EY1A 型电传风向风速仪。

（3）调向电机与传动系统选择。迎风自动控制系统要求当风速大于风电机组的启动风速时风电机组能够绕回转轴回转而自动迎风，也就是说风电机组迎风的过程中风轮是旋转的。风轮自身的旋转运动和它绕回转轴的旋转运动叠加在桨叶上会产生一个附加力矩——陀螺力矩。桨叶轴的陀螺力矩 M_d 为

$$M_d = 2J_b \Omega W \sin \Omega t \qquad (2-18)$$

式中　J_b——桨叶的转动惯量，$kg \cdot m^2$；

　　　M_d——桨叶轴的陀螺力矩，$N \cdot m$；

　　　Ω——风轮旋转角速度，rad/s；

　　　W——风轮绕回转轴的回转角速度，rad/s。

风电机组输出功率越大，要求叶片的质量、体积也越大，即 J_b 较大；而且风轮旋转角速度在大型机组中是定值，因此必须设法减小风轮绕回转轴的回转角速度即调向速度，以减小陀螺力矩，从而尽可能减小桨叶所受应力，起到保护叶片的作用。一般调向速度取在 $1°/s$ 左右。同时，控制系统必须是自锁的，即只能由调向电机驱动风电机组旋转。综

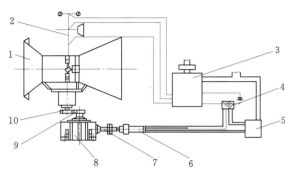

图 2 - 28　浓缩风能型风电机组自动控制系统结构简图
1—浓缩风能型风电机组；2—EY1A 型风向风速仪；
3—IP1612 PLC；4—JTX - 2C 小型直流继电器；
5—WDY - 422 - A 直流稳压器；6—J90SZ52PX216
型直流减速电机；7—联轴器；8—WPO120 型
蜗轮蜗杆减速机；9—齿轮 2；10—齿轮 1

合考虑后选择 J90SZ52PX216 型直流减速电动机作为调向电机，总传动比可达 10800：1，如此大的传动比使风电机组的调向速度很容易调到 $1°/s$，即每 6min 风电机组转一圈。此外，直流伺服电动机自带控制器，输入 220V 交流电时电机即可运转，换向时只需将电枢的两根引线对换即可实现电机正反转。

根据以上选择，整个控制系统的结构是这样的：由装在浓缩风能装置上面的风向风速仪感受器接收风向风速信号，通过七芯电缆与地面上的主机相连，主机显示数据的同时输出两个风向与风速信号。这两个信号被输送到 PLC 的两个模拟量输入口中，经 PLC 计算、分析、判断，输出信号决定直流电机的启停及正反转，通过蜗轮蜗杆减速机构及一对齿轮传动驱动回转体转动，使风电机组作出相应动作而实现自动迎风和限速。浓缩风能型风电机组自动控制系统结构简图如图 2 - 28 所示。

2.4.1.2　硬件设计

自动控制系统要实现的是根据风速的大小判定是否迎风、是否顺桨；如果迎风，则根据风向的变化判定调向电机何时启动、正转还是反转、何时停转。经过这些判断控制调向电机相应的动作，准确地迎风或顺桨，使风电机组在可利用风速范围内尽可能多地捕获、利用风能，在可利用风速范围之外，小风时不徒劳迎风而浪费能量，大风时顺桨停机以保护风电机组。

系统要控制的参量是风速和风向信号。风速和风向是随机量，大小和方向是时刻变化的。因此，为了控制准确可靠，在控制过程中要时刻监控新的风速风向值，做出新的判断，驱动调向电机做出新的动作。鉴于此要求，控制采用闭环控制，IP1612 PLC 根据检测到的反馈信号即时决定增减控制量的大小，精度远高于开环控制。闭环控制回路简图如图 2 - 29 所示。

图 2 - 29　闭环控制回路简图

风向风速仪安装在中央圆筒上方并高出增压板。风杯转动产生的交流电动势频率和风向标转动产生的电位变化通过一根七芯电缆传输给地面上的主机，主机内的微处理板对传来的信号进行处理、统计、储存、记录。

　　风向风速仪测得的角度值是风标与红色指北杆之间的夹角，而要监控的是风向与风轮法线方向之间的夹角，因此安装风向风速仪时，将红色指北杆在严格平行于风轮法线并由扩散管指向收缩管的方向上固定，这样输出的信号就始终是风轮法线方向与风向间的夹角信号。

　　控制过程可以这样实现：风速与角度差信号由装在浓缩风能装置上面的传感器感受并经由七芯电缆送入主机，主机处理后输出相应的 0～5V 电压信号。风速信号接入 PLC 的 X12 输入点，风向信号接入 X13 输入点，由 PLC 处理后转变为 0～1023 的数字量，通过程序对这两个数字量的分析、判断、处理，由 Y0 输出信号控制电机启停，Y8 输出信号通过直流继电器来控制电机正反转，从而完成自动迎风和限速的任务。控制系统电路原理如图 2-30 所示。

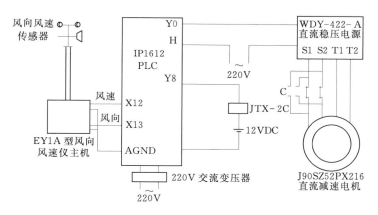

图 2-30　控制系统电路原理图

2.4.1.3　软件设计

　　控制系统的初始调向角是一个基本参数，风电机组风轮从风源中吸收的功率为

$$P = kC_p V^3 \cos\beta$$

　　β 是风轮法线方向与风向的夹角，因此同一台风电机组在同一风速下 $\beta=0$ 时能够吸收利用最多的风能，但是风向本身具有随机性和离散性，为使 β 始终为零势必要求调向电机频繁启停，既缩短电机寿命，又消耗能源，得不偿失；同时考虑到 $\cos\beta$ 在 0°附近时其值变化不大，因此允许 β 有一定的变化范围是合理的。一般要求在同样风速下风轮吸收的功率不小于最大吸收功率的 95%，因此可取 β 的范围为（-15°，15°）。在可利用风速范围内，如果 β 不超出（-15°，15°），就可认为风电机组基本迎风，不启动调向电机，这样风轮在同一风速下可能出现的最小吸收功率为最大吸收功率的 96.6%，只损失极小一部分风能，却能延长调向电机寿命，减少能量消耗，从总体上看是有利的。

　　调向电机的转向问题是控制系统的另一个基本问题。根据最短路径原理，必须对风轮法线方向偏离风向的角度 β 事先进行判断，再决定调向电机的转向，保证风电机组走过最短的路径，使控制及时、准确，且节约能源。设定 $\beta < 180°$ 时调向电机正转，风电机组顺时针迎风，$\beta \geqslant 180°$ 时调向电机反转，风电机组逆时针迎风。

控制系统迎风切入风速可以取风电机组的启动风速，也就是说当风速大于风电机组的启动风速 1.5m/s 时控制系统自动切入，开始监控风向，准备迎风。

控制系统的信号采样间隔时间 t 是很重要的参数，在本系统中，综合考虑各方面因素，取信号采样间隔时间 $t = 60s$。在实际运行时，可结合具体情况加以改变。

程序必须能解决以下问题：

（1）当风速小于启动风速时风轮不转，风电机组没有输出，无论风电机组是否迎风都不启动调向电机。

（2）若风速仪检测到的风速在可利用风速范围内，继续检测风轮法线偏离风向的夹角 β，如果此夹角在（$-15°$，$15°$）范围内，认为风电机组迎风，调向电机不动作。

（3）若在可利用风速范围内测得风轮法线方向偏离风向的夹角 β 在 $-15° \sim 15°$ 范围之外，继续判断 β 是否大于 $180°$。若 $\beta < 180°$，启动调向电机正转，若 $\beta \geqslant 180°$，启动调向电机反转 $360° - \beta$，使风电机组迎风时间最短，最节约能源。

（4）调向电机一旦开始调向，为了充分利用风能并使调向平稳，应使 PLC 输出信号控制调向电机在 $|\beta| < 15°$ 后继续调向 $15°$，使风电机组准确对风。

（5）若调向过程中风速变化到可利用范围之外，继续迎风失去意义，使调向电机停止调向。

（6）设计风电机组向同一方向旋转累计达到两圈以上时启动调向电机向相反方向转动两圈解缆。

（7）每次开始解缆时累计转角势必已超出 $720°$ 这一定值，而解缆只固定反向转动 $720°$，每次解缆结束都会有一个剩余值，这个值如果被忽略，几次累加起来以后可能会造成电缆被绞断的严重后果，因此必须将每次解缆后的剩余值存储起来，作为下次累计转角时的初始值，这样可以做到长时间无人值守，为风电场管理提供很大的方便。

（8）累计转过角度时必须包括：彻底调向即一直调到准确对风时转过的角度；调向过程中风力减小中途停机时转过的角度；上次解缆后剩余的角度值。

综合考虑以上八方面问题，采用可编程控制器自带的软件梯形逻辑图编制程序。

2.4.1.4　自然风况下运行实验

为了检测实际自然风况下的运行状况，进行了自然风况下的运行实验。在自然风况下，由于调向速度低，风电机组迎风的过程中极可能发生风向变化，即风向标被吹动而改变位置的情况。将风轮法线上由扩散管指向收缩管的方向设为 Z 向，因此设定风向标被风吹动迎向 Z 向的旋转方向为正，远离 Z 向的方向为负；风轮法线方向偏离风向标的角度 $\beta < 180°$ 时风电机组顺时针旋转迎风，当 $\beta \geqslant 180°$ 时风电机组逆时针旋转迎风。风速一栏中的箭头表示调向过程中风速发生了变化。自然风况下运行实验数据见表 2 - 9。

由表 2 - 11 中数据可以看出：

（1）只有第 9 组数据和第 17 组数据调向时间接近不考虑风向标脉动时的理论值，此时风向较稳定，调向过程中风标只是轻微地摆动。

表 2 - 9　自然风况下运行实验数据表

记录编号	风速/(m·s⁻¹)	初始角度差/(°)	调向终了角度差/(°)	调向方向	风标转动方向	调向时间/s
1	4.1	20	0	顺	正	3.2
2	3.3	40	0	顺	正	13.5
3	2.2	54	0	顺	正	27.0
4	2.5	60	0	顺	正	24.0
5	2.3→70	70	60	顺	负	46.8
6	3.6	117	0	顺	正	99.4
7	2.3	120	0	顺	正	90.0
8	2.7	140	0	顺	正	97.2
9	3.8	160	0	顺	正	158.2
10	3.1	179	0	顺	正	90.5
11	5.1	181	0	逆	正	143.0
12	4.3	220	0	逆	负	155.0
13	3.4→5.8	240	0	逆	正	95.0
14	4.5	260	0	逆	正	68.0
15	3.8	280	0	逆	正	47.0
16	5.0	300	0	逆	正	8.5
17	4.7	340	0	逆	正	19.3

（2）以第 1 组数据为典型，调向 20°的理论时间应是 20s，实际上却只用了 3.2s，这是因为调向过程中风向变化，负向标被吹动迎向 Z 向，使两者角度差迅速减小，实际上风力发电机的偏转角度为 3.2°时就已迎风，因而迎风时间被大大缩短。类似的还有第 2、第 3、第 4、第 16 组等。

（3）第 5 组数据中，由于调向过程中风速减小到启动风速以下，继续调向毫无意义，因此停止调向。在调向过程中，风向变化，风向标被风吹动远离 Z 向，因而风电机组实际调向 46.8°，此时风小停止调向，风向仪上显示调向结束后的角度差为 60°，这是风向标的位置和风轮法线的位置同时发生变化的结果。从三部分不同实验条件的实验数据可以看出，整个系统控制准确，完全达到了设计目标。

2.4.1.5　小结

（1）本系统采用了专为工业环境下应用而设计的可编程控制器，体积小，功能强，速度快，抗干扰能力强，对恶劣工况适应性强，使用寿命长，因此能很好地满足风电机组的使用要求，实用性很强。

（2）本系统是针对浓缩风能型风电机组独特的形体结构和流场特点而设计的，同时监控了风速和风向两个参量,实现了不同风速下风电机组迎风的任务,控制准确、可靠。

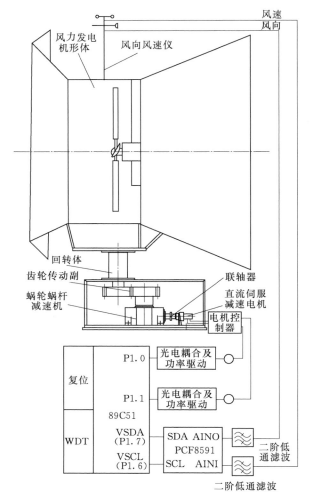

图 2-31 单片机迎风自动控制系统示意图

（3）本系统设计在风轮法线方向偏离风向标的夹角 $|\beta| < 15°$ 时认为风电机组基本迎风,不启动调向机构;但是一旦启动调向机构,则控制调向电机一直调向到准确对风为止,一方面可以最大限度地利用能源;另一方面很好地避免了临界点 15° 附近的振荡问题,也保护了电机。

（4）本系统在风速低于启动风速 1.5m/s 时不动作,节约能源;在可利用风速 1.5～25m/s 范围内准确迎风,充分利用风能的同时改善了后续电器的工作环境,延长了风电机组的寿命。

（5）本系统在程序设计中全面考虑了可能引起电缆缠结的各种角度来源,可以使风电场管理人员在一个较长的时期内不必检查电缆缠结情况,从而简化了风电机组的维护过程。

（6）本系统为性能良好的浓缩风能型风电机组,向中、大型并网风电机组发展奠定了一定的理论与实践基础。

2.4.2 基于单片机的迎风调向控制系统

2.4.2.1 硬件设计

控制系统要求能够根据风向的变化适时作出反应,控制调向电机的转向及启停,从而使风电机组迎风面始终正对风向。

硬件系统包括单片机控制核心及外围接口电路。单片机迎风自动控制系统示意如图 2-31 所示。

（1）迎风控制要求系统有单向自锁性,即只能由电机通过减速器带动风电机组形体转动。考虑结构上的需要,采用了 WPO120 型蜗轮蜗杆减速器,其速比为 50:1,且具有自锁功能。减速器与风电机组回转体之间的传动用一对直齿圆柱齿轮实现。

（2）因风电机组形体的转动惯量较大,同时为了尽量减小陀螺力矩,因此要求系统低转速,这就需要有大的传动比。为此选用了 J90SZ52PX216 型直流减速电动机,该种电动机由功率为 80W 的 90SZ52 型直流伺服电动机和 90PX216 型行星齿轮减速器构成,具有体积小、质量轻、效率高、结构紧凑、输出转矩大的特点。与蜗轮蜗杆减速器一起构成了大传动比传动，其总传动比可达 10800∶1，使风电机组形体的转速达到 0.2r/min 以下。

（3）计算机控制系统要求能够根据风向和风速的变化实时作出反应，控制电机的转向及启停，从而使风电机组准确地迎风或顺桨停机，即当风速在停机风速以下时实现风电机组的自动迎风，利用风能；而在大于停机风速时顺桨使风轮停转以保护风电机组。控制系统对计算机有体积小、功耗小、成本低以及控制功能强等要求，因此选用单片机作为系统控制核心。单片机选用 80C51 系列的 89C51 型，该机自带 4k Flash ROM 在片程序存储器，可以方便地写入程序，从而不用再对程序存储器进行扩展，简化了系统结构；系统的 A/D 转换采用具有 I2C 连接总线的 PCF8591，通过其 SDA 与 SCL 两引脚与 89C51 单片机 P1 口的 P1.7 和 P1.6 相连。单片机通过这两个引脚采用虚拟串行 I2C 总线，大大减少了系统的连线数量，提高了系统的稳定性。

（4）本系统采用高精度的 EY 1A 型电传风向风速仪检测风向和风速数据。风向风速仪装于风电机组形体中央圆筒上方，感受风向和风速的变化。安装时使风向标的 0°方向与风电机组迎风面法线方向平行，这样所检测的风向信号就是风电机组迎风面与风向之间的夹角信号。

风向和风速信号最终转换成 0～5V 的电压变化，输入 PCF8591 的 A/D 转换输入端 AIN0 和 AIN1，为了提高带载及抗干扰能力，采用了射极跟随器和二阶低通滤波电路。

（5）系统的执行元件是直流伺服减速电动机，为该机定制了控制器。需要控制的有两个开关量，一个是直流电机的启/停，即电机电源的开关控制；另一个是直流电机的正/反转，即电机的换向控制。电机控制器要求在换向时电源必须是断开的，按断电—换向—通电启动的步骤进行，否则有烧毁电机的可能。

综合以上条件，选用 89C51 单片机 P1 口的 P1.0 及 P1.1 作为输出口。当它们为高电平时，通过光电耦合及功率驱动电路分别使两个小型直流继电器 JTX-2C 吸合，低电平时断开。而继电器的吸合与断开又控制了直流电机的启停及转向，达到控制风电机组形体转动的目的。在程序中使电源开关信号的触发时间较换向信号有一个延时，这样就可方便地实现直流电机的控制要求。延时时间取为大于直

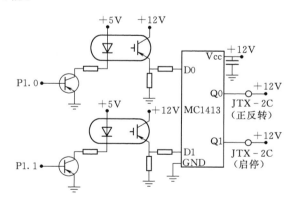

图 2-32 单片机控制系统输出控制模块

流继电器的吸合时间，所用小型直流继电器 JTX-2C 的吸合/断开时间为 12ms，故取程序中的延时时间为 30ms。

单片机控制系统输出控制模块如图 2-32 所示。P1.0 和 P1.1 通过光电耦合器连接到七达林顿晶体管阵列 MC1413 上，MC1413 驱动小型直流继电器 JTX-2C。继电器线圈的额定电压为直流 12V，电阻 150Ω，工作电流 80mA。MC1413 的每个达林顿晶体管

的最大吸入电流为 300mA，耐压高达 45V，驱动 JTX - 2C 并无困难。由于 MC1413 内每个达林顿晶体管集电极均有一个吸峰二极管，因此无需再在继电器线圈上并联二极管。

2.4.2.2　软件设计

（1）风电机组风轮从风源中吸收的功率为

$$P = KCv^3 \cos U \tag{2-19}$$

式中　P——风轮从风源中吸收的功率；

　　　K——由空气密度和风轮扫掠面积决定的系数；

　　　C——风轮功率相关系数，由叶片数量决定；

　　　v——风速；

　　　U——风轮法线方向和风向的夹角。

由于 $\cos U$ 在 0°附近时其值变化不大，因此允许 U 有一定的变化范围，要求在同样风速下风轮吸收的功率不小于最大吸收功率的 95%，由此得 U 角取值范围为±15°。

（2）控制系统每隔一定时间检测一次风向和风速信号。在现有的各种控制系统中信号采样间隔的时间各不相同。文献［6］中的系统取为 30s，且注明可根据实际情况进行调整；而查阅丹麦的 MICON 公司 M1000 - 600/150kW 风电机组的有关资料得知其采样间隔为 200s。本系统取采样间隔为 10s，具体应用时还需根据风电场实际情况进行调整。

（3）在程序中使电源开关信号的触发时间比换向信号有一个延时，以实现直流电机的控制要求。延时时间取为大于直流继电器的吸合时间，JTX - 2C 小型直流继电器的吸合/断开时间为 12ms，故在程序中取 30ms。

（4）当风电机组迎风面与风向一致时，风向信号输入的模拟量 A/D 转换后的值是"0"，对应于 0°，且当风向的变化在±15°范围内时，也认为风电机组是迎风的，不用调整。而当风向变化超过±15°时，为使迎风时间最短，应按最短路径将风电机组转过相应角度，直到两者的角度差在±15°以内为止，同时累计正反转转过的角度。

这里需要解决电机的转向问题；怎样确定电机的转向使风电机组转过最短路径。风向标指示的风向角度范围是 0°～360°。计算时必须按以下规则：

1）风向标与风电机组之间位置差小于 180°时，角度差为

$$\Delta\theta = \theta_w - \theta_r$$

式中　$\Delta\theta$——角度差；

　　　θ_w——风向标位置量；

　　　θ_r——发电机位置量。

2）当风向标与风电机组之间的位置差大于 180°时，两者实际的角度差为 $360° - \Delta\theta$。

实际上在安装时，风向标的 0°方向与风电机组迎风面法线方向平行，因此发电机位置量固定取为 0°，计算时必须满足以下规则：①风向标读数小于 180°时，$\Delta\theta = \theta_w$；②风向标读数大于 180°时，$\Delta\theta = 360° - \theta_w$。这样计算出的角度差（若大于 15°）就是风电机组

形体需转过的最小路径。可以通过风向标读数是否大于180°来判定转向。例如，可以规定读数大于180°时电机反转，小于180°时电机正转，具体与接线有关。

（5）当风速大于25m/s时，控制系统启动限速功能，顺桨停机。

（6）当开始调向运动后，则不再执行间隔10s采样，而实行连续采样，不断读取风向信号，直到转至±15°范围内为止。

（7）为了防止电缆缠绕，当发电机向同一方向旋转累计达到两圈以上时（正转或反转累计转角代数和绝对值大于720°），启动调向电机反向转动两周以解缆。

综合考虑以上几个方面，采用80C51系列单片机汇编语言进行编程，控制系统程序流程如图2-33所示。

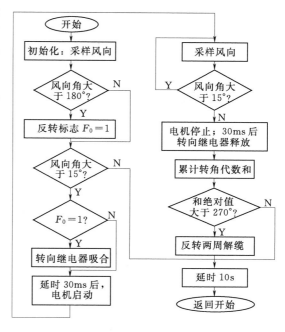

图2-33 控制系统程序流程图

2.4.2.3 运行实验

运行实验系统安装完成后，进行了长时间的运转试验。选择了几个有风的天气，对其运行状况做了记录（实验时间：1998年4—5月）。风向标在风力作用下顺时针转动的角度记为正值，逆时针转动的角度记为负值。实验时所用风电机组型号：FD-100型风电机组，额定功率100W。运行实验记录（1998年4—5月）见表2-10。

表2-10 运行实验记录（1998年4—5月）

记录次数	风速/(m·s⁻¹)	启动时位置差		停止时位置差		风电机组转向	调向时间/s
		读数	角度值/(°)	读数	角度值/(°)		
1	4.1	80	112.94	10	14.12	顺	80.82
2	4.7	−16	−22.59	−2	−2.82	逆	5.5
3	5.0	28	39.53	10	14.12	顺	23
4	3.4	−164	−231.53	3	4.24	顺	95.3
5	2.3	−72	−101.65	−2	−2.82	逆	72.01
6	5.1	−135	−190.59	10	14.12	顺	131.58
7	2.7	−12	−16.94	−10	−14.12	逆	3.5
8	2.7	16	22.59	5	7.06	顺	6.3
9	3.3	−15	−21.18	0	0	逆	81.3
10	3.8	45	63.53	0	0	顺	40.68

记录次数	风速 /(m·s⁻¹)	启动时位置差		停止时位置差		风电机组转向	调向时间/s
		读数	角度值/(°)	读数	角度值/(°)		
11	2.2	−35	−49.41	−4	−5.65	逆	30
12	3.1	53	74.82	1	1.41	顺	49
13	4.3	−79	−111.53	0	0	逆	5.5
14	4.1	−27	−38.12	−10	−14.12	逆	18.38
15	5.0	20	28.24	8	11.29	顺	10.79
16	4.8	−122	−172.24	−2	−2.82	逆	132.18
17	5.8	−57	−80.47	−1	−1.41	逆	54.09
18	3.8	58	81.88	10	14.12	顺	56.78
19	5.0	14	19.76	5	7.06	顺	14.96
20	4.7	130	183.53	−4	−5.65	逆	132.7

从表 2-10 的数据中可看出：

（1）第 4 组数据表明风向标逆时针转动了−231.53°，而控制系统却使风电机组顺时针转动，造成这种情况是由于风向的变化，在采样间隔内风向标逆时针转动到与顺时针偏转 130°时的同一位置，因此按最短路径系统使风电机组顺时针转动。记录时仍按实际情况记为−231.53°。表 2-10 中第 6 组和第 20 组数据属于同样的情况。

（2）由于风向变化的脉动性以及电机转动的惯性，当最后直流电机停稳时，风电机组与风向标之间的角度差不是一个定值，但在规定的范围内。

（3）第 9 组数据，电机启动时的位置差 21.18°，电机运行了 81.3s，而第 13 组数据电机启动时位置差为 111.53°，电机却仅运行了 5.5s；第 15 组和第 19 组的情形类似，都比正常情况所用的时间短或长，造成这种情况的原因是在电机运转的时候风向又发生了变化，而电机仍然按照原来的判定的结果转动。

（4）有些记录的启动时位置差 15°或−15°，造成这种响应滞后是由于采样间隔时间的关系，当风向发生变化时控制系统不是马上进行调整，而是有一个延时。这样可以避免风向的脉动造成风电机组的频繁调向。

（5）调向电机正常转动对风时，两者位置差角度越大，调向所用时间也越长。

（6）整个系统的控制正确，各项指标达到了设计要求。

2.4.2.4　小结

（1）根据浓缩风能型风电机组的形体结构和特点专门设计了迎风调向系统。通过监控风向和风速，实现了浓缩风能型风电机组的自动迎风控制。

（2）本系统设计完成了迎风及限速控制所需的机械传动机构以及单片机控制电路。实验结果表明整个系统可在风向变化超过±15°时自动迎风，风速大于 25m/s 时顺桨停机，达到了设计要求，系统运转平稳可靠。

（3）控制系统所用单片机选用了 80C51 系列的 89C51 型。该机型功耗低、可靠性高，有利于系统的节能要求。

（4）在程序设计中考虑了电缆缠结及解缆，可以使风电场管理人员在较长的时期内不必检查电缆缠结情况，从而简化了风电机组的维护。

（5）本系统为将来浓缩风能型风电机组向中、大型并网发电机组发展奠定了基础。

2.4.3 基于 PLC 的迎风控制系统

2.4.3.1 机械传动系统的设计

迎风控制要求系统有单向自锁性，即只能由电机通过减速器带动风电机组机体转动，而机体的回转不能使电机转动。因风电机组机体的转动惯量较大，也为了尽量减小陀螺力矩，因此要求系统低转速，这就需要有大的传动比。根据以上要求，采用了如下的设计：

（1）考虑结构上的需要和系统自锁性要求，采用蜗轮蜗杆减速器，其速比为 50：1，具有自锁功能。选用的减速器蜗轮轴线与风电机组回转体的轴线是平行的，因此两者之间的传动用一对直齿圆柱齿轮即可实现。

（2）为了满足大传动比的需要，电机选用了直流减速电动机，该种电动机是由直流伺服电动机和行星齿轮减速器构成，具有体积小、重量轻、效率高、结构紧凑、输出转矩大的特点。与蜗轮蜗杆减速器一起构成了大传动比传动，其总传动比可达 10800：1，使风电机组可实现转速在 0.2r/min 以下，即可每 5min 回转一圈。

2.4.3.2 控制系统的硬件电路设计

控制系统要求能够根据风向的变化适时作出反应，控制电机的转向及启停，从而使风电机组风轮始终正对风向。

风向标下部的风向传感器实际上是一个电位器。因该电位器直接影响控制系统的好坏，故选用高灵敏度、长寿命导电塑料角位移传感器，其线性度 0.2%，阻值 1kΩ，寿命可达 50×10^6 次。

本系统采用基于 IP1612 PLC 的工业计算机控制系统。IP 系列 PLC 是以一个高性能的单片微处理机为核心，构成一种整体式的可编程控制器，具有集成度高、可靠性高、扩展性强，以及抗干扰能力强、编程容易、使用方便、维护简单的特点。系统采用 IP 1612 作为控制核心，使外围接口电路简单，安装容易，编程调试和系统开发速度快，能长时间无故障运行。

IP1612 PLC 内部集成有模拟量输入接口，可将 0～5V 的电压模拟量转换成数值 0～1023（0V 和 0 对应，5V 和 1023 对应）；而且信号输入电路已经设计了光电隔离等抗干扰措施，故可将风向信号的模拟量直接输入模拟量输入接口进行模数转换。

开关量输出接口按输出信号可分为交流开关量输出、直流开关量输出。交流无触点开关量输出采用双向晶闸管，额定电压为 220V 或更高。额定电流达 8A，并能承受 80A，1ms 冲击电流，而不会使 PLC 过热。每个交流输出口均有浪涌保护器，因此用它来控制直流电机的启停是可靠的。直流开关量输出电路采用大功率达林顿管，其额定电压 5～48V。额定电流可达 8A，峰值电压可达 24V，冲击电流可达 15A。本系统中将其作为小型直流继电器 12V 线圈的吸合开关，以控制电机的正反转。

IP1612 PLC 控制系统电路原理图如图 2-34 所示。

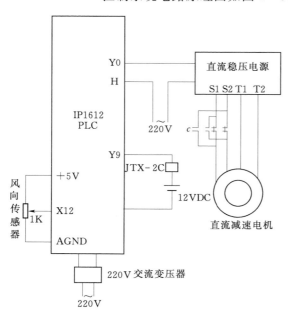

图 2-34　IP1612 PLC 控制系统电路原理图

风向信号经风向传感器转换成 0～5V 的电压信号，输入 IP 1612 的 X12 模拟量输入端；电机的启停由交流输出口 Y_0 控制；电机的正反转由直流输出口 Y_9 控制。

2.4.3.3　控制系统的软件设计

控制系统设计为每隔一定时间检测一次风向传感器。在现有的各种控制系统中风向信号采样间隔时间各不相同。文献［6］中的系统取为 30s，且注明可根据实际情况进行调整；而根据丹麦 MICON 公司的 M1000-600/150kW 风电机组的有关资料，其采样间隔为 200s。本系统取采样间隔为 10s，具体应用时还需根据风场实际情况进行调整。

当风电机组迎风面与风向一致时，风向传感器输入的模拟量经 A/D 转换后的值是"0"，且当风向的变化在 ±15° 以内时（对应数据：0～42 及 1023～981），也认为风电机组的位置是迎风的，不用调整。当风向变化超过 ±15° 时，经过计算，按最短路径将风电机组转过相应角度，直到两者的角度差在 ±15° 以内为止，同时累计正反转转过的角度。当正转或反转的角度累计超过 720°（两圈）时，要使之反向旋转两周以解缆，防止电线的缠绕。

计算时须按以下规则计算：

（1）风向标与风电机组之间位置差小于 180° 时，角度差为

$$\Delta\theta = \theta_w - \theta_r$$

式中　$\Delta\theta$——角度差；

θ_w——风向标位置量；

θ_r——发电机位置量。

（2）当风向标与风电机组之间的位置差大于 180° 时，两者实际的角度差为 $360° - \Delta\theta$；实际上在安装时，风向标的 0° 方向与风电机组迎风面法线方向平行，因此发电机位置量固定取为 0°，角度差计算可以简化为：①风向标读数小于 180° 时，$\Delta\theta = \theta_w$；②风向标读数大于 180° 时，$\Delta\theta = 360° - \theta_w$。

通过以上分析不难看出，这样计算出的角度差（若大于 15°）就是风电机组需转过的最小路径，可以通过风向标读数是否大于 180° 来判定转向。例如，可以规定读数大于 180° 时电机反转，小于 180° 时电机正转，具体与接线有关。

IP1612 PLC 控制系统程序流程如图 2-35 所示，采用内部定时器进行定时。

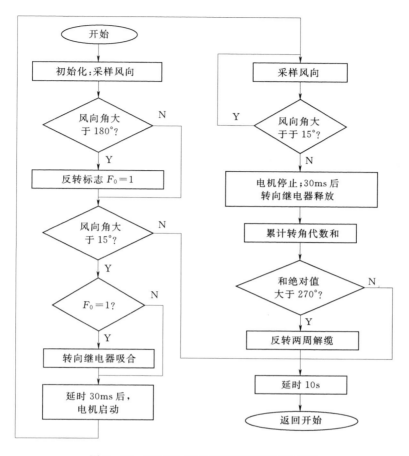

图 2-35 IP1612 PLC 控制系统程序流程图

2.4.3.4 小结

根据浓缩风能型风电机组的特点专门设计了迎风自动控制系统；系统安装完成后，进行长时间的运转试验，对其运行状况进行检测，结果表明整个系统的控制正确，各项指标达到了设计要求。

本系统为将来浓缩风能型风电机组向中、大型并网风电机组发展奠定了技术基础。

第3章 浓缩风能型风电机组
自然风场测试与风洞实验研究

3.1 自然风场测试实验

以 600W 浓缩风能型风电机组为例的自然风场测试实验是在内蒙古农业大学东附楼楼顶上进行的。因所选用的自然风场处于城市，所以必须了解建筑物对气流的影响。浓缩风能型风电机组浓缩风能装置内特殊流场特性实验、发电输出特性实验中测取自然风场风速的位置均选在距浓缩风能装置回转中心（以下简称"回转中心"）5.34m 处，所以需要对浓缩风能装置前主风向这个特殊的自然风场风速分布进行测试，分析比较距浓缩风能装置回转中心 5.34m 处风速与距回转中心不同距离点风速的差异。

3.1.1 实验设备

风速仪 Ⅰ：EY_1A 型，风速测量范围为 $0\sim40m/s$，精度为 $\pm(0.5\pm0.05\times$ 实际风速），分辨率为 0.2m/s，启动风速为小于 1.5m/s，风向测量范围为 $360°$，精度为 $5°$。

风速仪 Ⅱ：$75M-1$ 型，风速测量范围为 $0\sim30m/s$，精度为 $1\sim30m/s$，内误差为 $\pm(0.2\pm0.02\times$ 实际风速）。

电流表：型号为 CLAMP MOSEL-230，精度为 $\pm1.8\%$ 读数 ±3 字（$0\sim\pm19.9A$）、$\pm1.5\%$ 读数 ±3 字（$0\sim\pm150.0A$）、$\pm2.5\%$ 读数 ±3 字（$\pm150\sim\pm199.9A$）。

电压表：M92 A 数字万用表，量程为 $0\sim200V$，精度为 $\pm2.0\%$ 读数 $+5$ 字。

3.1.2 自然风场风速分布测试

为适应当地风况及建筑物顶平面结构，只在主风向西偏南 45° 至西偏北 45° 范围内测试。在 600W 浓缩风能型风电机组前距回转中心 5.34m 处设置风速仪 Ⅰ，使其处于整个机组的迎风面前方，高度与浓缩风能装置中心高度一致，在风速仪 Ⅰ 与浓缩风能装置回转中心连线上布置风速仪 Ⅱ，距离回转中心 8m，调节风速仪 Ⅱ 高度与风速仪 Ⅰ 高度一致，同时测取风速仪 Ⅰ 与风速仪 Ⅱ 的风速，得到距回转中心 5.34m 与距回转中心 8m 处自然风速关系的数据。按照上述方法，风速仪 Ⅰ 固定在以回转中心为圆心以 5.34m 为半径的半圆上，移动风速仪 Ⅱ 分别置于距回转中心 3.5m、4m、4.5m、5m、6m、7m、8m、9m、10m、11m、13m、14m、15m 的半圆上，测得距回转中心不同距离处自然风速与距回转中心 5.34m 处自然风速之间关系的数据。自然风场风速分布测试区间如图 3-1 所示。

3.1.3 自然风场风速对比结果与分布规律分析

对自然风场风速测试结果进行处理，得到距回转中心不同距离测点风速与距回转中心 5.34m 处风速的对比关系结果。距回转中心不同距离处风速对比如图 3-2 所示。

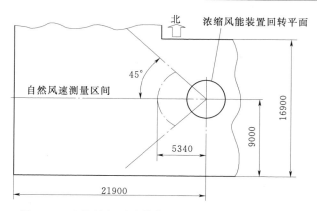

图 3-1 自然风场风速分布测试区间图（单位：mm）

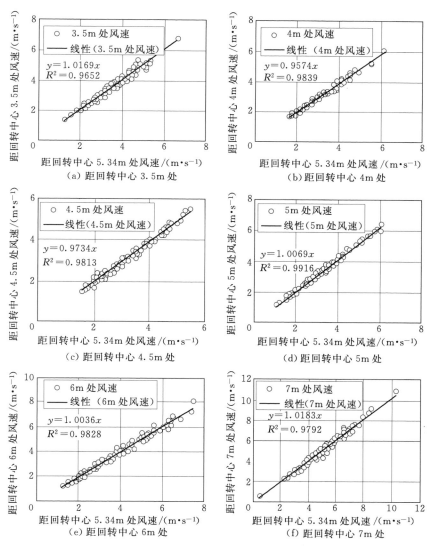

图 3-2（一） 距回转中心不同距离处风速对比图

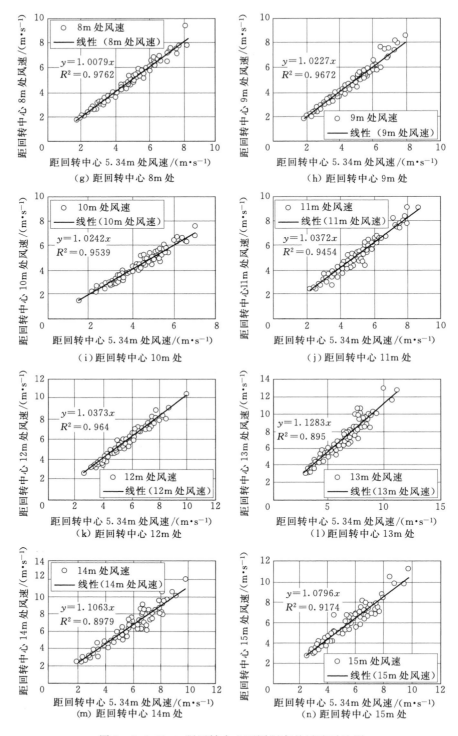

图 3-2（二）　距回转中心不同距离处风速对比图

距回转中心不同距离测点风速与距回转中心 5.34m 处风速关系见表 3-1。

表 3-1　距回转中心不同距离测点风速与距回转中心 5.34m 处风速关系

线性回归方程	相关系数	线性回归方程	相关系数
$v_{3.5}=1.0169v_{5.3}$	0.9652	$v_9=1.0227v_{5.3}$	0.9672
$v_4=0.9574v_{5.3}$	0.9839	$v_{10}=1.0242v_{5.3}$	0.9539
$v_{4.5}=0.9734v_{5.3}$	0.9813	$v_{11}=1.0372v_{5.3}$	0.9454
$v_5=1.0069v_{5.3}$	0.9916	$v_{12}=1.0373v_{5.3}$	0.9640
$v_6=1.0035v_{5.3}$	0.9828	$v_{13}=1.1283v_{5.3}$	0.8950
$v_7=1.0185v_{5.3}$	0.9792	$v_{14}=1.1063v_{5.3}$	0.8979
$v_8=1.0079v_{5.3}$	0.9762	$v_{15}=1.0796v_{5.3}$	0.9194

注：v_x 表示距回转中心 xm 处的风速，下标 x 表示距回转中心的距离。

以距回转中心的距离为横轴，以各回归曲线方程的斜率（距回转中心不同距离风速与之比值）为纵轴，得到浓缩风能型风电机组前方自然风场风速分布，如图 3-3 所示。

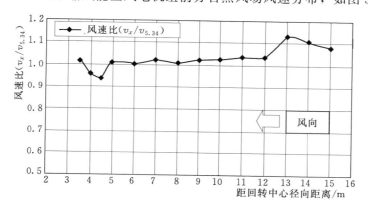

图 3-3　浓缩风能型风电机组前方自然风场风速分布

v_x—距回转中心 xm 处测点风速；$v_{5.34}$—距回转中心 5.34m 处测点风速

由回归曲线的方程、相关指数及风场风速分布规律可知，在距回转中心 3.5～5m 区间的自然风速呈下降趋势，此区间的自然风速偏小，不宜作为流场流体力学特性实验与发电功率输出特性实验中自然风场的风速；在距回转中心 12～15m 的区间，风速的变化幅度较大，且测点较分散，回归方程的相关系数较低，此区间内风速受建筑物的影响较大，伯努利效应显著，测取的自然风速偏大，该区间的风速亦不宜作为本机实验测试中自然风场的风速；在距回转中心 5～12m 之间的自然风速变化为 0.69%～3.73%，且回归指数较高，此区间测点较密集，风速变化平缓，变化幅度不高于所用风速仪的测量精度，自然风速稳定，根据自然风的特点与同风速仪实验架的结构选择距回转中心 5.34m 处测量自然风速。

3.2　风　洞　实　验

3.2.1　MCWET 系列模型风洞实验

气流流过风电机组时，其流动现象很复杂，无论采用何种计算方法，得到的风电机组性能曲线与实际都有一定的差异，因此需要通过实验来了解风电机组的实际性能。由于现场实验条件受很多因素的限制，所以最理想的实验也就是将风电机组放在风洞中进行。风洞是研究物体空气动力特性的重要地面设备，它是一种特殊设计的管道，用动力装置在试验段内人工地产生一股近似大气而又可以控制的气流，用来进行模型和实物的实验。

为了研究浓缩风能的最佳效果，优化结构，进一步改进和完善浓缩风能型风电机组的设计，在对浓缩风能型风电机组的各部分结构进行优化设计后，制作一个长 3.244m、断面为 2m×2m、发电机额定功率为 100W 的整体模型。同时，还设计制作了直径 1m，叶片型式、风轮实度不同的六种风轮总成。使用该整体模型在 FD-09 低速风洞中进行了两期发电对比实验和流体力学特性实验。实验结果证明：浓缩风能型风电机组的风能综合利用系数达到 1.1245（风洞内实验结果为 1.2494），高于国内外普通型风电机组的风能综合利用系数（通常国际上为 0.332）。通过风洞内的流体力学特性实验，还分析研究了高压注入、低压抽吸、扩散管的出入口面积、扩散管的扩散角度、风轮的设计和整体结构的改进等问题。

3.2.1.1 实验模型的设计制作与实验设备

1. 实验模型的设计基础

为了在风洞实验中缩短实验时间，节约实验费用，需要把实验模型设计得比较合理。因此在设计实验模型前制作了三种小模型，运用车载法和自制风场进行了发电和流场性能的测试实验。此实验结果为风洞实验用的模型设计提供了一定的理论依据，避免了模型在风洞实验中做较大的改动，既节约了时间又节约了经费。

（1）小实验模型与符号。

1）小实验模型。设计的三种不同的小实验模型分别用 MCWET-1、MCWET-2、MCWET-3 代表。其结构模型设计如图 3-4～图 3-6 所示。MCWET-1 和 MCWET-2 的扩散管角度皆为 12°；MCWET-3 的扩散管角度有 3 种，分别为 12°、14°、16°。MCWET-1 和 MCWET-2 的扩散管出口和入口的面积比皆为 3 种，即实验时扩散管长度也是 3 种；MCWET-3 的扩散管出口和入口的面积比（3 种不同扩散角度时）均相同。各小模型注入孔总面积均为扩散管入口面积的 2.6%。用 F 代表面积，F 的下角标代表不同

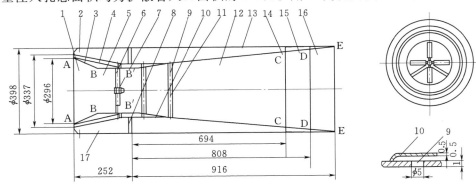

图 3-4　浓缩风能型风电机组模型（MCWET-1，单位：mm）

1—收缩管；2—负压区通孔（均布 31 个）；3—注入内壁圆锥筒；4—注入腔；5—中央圆筒；6—叶片；7—发电机；
8—负压密封板；9—注入圆孔；10—注入外壁筒；11—注入导流片；12—扩散管；13—外壳；14—扩散管支承；
15—扩散管第二段；16—扩散管第三段；17—负压区

位置，三种小实验模型各断面的面积比见表3-2。

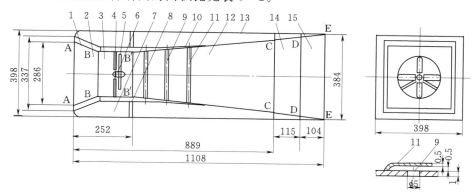

图 3-5 浓缩风能型风电机组模型（MCWET-2，单位：mm）

1—注入腔；2—收缩管；3—中央圆筒；4—叶片；5—发电机支承；6—发电机；7—负压区（含负压区通孔，均布31个）；8—负压区密封板；9—注入圆孔；10—注入腔外壁；11—注入导流片；12—扩散管；13—外壳；14—扩散管第二段；15—扩散管第三段

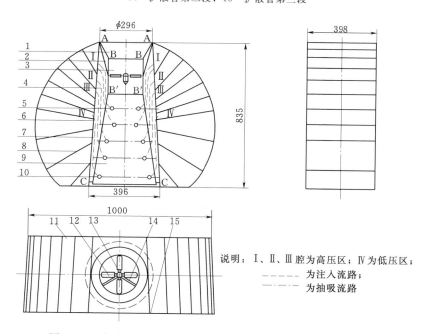

说明：Ⅰ、Ⅱ、Ⅲ腔为高压区；Ⅳ为低压区；

－－－－ 为注入流路；

——— 为抽吸流路

图 3-6 浓缩风能型风电机组模型（MCWET-3，单位：mm）

1—收缩管；2—注入内壁圆筒；3—中央圆筒；4—注入流路；5—注入圆孔；6—内侧壁；7—抽吸流路；8—翼板；9—扩散管；10—抽吸圆孔；11—盖板；12—叶片；13—发电机；14—发电机支承；15—下盖板

表 3-2 三种小实验模型各断面的面积比

项 目	MCWET-1	MCWET-2	MCWET-3	项 目	MCWET-1	MCWET-2	MCWET-3
F_1/F_2	2.688	3.196	2.688	F_4/F_2	4.292	5.120	
F_2'/F_2	1	1	1	F_5/F_2	4.368	5.761	
F_3/F_2	3.759	4.463	3.759				

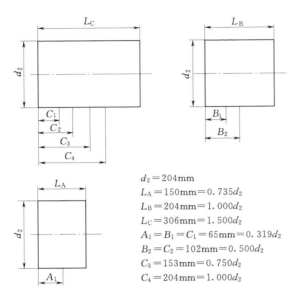

$d_2 = 204\text{mm}$

$L_A = 150\text{mm} = 0.735 d_2$

$L_B = 204\text{mm} = 1.000 d_2$

$L_C = 306\text{mm} = 1.500 d_2$

$A_1 = B_1 = C_1 = 65\text{mm} = 0.319 d_2$

$B_2 = C_2 = 102\text{mm} = 0.500 d_2$

$C_3 = 153\text{mm} = 0.750 d_2$

$C_4 = 204\text{mm} = 1.000 d_2$

图 3-7　三种不同结构的中央圆筒

为了对中央圆筒的长度进行优化设计，制作了 3 种不同结构的中央圆筒，如图 3-7 所示。通过发电机空载电压输出实验对比，选择 1 种较佳的中央圆筒。此中央圆筒是主流路的喉部，是安装风电机组风轮的部位。MCWET-1 和 MCWET-2 的中央圆筒长度为 150mm，MCWET-3 的中央圆筒长度选择了优化后的 $L_{BB'} = d_2 = 204\text{mm}$。

2）符号。

MCWET：浓缩风能型风电机组模型。

RGL、RGM、RGS：RG 代表 MCWET-1 号机；L 代表扩散管至断面 E（长）；M 代表扩散管至断面 D（中）；S 代表扩散管至断面 C（短）。

HRGL、HRGM、HRGS：H 代表增加了高压注入结构；RG、L、M、S 意义同前。

SGL、SGM、SGS：SG 代表 MCWET-2 号机；L、M、S 意义同前。

HSGL、HSGM、HSGS：H 代表增加了高压注入结构；SG、L、M、S 意义同前。

Na.W.G：无浓缩装置的普通型风电机组。

Ps：代表静压（mmH_2O）。

（2）实验方法和实验内容。

1）实验方法。选择风轮直径为 200mm，直流 12V 汽车用吹风机作为发电机。虽然该发电机效率很低，但用自然风吹风轮作为发电机时，其输出空载电压与风速成线性关系，便于发电特性的分析比较。流场的静压用 U 形管测试。电压表选用 M840D 数字万用表，精度 ±2.0％读数＋5 字，主要采用了车载法和利用吹风机自制风场两种方法进行测试。

a．车载法。车载法试验布置 1 和 2 如图 3-8 和图 3-9 所示，将实验小模型和风速仪

图 3-8　车载法实验布置 1（左侧为风速仪，右侧为 Na.W.G 机）

图 3-9　车载法实验布置 2（左侧为风速仪，右侧为 MCWET-1 号机；流场性能测试）

固定在与车身中心线对称的位置上，使用 BJ130 客货两用车（载重量 2.5t），汽车在笔直平坦的公路上行驶，当风速稳定时同时记录风速仪的指示风速和发电机的空载电压输出，改变车速就得到不同的测试值。

b. 自制风场。为了得到一个较稳定的流场，用一台 495 柴油机（约 36.75kW）驱动一台离心通风机（18.5kW），在实验室内制作了一个风场，虽然该风场各点的流速均匀性较差，但在室内比车载法流速稳定，在这个流场内，测试了 MCWET-3 的侧翼间和扩散管内沿中心线方向的静压，测试时静压值一直很稳定。

2）实验内容。为了分析研究不同模型的性能，优化浓缩风能装置的结构，进行了各模型的发电和流场力学特性的测试实验，内容如下：

a. MCWET-1 号机的 RGL、RGM、RGS、HRGL、HRGM、HRGS 等 6 种状态的发电输出特性测试。

b. MCWET-2 号机的 SGL、SGM、SGS、HSGL、HSGM、HSGS 等 6 种状态的发电输出特性测试。

c. 优化中央圆筒结构的发电输出特性测试（使用 MCWET-1）。

d. MCWET-3 号机的扩散管的角度分别为 12°、14°、16°三种状态的发电输出特性测试。

e. MCWET-1 号机和 MCWET-2 号机的注入腔、抽吸腔及主流路的流场特性测试。

f. MCWET-3 号机流场特性的测试。

（3）实验结果分析。

1）MCWET-1 和 MCWET-2 的发电对比分析。图 3-10～图 3-14 是 MCWET-1 和 MCWET-2 的不同状态下的发电机空载电压与风速之间的关系对比图。据其可总结出如下特点：

a. 从图 3-14 中可以看出各种状态都比自然风状态下（Na. W. G）的发电机输出空载电压高，这说明浓缩风能型风电机组具有比普通型风电机组输出功率大的优点。

b. 从图 3-10 和图 3-12 中可以看出，当无高压注入时，长扩散管（RGL 和 SGL）略好。说明 MCWET-1 的短扩散管比长扩散管效率低。

c. 从图 3-11 和图 3-13 中可以明显看出，采用高压注入（不使用其他动力源）提高了扩散管的效率，短扩散管最明显。

d. 从图 3-14 可以看出，HRGS 状态最佳，说明收缩部面积比和扩散管面积比最小者输出功率大。

e. MCWET-1 和 MCWET-2 的扩散管角度为 12°，从实验结果可看出，发电机输出空载电压都相近，说明扩散管未发生边界层分离，因此扩散管角度还可以加大，缩短长度。此外，根据抽吸腔的静压测试结果，说明低压抽吸是可行的。

2）中央圆筒对比分析。图 3-15～图 3-17 是中央圆筒不同状态下的发电机输出空载电压特性对比，从图中数据可以优选出 B_2 状态（$B_2=d_2=204$mm）为最佳结构。

3）MCWET-3 的发电和流场特性分析。

a. MCWET-3 扩散角为 12°、14°、16°状态下发电机空载电压与风速关系曲线如图 3-18 所示，从图 3-18 中可看出风速在 14m/s 以下时，扩散管角度为 12°较好，风速在

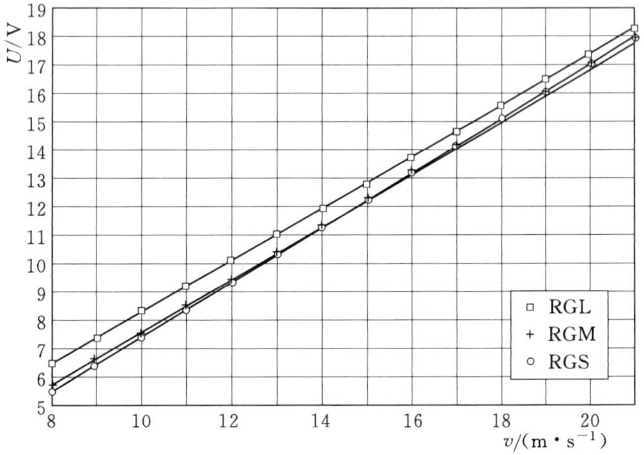

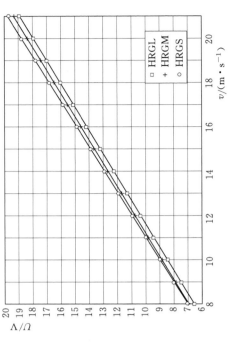

图 3 - 11　有高压注入的发电机空载电压与风速的关系曲线（MCWET - 1）

图 3 - 10　发电机空载电压与风速的关系曲线（MCWET - 1）

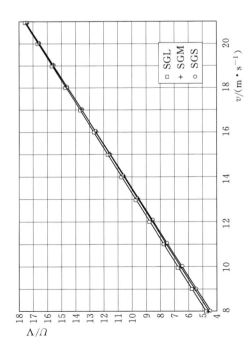

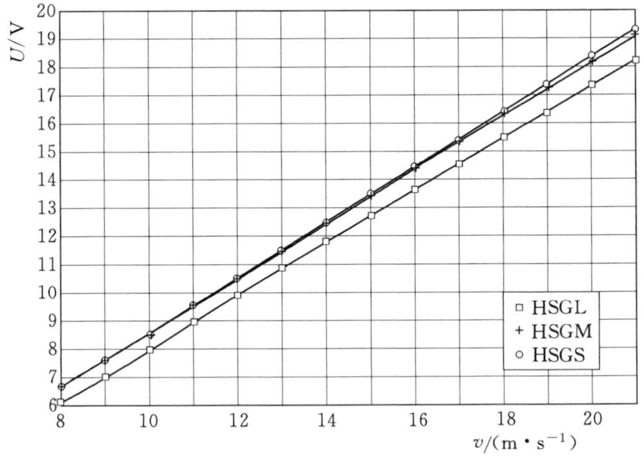

图 3 - 13　有高压注入的发电机空载电压与风速的关系曲线（MCWET - 2）

图 3 - 12　发电机空载电压与风速的关系曲线（MCWET - 2）

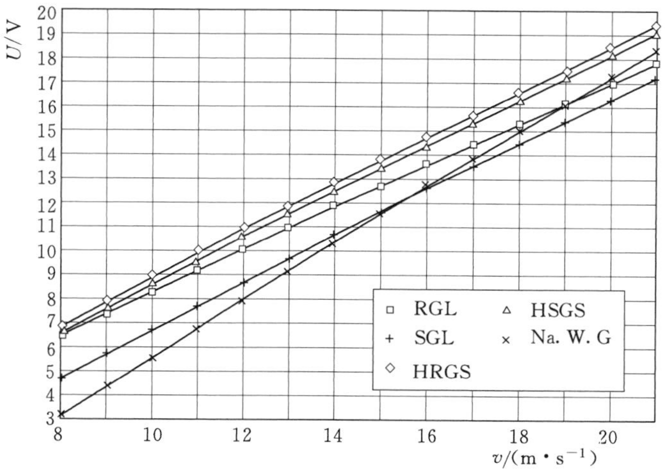

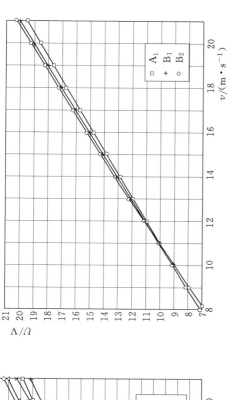

图 3 - 15 中央圆筒 A_1、B_1、B_2 状态下发电机空载电压
与风速关系曲线（MCWET - 1）

图 3 - 14 各种状态下的模型发电机空载电压
与风速的关系曲线

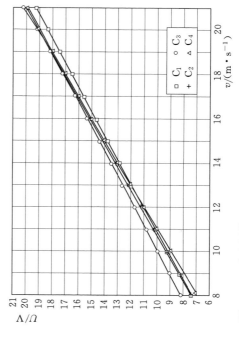

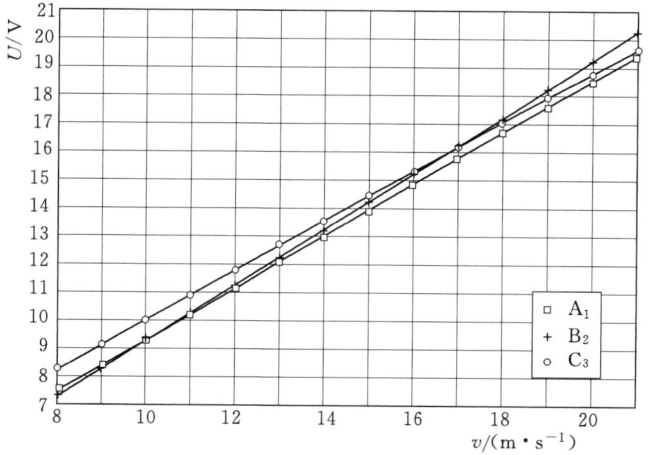

图 3 - 17 中央圆筒 A_1、B_2、C_3 状态下发电机空载电压
与风速关系曲线（MCWET - 1）

图 3 - 16 中央圆筒 C_1、C_2、C_3、C_4 状态下发电机空载电压
与风速关系曲线（MCWET - 1）

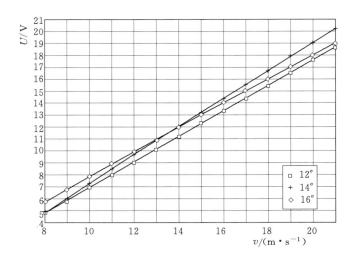

图 3 - 18　MCWET - 3 扩散角为 12°、14°、16°状态下
发电机空载电压与风速关系曲线

14m/s 以上时扩散管角度为 14°较好。

b. MCWET - 3 的流场静压分布曲线（$Re = 5.68 \times 10^5$）如图 3 - 19 所示。从图 3 - 19 中可以看出主流路扩散管的压力恢复率较高。从侧面压力分布看，第一点（轴向 127.7mm 处）、第二点（轴向 233.1mm 处）和第三点（轴向 303.1mm 处）的正压都比扩散管内压力高，可以考虑向扩散管边界层进行高压注入；侧面第六点（轴向 428.1mm 处）的压力比扩散管后部低得多，可以考虑采用边界层低压抽吸。

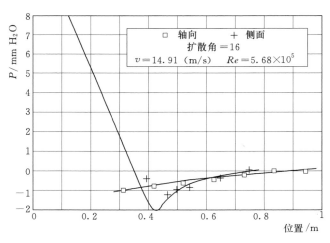

图 3 - 19　MCWET - 3 的流场静压分布曲线

（4）结论。通过三种小模型和中央圆筒的发电输出特性和流场特性的实验，为风洞实验用的模型设计提供了一定的理论依据，主要结论如下：

1）扩散管扩散角度可以加大，缩短轴向长度，降低制造成本。

2）浓缩风能装置（参见图 3 - 4～图 3 - 6）的收缩部分面积比和扩散管的面积比可以

减小，同样能实现缩短轴向长度降低制造成本的目的。

3）高压注入和低压抽吸是可行的。考虑到性能和简化结构，可以考虑浓缩风能型前部尽量大些；前部侧面圆弧板圆弧也要尽量大些，有利于抽吸腔形成负压。这也是本实验的重点之一。

4）中央圆筒的结构设计选用直径（d_2）和轴向长度（$L_{BB'}$）相等的方案（B_2方案）。

5）在风洞实验允许的情况下，尽量将模型做得大些，采用实际应用的100W发电机，设计多种风轮总成进行实验，寻找一种最佳叶片数（最佳空气阻抗）。但也应充分考虑模型大对风洞的堵塞面积大，影响低压抽吸等情况。

6）在模型设计时，虽然暂不设迎风导向和调速机构，但是从总体设计上要考虑到利用结构本身的流场特点，要使结构有利于自迎风导向和调速。

2. 实验模型的设计制作

（1）浓缩风能装置的设计制作。浓缩风能型风电机组模型（MCWET-4）如图1-7所示。模型长3.244m，宽和高均为2m。根据三种小模型的实验结果，收缩管（3）即空气流入口（断面A）至风电机组机翼（5）前方（断面B）的收缩面积比设计为1.900：1；发电用的风电机组机翼（5）和发电机（7）设置在中间圆筒形流路中，中央圆筒（4）的长度和直径相等；扩散管（8）即从风电机组机翼（5）的后方（断面B'）至空气流出口（断面C）的扩散角设计为20°；扩散管出口（断面C）和入口（断面B'）的面积比设计为2.849：1。自然风经收缩管因浓缩风能装置前后的压差作用而增速，被增速的气流经过断面相等的中央圆筒进一步均匀化后驱动风电机组机翼做功，风电机组机翼后方设置扩散管是为了更好地提高该增速效果。空气流入口（断面A）的两侧迎风面设计为圆弧板（2），既有利于增速装置前后形成压差，又建立了高压区（注入用）和低压区（抽吸用）。为了提高扩散管的效率，利用增速装置前方空气流入口（断面A）外侧附近的高压气流从注入筒（13、14）至注入圆孔（9）向扩散管的边界层进行少量的注入。注入孔的前半部分是7排沿圆周方向均布直径为8mm的孔。前半部分注入孔的总面积是注入腔均匀环形流路（距装置前端939mm）断面积的1.9%，是扩散管入口断面积的2.4%。注入孔的后半部分是7排沿圆周方向均布的直径为10mm的孔。后半部分注入孔的总面积是注入腔均匀环形流路（距装置前端939mm）断面积的4.4%，是扩散管入口断面积的5.5%。为了提高扩散管的效率，利用增速装置侧面的低压从抽吸筒（17、18）至抽吸圆孔（21）对扩散管进行边界层抽吸。抽吸是2排沿圆周方向均布直径为10mm的孔。每排抽吸孔的总面积是抽吸腔均匀环形流路（距装置前端939mm）断面积的2.3%，是扩散管入口断面积的1.1%。实验模型用MCWET-4代表。风洞中四叶片浓缩风能型风电机组（前面）如图3-20所示；风洞中四叶片浓缩风能型风电机组（后面）如图3-21所示；正在吊装中的模型（模型后面为风洞实验段）如图3-22所示。

考虑到实验时需要能够抗较大的风压，浓缩风能装置全部采用鞍山钢铁厂生产的厚1mm冷轧钢板焊接而成，并在内部用角钢焊接了加强筋。加工后，进行了密封性检验。检验合格后又在焊缝处涂了密封胶和防锈漆。严格保证了在模型的流场性能测试时各处不漏气。

图 3-20 风洞中四叶片浓缩风能型
风电机组（前面）

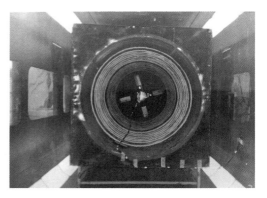

图 3-21 风洞中四叶片浓缩风能型
风电机组（后面）

图 3-22 正在吊装中的模型（模型后面为风洞实验段）

（2）发电机的选择和叶片设计制作。为了使模型实验结果比较接近实际情况，发电机选用了目前已经被用户使用的 FD1.6-100 型风电机组所用的发电机。该发电机是永磁式三相变流发电机，额定电压 14V，额定转速 550r/min，额定功率 100W。按国家标准《小型风力发电机技术条件》（GB 10760.1—1989）第 6.9 条和 6.11 条的规定，在实验台上测得的该发电机功率输出特性曲线如图 3-23 所示。实验时，发电机输出端经过具有整流和充放电功能的 FD100-P 型充放电配电器后和负载连接。

根据浓缩风能型风电机组的特点，当风轮旋转所形成的空气阻抗使模型前方风速和模型入口处风速相等时，输出功率最大。因此，浓缩风能型风电机组的风轮实度（叶片数和攻角）应该存在一个最佳值。为了进行优化实验，利用 FD1.6-100 型风电机组用木芯玻璃钢强化叶片改制了如图 3-24～图 3-28 所示的两叶片、三叶片和四叶片型风轮总成。并且自己设计制作了叶片数为 4 枚，根部安装角为 39.5°，克拉克 Y 翼型的风轮总成，如图 3-29 所示。对这六种叶片的发电过程、叶片优化实验分别进行了测试，获得了重要的数据。

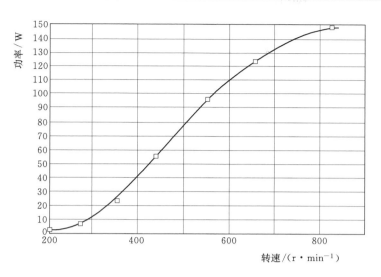

图 3-23 FD1.6-100 型风电机组功率输出特性曲线

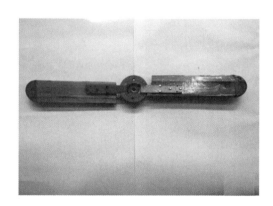

图 3-24 根部安装角为 18°的风轮
总成（两叶片）

图 3-25 根部安装角为 18°的风轮
总成（三叶片）

图 3-26 根部安装角为 15°的风轮
总成（四叶片）

图 3-27 根部安装角为 18°的风轮
总成（四叶片）

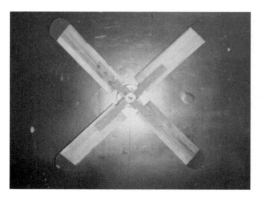

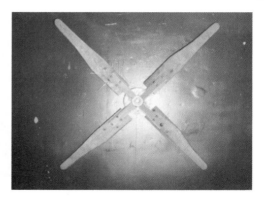

图 3 - 28　根部安装角为 21°的风轮　　　　图 3 - 29　根部安装角为 39.5°的风轮
　　　　　　总成（四叶片）　　　　　　　　　　　　　总成（四叶片）

3. 实验设备

（1）风洞。实验使用的风洞是在 FD - 09 低速风洞进行的，该风洞气动布局如图 3 - 30 所示。FD - 09 低速风洞于 1966 年建成，是一个单回路闭口风洞，除了试验段 1 和风扇段 5 为钢结构外，整个风洞系由钢筋混凝土建造。试验段长 12m，其横截面呈 3m×3m 的四角圆化正方形，圆角半径为 0.5m。试验段两个侧壁互相平行，而上下壁则各有 0.2° 扩散角，以减少边界层增长的影响。收缩段 9 的收缩比为 10:1。在稳定段 6 中安装有宽 500mm 的蜂窝器 7 和两层阻尼网 8，在第一、第二扩散段 2 末端设有换气装置 3，以降低洞体气流的温升。第二拐角后是直径为 5.5m 的风扇。该风扇由 10 个叶片组成，并由 2060kW 的直流电机驱动。风洞流速可以从 10m/s 无级变化到 100m/s。FD - 09 低速风洞的流场性能见表 3 - 3。

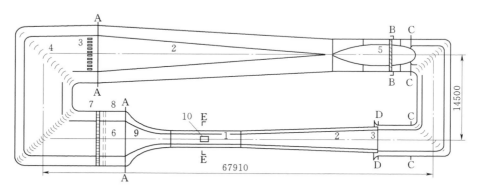

图 3 - 30　FD - 09 低速风洞气动布局图
1—试验段；2—扩散段；3—换气装置；4—拐角导流片；5—风扇段；
6—稳定段；7—蜂窝器；8—阻尼网；9—收缩段；10—实验模型

表 3 - 3　FD - 09 低速风洞的流场性能

纵向静压梯度	≈0	纵向平均气流偏角/(°)	<0.1
气流湍流度	0.10~0.13	边界层厚度/mm	130
动压偏差/%	≤0.5		

（2）设备与仪器。实验与数据处理使用的主要设备与仪器有：

1）FD-09 低速风洞的风速控制及记录装置。

2）8840A MULTIMETER 万用表 2 台（EVERETT WASHINGTON）。

3）M840D 数字万用表 量程为 DCA 0～20A 精度为±2.0％读数+5 字。

4）JSS-2 型晶体管数字测速仪。

5）GDC-1 型光电传感器上转牌。

6）PP11 型通用频率计。

7）FD100-P 型充放电配电器。

8）滑 48A 型滑线变阻器，量程（8Ω，20A）。

9）SL-201 滑杆变阻器（7.07Ω，17A）。

10）动槽水银气压表 型号 DYMI。

11）皮托管 3 只。

12）应变式压力传感器。

13）HG80-1 型计程输入输出装置。

14）HG80-3 型微机数据采集器。

15）HEWLETT PACKARD VECTRA 286/12 型 PC 计算机。

16）Star-AR 3240 型打印机。

17）LEO 386 PC 计算机。

18）EPSON LQ-1600K 型打印机。

3.2.1.2 发电对比实验

根据实验研究计划，应做流体力学特性实验和发电对比实验。把流体力学特性实验和发电对比实验综合起来交替进行，使实验结果互为研究分析的依据。先进行发电对比实验，在多种状态中，既优选出最佳注入、最佳抽吸状态，又优选出最佳风轮实度（Rotor Solidity）的风轮总成。为该风电机组的优化设计提供理论依据。发电对比实验后，对最佳注入、最佳抽吸和无注入无抽吸三种代表性状态的流体力学特性进行测试分析。根据分析结果，对风轮总成进行改进，然后再进行发电对比实验。

1. 实验方法和符号

（1）实验方法。实验所用的发电机是永磁式三相交流发电机，额定电压 14V，额定转速 550r/min，额定功率 100W。实验按国家标准（GB 10760.1—1989）第 6.9 条和第 6.11 条规定，做发电特性实验，发电机输出端接 FD100-P 型充放电配电器经过整流变成直流输出后和滑杆变阻器（负载）连接。实验中调节变阻器阻值，保持发电机的电压为额定电压，测定发电机输出功率随风洞风速（或发电机转速）变化的关系曲线。用调控风速方法调控风轮转速，转速分别约为 65％、80％、100％、120％、150％ 额定转速时，记录转速、风速、输出电压值、输出电流值，发电特性实验流程如图 3-31 所示。实验时把模型吊装入风洞实验段内，使其

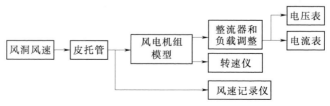

图 3-31 发电特性实验流程图

正对来流方向。风洞中两叶片浓缩风能型风电机组如图3-32所示，风洞中三叶片浓缩风能型风电机组如图3-33所示，风洞中四叶片浓缩风能型风电机组如图3-34所示。在模型前200mm处设置了一个皮托管，用来测量模型前的风速；左边风洞壁上设置一个皮托管，用于测取洞壁风速。风洞中两叶片普通型风电机组如图3-35所示，风洞中三叶片普通型风电机组如图3-36所示，风洞中四叶片普通型风电机组如图3-37所示。其风轮总成和发电机是从浓缩风能型风电机组整体模型上拆下来装在支架上的。这样，就可以进行有浓缩风能装置和无浓缩风能装置的发电对比实验。

图 3-32　风洞中两叶片浓缩风能型风电机组

图 3-33　风洞中三叶片浓缩风能型风电机组

图 3-34　风洞中四叶片浓缩风能型风电机组

图 3-35　风洞中两叶片普通型风电机组

图 3-36　风洞中三叶片普通型风电机组

图 3-37　风洞中四叶片普通型风电机组

（2）符号。

A：有注入、有抽吸情况。

B：有注入、抽吸为后半部分情况。

C：有注入、无抽吸情况。

D：注入为前半部分，无抽吸情况。

E：注入为前半部分，抽吸为后半部分情况。

F：无注入、无抽吸情况。

G：无注入、有抽吸情况。

H：无注入、抽吸为后半部分情况。

N：普通型风轮的发电机组（无浓缩风能装置）。

上述符号后的数字（2，3，4）代表风电机组的叶片枚数（第一期发电对比实验用）。

d：注入为前半部分，无抽吸情况（D 状态）。

f：无注入、无抽吸情况（F 状态）。

g：无注入、有抽吸情况（G 状态）。

4d18a：4 叶片根部安装角 18°的风轮总成。

数字 f 数字 a：f 状态扩散管部分切短 370mm。

上述符号 d、f、g 前的数字（2，3，4）代表风电机组的叶片枚数，符号后的数字代表叶片根部安装角（第二期发电对比实验用）

WT.S：代表风洞风速，见表 3-4。

2. 第一期发电对比实验

实验时间：1994 年 7 月 25 日—8 月 2 日。地点：航空航天部七〇一研究所。实验时当地大气压 $P_0 = 995.5\text{mb}$，大气温度 $t_0 = 38℃$，空气密度 $\rho_0 = 0.1250\text{kgf} \cdot \text{s}^2/\text{m}^4$。

（1）实验内容。实验包括有浓缩风能装置和无浓缩风能装置的发电输出特性实验。

有浓缩风能装置的发电输出特性的实验目的是为了对各种不同状态进行分析比较，实验内容如下：

A：有注入、有抽吸。

B：有注入，抽吸为后半部分。

C：有注入、无抽吸。

D：注入为前半部分，无抽吸。

E：注入为前半部分，抽吸为后半部分。

F：无注入、无抽吸。

G：无注入、有抽吸。

H：无注入、抽吸为后半部分。

以上 A～H 的 8 种状态下，每种状态均需更换图 3-24、图 3-25 和图 3-28 所示的 3 种风轮总成，即：

1）两叶片总成（根部安装角为 18°）浓缩风能型风电机组。

2）三叶片总成（根部安装角为 18°）浓缩风能型风电机组。

3）四叶片总成（根部安装角为 18°）浓缩风能型风电机组。

这样，共测试了 $8 \times 3 = 24$ 种状态下的发电输出特性。

无浓缩风能装置（相当于普通型风电机组）的发电输出特性实验目的是为了将浓缩风能型风电机组与普通型风电机组进行对比分析，实验内容如下：

1）两叶片总成（根部安装角为 $18°$）普通型风电机组（N2）。

2）三叶片总成（根部安装角为 $18°$）普通型风电机组（N3）。

3）四叶片总成（根部安装角为 $18°$）普通型风电机组（N4）。

共测试了 3 种状态下的发电输出特性。实验时的照片如图 3-35～图 3-37 所示。

（2）实验结果分析。

1）主要计算方法。风电机组实测输出功率的计算公式为

$$P = IU \tag{3-1}$$

式中　P——风电机组输出功率，W；

　　　I——发电机整流后的电流输出值，A；

　　　U——发电机整流后的电压输出值，V。

风能利用系数 C_p（Power Coefficient）的计算公式为

$$C_p = \frac{2P}{\rho v^3 A} \tag{3-2}$$

式中　P——实验获得的输出功率，kW；

　　　ρ——空气密度，$kg \cdot s^2 / m^4$；

　　　A——风电机组的扫掠面积，m^2；

　　　v——风速，m/s。

升力型风电机组理想的风能利用系数为 0.593。设计精良的高速螺旋桨风电机组可达到 0.45，一般为 0.35～0.40。利用比例法，当风轮直径不变时从式（3-2）可得

$$\frac{P_1}{P_2} = \left(\frac{v_r}{v_2}\right)^3 \tag{3-3}$$

式中　P_1——额定输出功率，kW；

　　　v_r——额定风速，m/s；

　　　P_2——风速为 v_2 时的风电机组输出功率，kW；

　　　v_2——某种状态时的风速。

利用比例法，当风速不变时，从式（3-2）中可得

$$\frac{P_1}{P_2} = \left(\frac{d_1}{d_2}\right)^2 \tag{3-4}$$

式中　P_1——额定输出功率，kW；

　　　d_1——风轮直径，m；

　　　P_2——风轮直径为 d_2 时的风电机组输出功率，kW；

　　　d_2——某风轮直径。

风电机组的效率为 70%，传动机构和发电机的效率为 80%，理想风轮的效率为 59.3%，所以该风电机组的综合效率为 $0.593 \times 0.7 \times 0.8 \approx 0.332$，作为一般的风电机组，可以说这个数值是合适的。

2）实验结果分析。发电机输出功率与风洞风速关系曲线如图 3-38～图 3-52 所示。

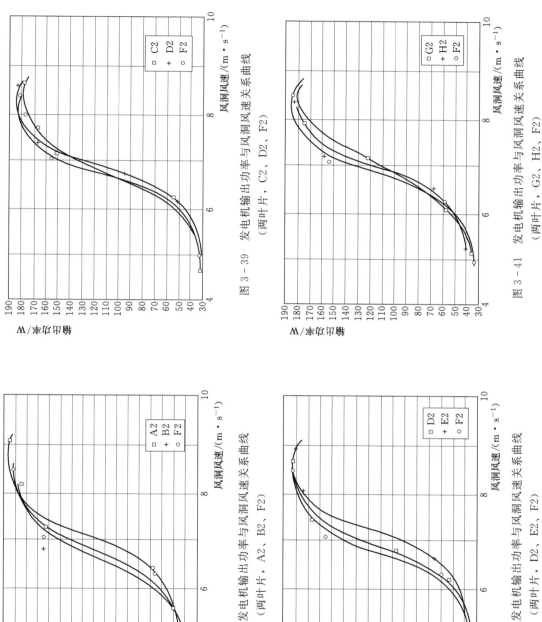

图 3 - 38　发电机输出功率与风洞风速关系曲线
（两叶片，A2、B2、F2）

图 3 - 39　发电机输出功率与风洞风速关系曲线
（两叶片，C2、D2、F2）

图 3 - 40　发电机输出功率与风洞风速关系曲线
（两叶片，D2、E2、F2）

图 3 - 41　发电机输出功率与风洞风速关系曲线
（两叶片，G2、H2、F2）

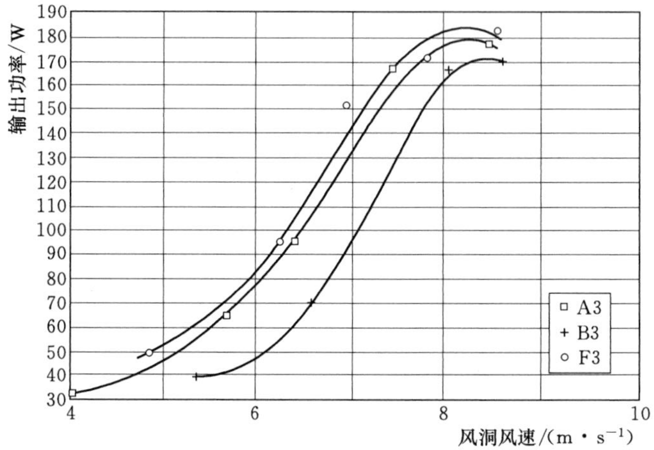

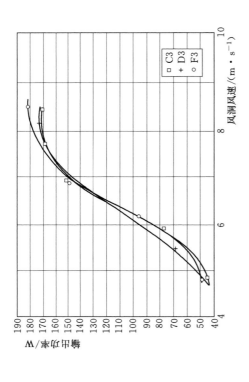

图 3 - 42　发电机输出功率与风洞风速关系曲线
（三叶片，A3、B3、F3）

图 3 - 43　发电机输出功率与风洞风速关系曲线
（三叶片，C3、D3、F3）

图 3 - 44　发电机输出功率与风洞风速关系曲线
（三叶片，D3、E3、F3）

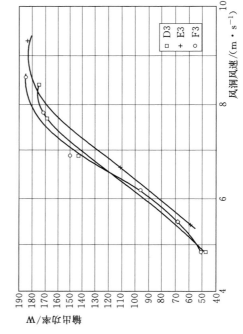

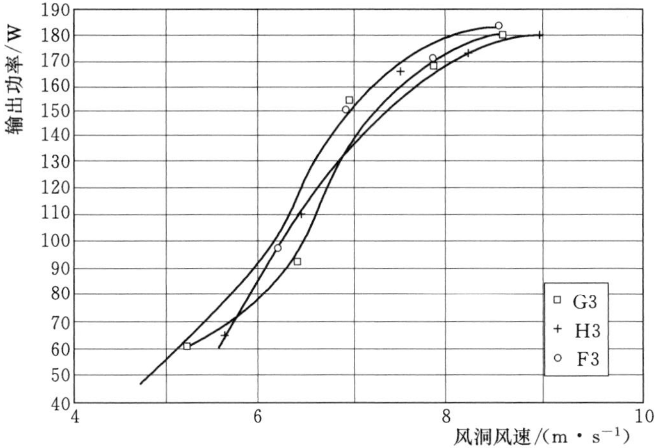

图 3 - 45　发电机输出功率与风洞风速关系曲线
（三叶片，G3、H3、F3）

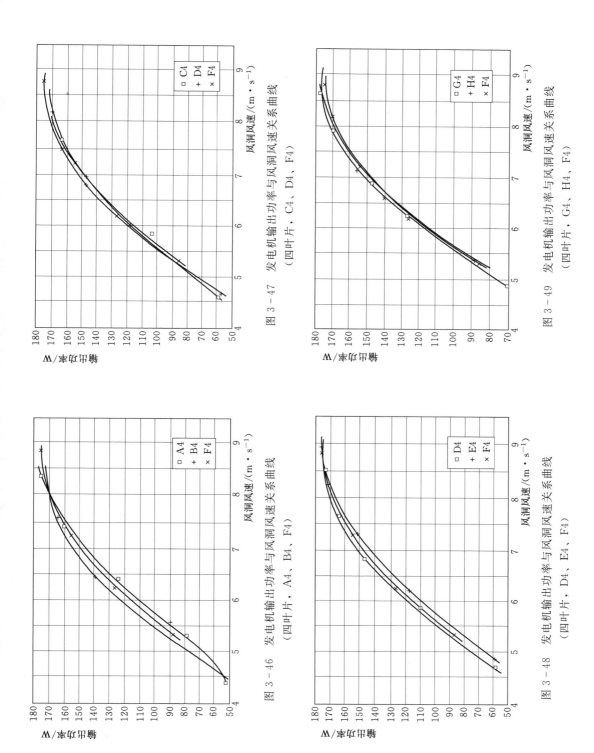

图 3-46 发电机输出功率与风洞风速关系曲线
（四叶片，A4、B4、F4）

图 3-47 发电机输出功率与风洞风速关系曲线
（四叶片，C4、D4、F4）

图 3-48 发电机输出功率与风洞风速关系曲线
（四叶片，D4、E4、F4）

图 3-49 发电机输出功率与风洞风速关系曲线
（四叶片，G4、H4、F4）

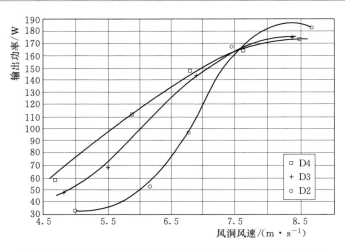

图 3 - 50　发电机输出功率与风洞风速关系曲线（D 状态）

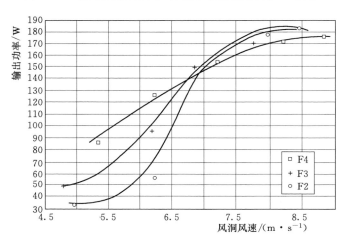

图 3 - 51　发电机输出功率与风洞风速关系曲线（F 状态）

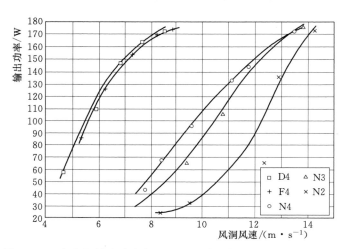

图 3 - 52　发电机输出功率与风洞风速关系曲线（D、F、N 状态）

启动时风速（WT.S）数据见表 3 - 4。风洞风速在模型前方（200mm）的下降率见表 3 - 5，从有关图表可以看出以下事实：

表 3 - 4 启动时风速（WT.S）数据　　　　　　　　　　　　单位：m/s

（a）MCWET - 4 启动时风速原始数据

叶片数	状态								
	A	B	C	D	E	F	G	H	平均
二叶片 MCWET - 4	3.70	3.92	4.32	4.19	3.23	3.70	3.55	3.39	3.75
三叶片 MCWET - 4	3.14	4.44	3.39	3.84	2.87	3.14	3.31	3.14	3.41
四叶片 MCWET - 4	2.56	3.31	3.05	3.63	2.67	2.46	2.67	3.05	2.93

（b）MCWET - 4 和普通型风电机组平均启动时风速对比

二叶片 MCWET - 4	三叶片 MCWET - 4	四叶片 MCWET - 4	N2 普通型	N3 普通型	N4 普通型
3.75	3.41	2.93	8.37	6.94	6.94

表 3 - 5 风洞风速在模型前方（200mm）的下降率　　　　　　　　　%

叶片数	状 态		
	D	F	G
二叶片	1.4	3.8	13
三叶片	11.9	14.2	18.7
四叶片	18.0	20.7	26.1

分析图 3 - 38～图 3 - 41，可以认为，两叶片浓缩风能型风电机组在 A～H 8 种状态发电输出特性基本上与 F 状态一致，分析图 3 - 42～图 3 - 45 可以认为，三叶片浓缩风能型风电机组输出特性与两叶片时基本类似。同样，分析图 3 - 46～图 3 - 49，也可以认为四叶片浓缩风能型风电机组输出特性与两叶片、三叶片基本类似，略有不同的是，功率输出稳定性四叶片最佳，三叶片次之，两叶片较差。在 A～H 8 种状态下发电特性基本上与 F 状态一致，说明扩散管未发生边界层分离，可以认为风轮旋转的造涡功能提高了扩散管效率。因此，扩散管的扩散角还可加大，减少轴向长度，节约材料，降低成本。

分析图 3 - 50～图 3 - 52，从图中 100W 输出功率线上可以看出，四叶片浓缩风能型风电机组输出功率最佳，并且运转平稳。因此，本期实验优选出风轮实度较大，叶片数目为 4 枚的最佳风轮总成。

从图 3 - 46～图 3 - 48 中综合比较选出 D 状态为最佳注入状态。

从图 3 - 49 中比较选出 G 状态为最佳抽吸状态。

从图 3 - 52 的 100W 输出功率线中可看出，当发电机输出功率为 100W 时，四叶片浓缩风能型风电机组（F 状态）需风洞风速为 5.60m/s，而普通型风电机组需风洞风速为 9.60m/s 以上。这证明浓缩风能型风电机组与普通型风电机组相比，功率的提高是明显的。同时也可以看出，四叶片浓缩风能型风电机组的运转是最稳定的。

按照国际上通用的计算方法。当普通型风电机组直径为 1.00m，综合效率取 0.332，风速为 5.60m/s 的情况下，输出功率约为 28.06W，而四叶片浓缩风能型风电机组（F 状态）的功率输出是 100W。因此，浓缩风能型风电机组输出功率是普通型相同直径的风电机组输出功率的 3.56 倍。如果直径变大（即雷诺数变大），功率还会进一步增加。

从表 3-4 中可看出，在风洞中，四叶片浓缩风能型风电机组的平均启动风速为 2.93m/s，是各种状态中最低的，而普通型相同直径的风电机组的启动风速在 6.94m/s 以上。这说明浓缩风能型风电机组可以提高风能资源的年利用率。对于小型机组可以解决低风速建压、充电问题，既提供了电源，又对蓄电池有保护作用。对于中、大型机组，可以提高单机输出功率。

从表 3-5 中可以看出，风洞风速在 MCWET-4 模型前方 200mm 处的下降率表现为 G 状态＞F 状态＞D 状态（相同叶片），四叶片＞三叶片＞两叶片（相同状态）。

3. 第二期发电对比实验

为了进一步研究和改进浓缩风能型风电机组的发电输出性能，继 1994 年 7 月第一期发电对比实验和流体力学特性实验之后，于 1995 年 1 月 12—19 日在航空航天部七○一研究所做第二期低速风洞实验。实验时当地大气压 $P_0 = 995.5$mb，大气温度 $t_0 = 15℃$，空气密度 $\rho_0 = 0.1250$kgf·s^2/m^4。

（1）实验内容。根据第一期发电对比实验和流体力学特性实验的测试数据分析结果可知：四叶片浓缩风能型风电机组的风轮总成启动风速低，功率输出大，运转平稳，为最佳风轮总成；优选出最佳注入为 d 状态，最佳抽吸为 g 状态；扩散管的角度还可以进一步加大，缩短轴向长度。因此，本期实验在第一期实验模型的基础上，制作了图 3-26、图 3-28 和图 3-29 所示的根部安装角不同，叶片型式不同的四叶片风轮总成。第一期和第二期实验中使用的六种风轮总成参数见表 3-6。关于模型扩散管角度的问题，因时间和费用因素，未对模型进行改造。

表 3-6　风 轮 总 成 参 数

序号	1	2	3	4	5	6
叶片型式	等截面 Clark-Y 型	等截面 Clark-Y 型	等截面 Clark-Y 型	等截面 Clark-Y 型	等截面 Clark-Y 型	变截面 Clark-Y 型
叶片数目	2	3	4	4	4	4
根部安装角	18°	18°	15°	18°	21°	39.5°
风轮直径/m	1.00	1.00	1.00	1.00	1.00	1.00
风轮实度/%	10.9	16.3	22.0	21.7	21.5	15.6

本期实验主要进行了浓缩风能装置四叶片风轮总成的发电输出特性实验和将模型扩散管轴向长度从后面切短 370mm（只减少了扩散管出口和入口的面积比，切短后出口和入口面积比为 2.430:1，没有改变扩散角）之后各种风轮总成的发电输出特性实验。

四叶片风轮总成浓缩风能型风电机组的发电输出特性实验目的是为了进一步优化选择叶片型式，实验内容如下：

d. 注入为前半部分，无抽吸（最佳注入）。

f. 无注入，无抽吸。

g. 无注入，有抽吸（最佳抽吸）。

4d18a.d 状态注入孔减为前 3 排（四叶片根部安装角 18°的风轮总成）。

以上 4 种状态下，除 4d18a 状态外，每种状态实验时需更换表 3-6 中所示的四叶片式的 3 号、4 号、5 号和 6 号风轮总成，即：

1）根部安装角为 15°的等截面风轮总成。

2）根部安装角为 18°的等截面风轮总成。

3）根部安装角为 21°的等截面风轮总成。

4）根部安装角为 39.5°的变截面风轮总成。

其测了 3×4+1＝13 种状态下的发电输出特性。

在扩散管后部沿轴向长度方向切去 370mm 的条件下进行实验的目的是为了分析研究扩散管出口和入口面积减小后对发电输出特性的影响，实验内容如下：

4f15a：四叶片风轮总成，f 状态，根部安装角为 15°。

4f18a：四叶片风轮总成，f 状态，根部安装角为 18°。

4f21a：四叶片风轮总成，f 状态，根部安装角为 21°。

4f39.5a：四叶片风轮总成，f 状态，根部安装角为 39.5°。

3f18a：三叶片风轮总成，f 状态，根部安装角为 18°。

2f18a：两叶片风轮总成，f 状态，根部安装角为 158°。

其测试了 6 种状态下的发电输出特性。

（2）实验结果分析。发电机输出功率与风洞风速关系曲线如图 3-53～图 3-69 所示。启动风速（WT.S）数据见表 3-7。风洞风速在模型前（200mm）的下降率见表 3-8。可以看出以下事实：

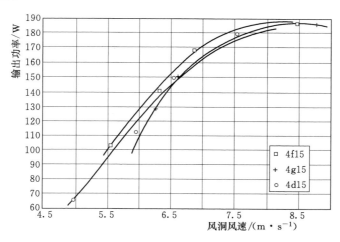

图 3-53　发电机输出功率与风洞风速关系曲线（4f15、4g15、4d15）

73

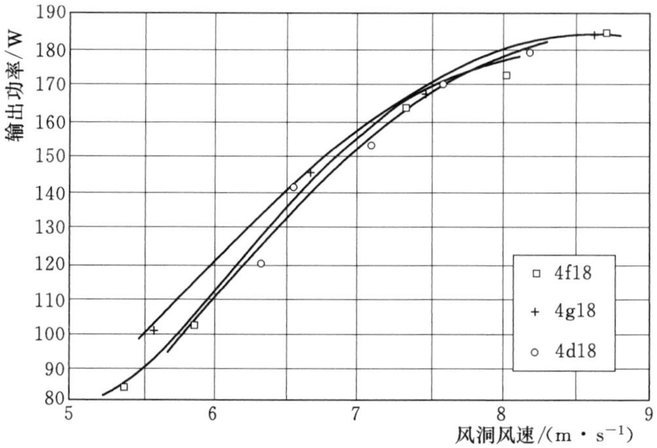

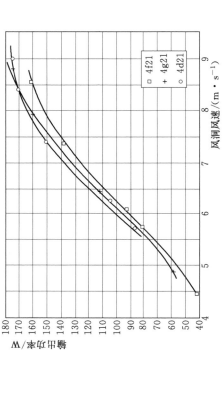

图 3 - 55　发电机输出功率与风洞风速关系曲线
（4f21、4g21、4d21）

图 3 - 54　发电机输出功率与风洞风速关系曲线
（4f18、4g18、4d18）

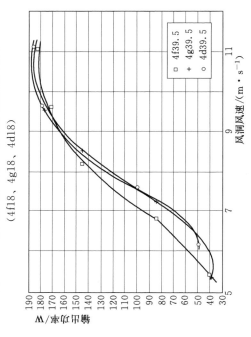

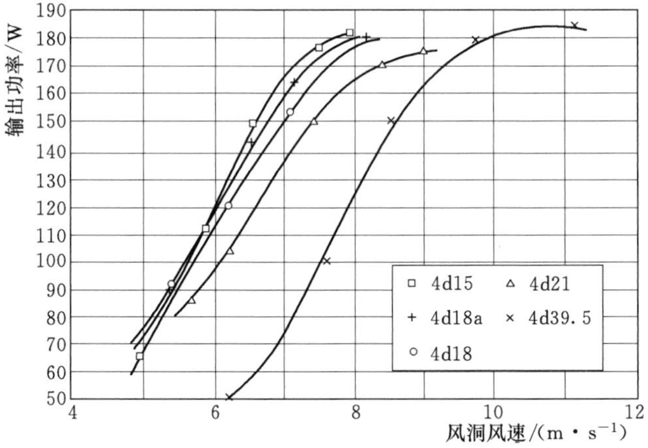

图 3 - 57　发电机输出功率与风洞风速关系曲线
（4d15、4d18a、4d18、4d21、4d39.5）

图 3 - 56　发电机输出功率与风洞风速关系曲线
（4f39.5、4g39.5、4d39.5）

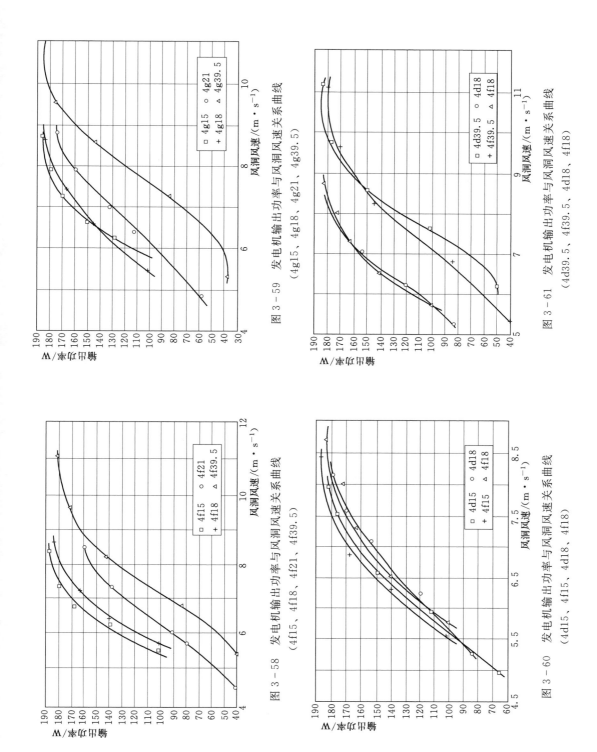

图 3 - 59　发电机输出功率与风洞风速关系曲线
（4g15、4g18、4g21、4g39.5）

图 3 - 61　发电机输出功率与风洞风速关系曲线
（4d39.5、4f39.5、4d18、4f18）

图 3 - 58　发电机输出功率与风洞风速关系曲线
（4f15、4f18、4f21、4f39.5）

图 3 - 60　发电机输出功率与风洞风速关系曲线
（4d15、4f15、4d18、4f18）

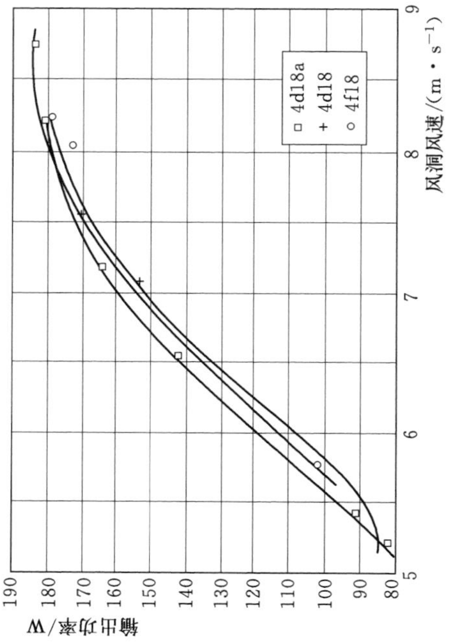

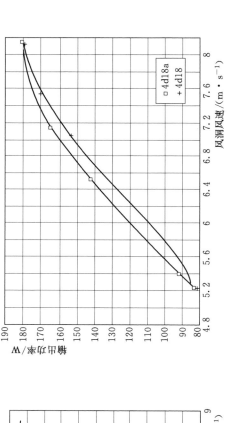

图 3 - 63　发电机输出功率与风洞风速关系曲线
（4d18a，4d18）

图 3 - 62　发电机输出功率与风洞风速关系曲线
（4d18a，4d18，4f18）

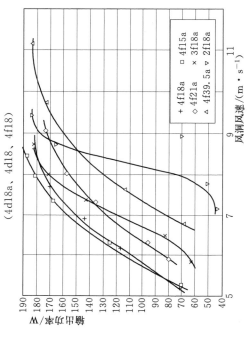

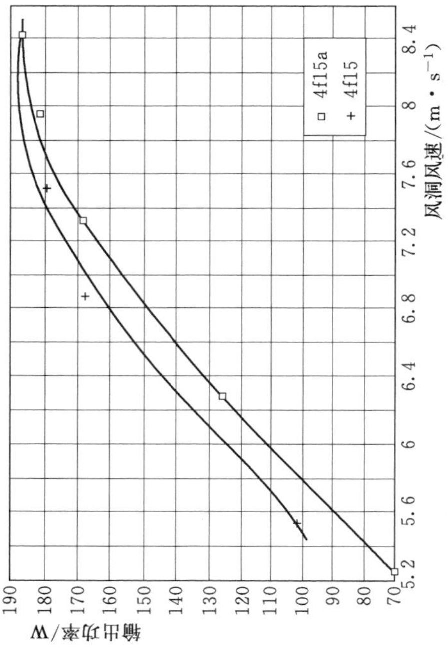

图 3 - 65　发电机输出功率与风洞风速关系曲线
（4f15a，4f15）

图 3 - 64　发电机输出功率与风洞风速关系曲线
（4f18a，4f21a，4f39.5a，3f18a，4f15a，2f18a）

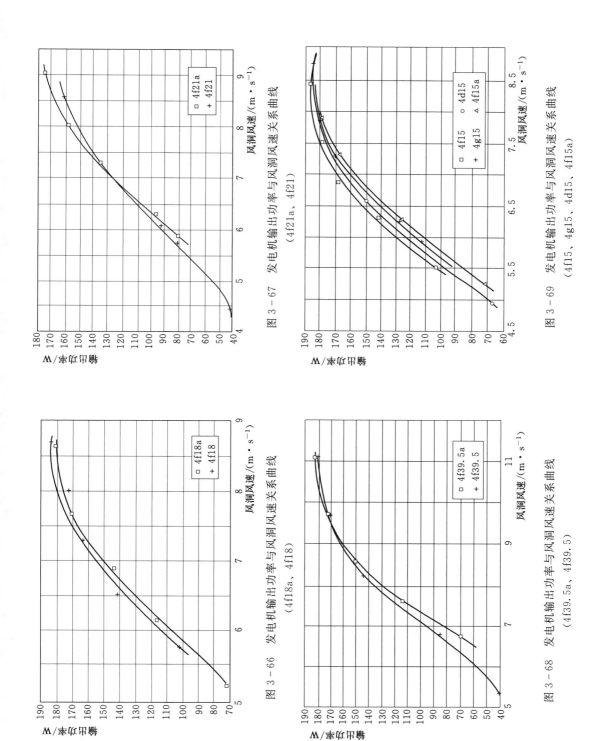

图 3-66 发电机输出功率与风洞风速关系曲线
（4f18a、4f18）

图 3-67 发电机输出功率与风洞风速关系曲线
（4f21a、4f21）

图 3-68 发电机输出功率与风洞风速关系曲线
（4f39.5a、4f39.5）

图 3-69 发电机输出功率与风洞风速关系曲线
（4f15、4g15、4d15、4f15a）

1）分析图 3-53～图 3-61，可以认为：①四叶片浓缩风能型风电机组的发电输出特性在 100W 时，4f15 和 4g18 状态最佳，从表 3-6 中可知根部安装角为 15°的风轮总成风轮实度最大，根部安装角为 18°的风轮总成风轮实度比 15°的风轮总成略小一点，4g18 状态比 4f18 状态好，说明抽吸起作用，同时也可以看到风轮实度的大小（仅限于本期实验）与输出功率成正比；②d、f、g 三种状态输出功率基本一致，说明扩散管未发生边界层分离，注入和抽吸作用不明显，因此，扩散管角度还可以进一步加大，缩短轴向长度，节约材料，降低成本；③从图 3-62 和图 3-63 中可知，4d18a 状态比 4f18 状态和 4d18 状态都要好，说明高压注入减为前 3 排孔时输出功率比 f、d 状态提高，但仍比 g 状态差。

2）分析图 3-64 可知，在 100W 功率线上，扩散管切短后的功率输出特性表明输出功率与风轮实度大小成正比。图 3-57 和图 3-58 也表明输出功率与风轮实度大小成正比。由此可以推测该浓缩型风电机组的最佳风轮实度可能大于 22.0%（表 3-6），但这需要通过实验来证明。

3）分析图 3-65～图 3-68 可知，扩散管切短后均比切短前功率下降一些，这说明面积比减少后功率下降。

4）分析图 3-69 可知，根部安装角为 15°，风轮实度为 22.0% 的风轮总成 d、g、f、fa 状态功率输出很相近，f 状态为最佳。并且从图 3-69 上可以看出机组运转时很平稳。当发电机输出功率为 100W 时，4f15 浓缩风能型风电机组需要的风洞风速为 5.50m/s，而普通型风电机组需要风洞风速为 9.6m/s 以上。这证明浓缩风能型风电机组与普通型风电机组相比，功率的提高是明显的。

5）按照国际上通用的计算方法，普通型风电机组当直径为 1.00m，综合效率取 0.332，风速为 5.50m/s 的情况下，功率输出约为 26.58W，而 4f15 浓缩风能型风电机组的功率输出是 100W。因此，本浓缩风能型风电机组输出功率是普通型相同直径的风电机组输出功率的 3.76 倍，如果直径变大（即雷诺数变大），功率还会进一步增大。

6）从表 3-7（b）中可看出，四叶片根部安装角为 15°的浓缩风能型风电机组的平均启动风速为 2.70m/s，而普通型相同直径的风电机组的平均启动风速为 6.94m/s。这说明

表 3-7 启动时风速（WT. S）数据 单位：m/s

（a）MCWET-4 启动风速数据

状态	安装角			
	15°	18°	21°	39.5°
4d	3.04	3.06	1.59	2.70
4f	2.50	2.60	2.39	2.25
4g	2.42	2.46	1.77	3.02
4da		2.02		
4fa	2.84	2.76	2.38	4.89
平均	2.70	2.58	2.03	3.22

（b）MCWET-4 和普通型风电机组平均启动风速对比

15°MCWET-4	18°MCWET-4	21°MCWET-4	39.5°MCWET-4	N2 普通型	N3 普通型	N4 普通型
2.70	2.58	2.03	3.22	8.37	6.94	6.94

浓缩风能型风电机组可以提高风能资源的年利用率。对于小型机组可以解决低风速建压、充电问题，既提供了电源，又对蓄电池有保护作用。对于中、大型机组可以提高单台机组的输出功率。

7）从表3-8中可看出，实验时四叶片浓缩风能型风电机组风洞风速在模型前方200mm处的下降率变化规律是根部安装角越大，下降率值越大。输出功率最大的4f15状态，下降率值是表3-8中最小值，是5.4%。当模型入口的流速和前方无限远的流速相等时风电机组的输出功率最大。因此，说明4f15状态已趋于理论上的输出功率最大值，在设计时有必要在4f15状态附近优选。

表3-8　风洞风速在模型前（200mm）的下降率　　　　　　　　　　　　　%

状态	角 度			
	15°	18°	21°	39.5°
4d	7.7	10.5	21.3	30.6
4f	5.4	9.2	15.0	29.4
4g	8.0	9.7	13.9	29.7
4fa	8.8	9.7	14.8	29.4

注：4d18a：风洞风速在模型前（200mm）的下降率为9.1%。

3f18a：风洞风速在模型前（200mm）的下降率为15.7%。

2f18a：风洞风速在模型前（200mm）的下降率为28.9%。

8）本浓缩风能型风电机组的叶片装在浓缩装置内，既能在叶片损坏时不伤害人畜，具有安全性；又能减少气流对叶片的冲击载荷，使风轮平稳运行，从而可以提高叶片等机件的使用寿命；并且还有利于降低噪声，有利于电气系统正常、持久的工作。

4. 结论

（1）发电特性。风洞实验表明：直径为1.00m的浓缩风能型风电机组（4f15）在风洞风速为5.5m/s时，输出功率为100W；而使用同一个四叶片普通型风电机组（N4，无浓缩风能装置）在同一风洞中、同样的条件下实验时，当输出功率达到100W，需要风洞风速为9.60m/s（图3-69和图3-52）。根据式（3-3）计算得，当风洞风速为5.50m/s时，四叶片普通型风电机组输出功率为18.81W，因此浓缩风能型风电机组的输出功率是四叶片普通型风电机组（N4）输出功率的5.32倍。同理可得，浓缩风能型风电机组的输出功率是三叶片普通型风电机组（N3）输出功率的6.76倍，是两叶片普通型风电机组（N2）输出功率的11.05倍。这说明浓缩风能型风电机组的形体流场具有提高风能密度的功能。

总结已有研究成果，浓缩风能型风电机组与国内外同类技术相比具有明显的优点：

1）单机输出功率大。按照国际上通用的计算方法，普通型风电机组直径为1.00m，在风电机组综合效率取0.332，风速为5.50m/s的情况下，输出功率为26.58W，而4f15浓缩风能型风电机组的输出功率为100W。因此，本浓缩风能型风电机组的输出功率是普通型相同直径的风电机组输出功率的3.76倍，如果直径变大（即雷诺数变大），输出功率还会增大。实际应用中，直径为1.00m，额定风速为5.50m/s的风电机组综合效率达到33.2%是很少见的。国际上，被英国R.L. Hales教授命名为Mie-Vane的机组，由日本三重大学清水幸丸教授等研制，获 1995 年度日本风能协会奖，该机组功率比世界最先进机组（$C_p = 0.41$）提高了 15%，而本机组功率比世界水平的风电机组功率提高了 276%（风洞实验结果）。如果以等直径等风速相比，本机组是目前草原上使用的 FD2.5 - 300W 机组输出功率的 6.41 倍。本机组的实测值是在风洞内进行的，关于风洞壁的影响将在下一节进行分析。

2）启动风速低。四叶片浓缩风能型风电机组在直径为 1.00m 时，平均启动风速为 2.70m/s，而普通型风电机组平均启动风速为 6.94m/s 以上。这说明浓缩风能型风电机组可以提高风能资源的年利用率。

3）运转平稳，寿命长。不稳定的自然风经过浓缩风能装置到达风轮处时已被整流和均匀化，减少了对风轮的冲击载荷，因而风轮运转平稳，有利于电气系统正常、持久地工作，提高了叶片和机组的使用寿命。

4）噪声降低。由于风轮总成装在浓缩风能装置内，后方设扩散管，能够降低系统噪声；并且可考虑采用绝音降噪材料等制作浓缩风能装置，更可以降噪。

5）安全性。本浓缩风能型风电机组的叶片装在浓缩风能装置内，能保证叶片损坏时不会飞落伤害人、畜等，具有安全性。

（2）流体力学特性。通过发电输出特性实验，可以间接地分析浓缩风能型风电机组的流场特性。

1）高压注入有效果。优选出 D 状态为最佳注入，例如第一期实验中的 D4 状态，功率输出明显比 F 状态提高。其他状态注入效果不明显，说明扩散角还可以进一步增加，缩短轴向长度。

2）低压抽吸有效果。优选出 G 状态为最佳抽吸，例如第二期实验中的 4g18 状态，功率输出明显比 4f18 状态提高。其他状态注入效果不明显，说明扩散管未发生边界层分离。

3）根据上述 1）和 2）分析，比较各状态发电输出特性，并且风轮总成旋转造涡功能提高了扩散管效率。因此可以认为扩散管扩散角（现为 20°）还可以进一步增大，缩短轴向长度，节约材料，降低成本。

4）实验表明扩散管的出口和入口面积比减少后输出功率下降。

5）在第一期和第二期实验内容范围内，风轮实度与输出功率成正比。根据以前的研究成果，当模型入口的流速和前方无限远的流速相等时风电机组的输出功率最大。又由于 4f15 状态风洞风速在模型前方 200mm 处的下降率为 5.4%，已经趋于理论上输出功率最大值。因此，可认为风轮实度应在 4f15 状态附近选择。

3.2.1.3　流体力学特性实验

通过第一期和第二期实验结果，分析研究的问题有：浓缩风能型风电机组的前后静压系数差问题；不使用其他动力源，而利用浓缩风能装置前方入口外侧附近的高压气流向扩散管的边界层进行适当地注入问题（简称"高压注入"）；不使用其他动力源，而利用浓缩风能装置侧面的低压对扩散管进行边界层抽吸问题（简称"低压抽吸"）；在风洞内测试小模型（MCWET - 2）的流场特性，初步研究实验模型（MCWET - 4）风洞实验结果与室外自然状态的修正问题。

1. 实验方法和符号

（1）实验方法。实验模型（MCWET-4）如 3.2.1.2 节实验模型的设计制作所述。实验时使用的设备与仪器如 3.2.1.3 节实验设备所述。流体力学特性实验时浓缩风能装置内不安装风轮和发电机总成。第一期流体力学特性实验时在发电机支承处未加金属网；第二期流体力学特性实验时在发电机支承处安装两层金属网（规格：16 目，$\phi0.295mm$）。实验时在浓缩风能装置前后各竖一坚固阻力小的薄铁板型架子，架子上固定一根角钢穿过浓缩风能装置，在角钢上按要求位置从前向后打好孔，然后将三根皮托管间隔 200mm 固定在一块长约 1000mm，宽约 50mm，厚约 5mm 的扁钢支架上，将支架上端适当位置打孔，并用螺栓固定在角钢上，用楔子调整使支架水平，调整架子上角钢的位置使第一根皮托管正对浓缩风能装置中心，皮托管引出的塑料管沿角钢伸出，安在洞外扫描阀上，通过计算机测出其压力值。实验时，将支架由前向后顺次移动到各要求位置，分别吹风，测试每点的总压和静压。同时测试注入腔静压和抽吸腔静压。所测压力值均为相对于当地大气压的差值。

实验时把模型吊装入风洞试验段内，使其正对来流方向。图 3-32～图 3-34 是实验时浓缩风能型风电机组整体模型的照片（流体力学特性实验时，不安装风轮发电机总成）。如图 3-33 所示，在模型前 200mm 处设置了一个皮托管，用来测量模型前的风速；左边风洞壁上设置一个皮托管，用于测取洞壁风速。

（2）符号。主要符号如下：

Re：雷诺数（Reynolds' number）。

v_{nom}：风洞风速，m/s。

v_{real}：小模型前 50mm 处风速管风速，m/s。

v_b：洞壁风速管风速（模型入口前 2040mm），m/s。

v：每排测点的平均风速，m/s。

v_1、v_2、v_3：各测点风速，1 对应中心测点，依次向外，各点间隔 200mm，m/s。

P_t：测点的总压，mmH_2O。

P_{t1}、P_{t2}、P_{t3}：各测点总压，1 对应中心测点，依次向外。各点间隔 200mm，mmH_2O。

P_s：测点的静压，mmH_2O。

P_{s1}、P_{s2}、P_{s3}：各测点静压，1 对应中心测点，依次向外。各点间隔 200mm，mmH_2O。

P_{si}：注入腔静压，mmH_2O。

P_{ss}：抽吸腔静压，mmH_2O。

P_{re-c}：小模型前（MCWET-2）50mm 处风速管静压，mmH_2O。

P_{re-b}：洞壁风速管静压，mmH_2O。

C_{pt}：总压系数。

C_{ps}：静压系数。

C_{pv}：动压系数。

C_{psi}：注入腔静压系数。

C_{pss}：抽吸腔静压系数。

1200：第一期实验号，表示 G 状态（最佳抽吸，无注入，有抽吸）。自模型前至模型后各排测点实验号依次为 1201～1212。

1300：第一期实验号，表示 F 状态（无注入，无抽吸）。自模型前至模型后各排测点实验号依次为 1301～1312。

1400：第一期实验号，表示 D 状态（最佳注入，注入为前半部分，无抽吸）。自模型前至模型后各排实验号依次为 1401～1412。

200：第二期实验号，表示 f 状态（无注入，无抽吸）。自模型前至模型后各排测点实验号依次为 201～209。

300：第二期实验号，表示 g 状态（最佳抽吸，无注入，有抽吸）。自模型前至模型后各排测点实验号依次为 301～309。

400：第二期实验号，表示 d 状态（最佳抽吸，注入为前半部分，无抽吸）。自模型前至模型后各排测点实验号依次为 401～409。

2. 第一期流体力学特性实验

实验时间：1994 年 7 月 25 日—8 月 2 日，地点：航空航天部七〇一研究所。实验时当地大气压 $P_0 = 995.5$mb，大气温度 $t_0 = 38$℃，空气密度 $\rho_0 = 0.1250$kgf $\cdot$ s^2/m^4。

（1）实验内容。本期流体力学特性实验是在第一期发电对比实验后进行的。根据发电对比实验结果选择以下三种状态进行流场测试。

1）D 状态（注入为前半部分，无抽吸）指定为最佳注入。

2）F 状态（无注入，无抽吸）。

3）G 状态（无注入，有抽吸）指定为最佳抽吸。

实验时每种状态选择了以下三种风洞风速：①6m/s；②12m/s；③16m/s。

此实验进行时浓缩风能装置内不安装风轮发电机总成，发电机支承处未加金属网。浓缩风能装置流场中的测试点位置图如图 3-70 所示。测试点是径向 3 个点，自中心向外依次为 1、2、3 点；从模型入口向后测点共 12 排，各排测点距模型前端面入口处分别为 0mm、154.5mm、309mm、509mm、1139mm、1339mm、1739mm、2139mm、2539mm、2939mm、3139mm、3339mm。第一期实验次数为 36 次。

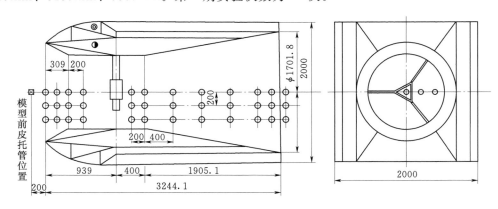

○ — 流路中总压和静压测点　　◖ — 注入腔静压测点　　◎ — 抽吸腔静压测点

图 3-70　浓缩风能装置流场中的测试点位置图（单位：mm）

（2）实验结果分析。

1）主要计算方法。雷诺数的计算公式为

$$Re = \frac{vd}{\nu} \tag{3-5}$$

式中　　v——风洞风速，m/s；

　　　　d——模型的特征几何尺寸（当量直径），m，$d=2m$；

　　　　ν——空气的运动黏性系数（38℃），$\nu = 1.67 \times 10^{-5} m^2/s$。

流速的计算公式为

$$v_j = 4 \times (P_{tj} - P_{sj})^{1/2} \tag{3-6}$$

式中　　P_{tj}——某测点的总压，mmH_2O；

　　　　P_{sj}——某测点的静压，mmH_2O；

　　　　j——$j=1$ 对应中心测点，2、3 依次向外。

$$v = (v_1 + v_2 + v_3)/3 \tag{3-7}$$

压力系数的计算公式为

$$C_{ptj} = (P_{tj} - P_{t\infty})/(\rho v_{nom}^2/2) \tag{3-8}$$

式中　　C_{ptj}——某测点的总压系数；

　　　　P_{tj}——某测点的总压，mmH_2O；

　　　　$P_{t\infty}$——模型前方无限远（显示风洞风速时）的总压，mmH_2O；

　　　　ρ——空气密度，$kgf \cdot s^2/m^4$；

　　　　v_{nom}——风洞风速，m/s；

　　　　j——$j=1$ 对应中心测点，2、3 依次向外。

本期实验数据记录的 $P_{tj} = P_{tj} - P_{t\infty}$，则

$$C_{pt} = (C_{pt1} + C_{pt2} + C_{pt3})/3 \tag{3-9}$$

$$C_{psj} = (P_{sj} - P_{s\infty})/(\rho v_{nom}^2/2) \tag{3-10}$$

式中　　C_{psj}——某测点的静压系数；

　　　　P_{sj}——某测点的静压，mmH_2O；

　　　　$P_{s\infty}$——模型前方无限远（显示风洞风速时）的静压，mmH_2O；

　　　　ρ——空气密度，$kgf \cdot s^2/m^4$；

　　　　v_{nom}——风洞风速，m/s；

　　　　j——$j=1$ 对应中心测点，2、3 依次向外。

本期实验数据记录的 $P_{sj} = P_{sj} - P_{s\infty}$，则

$$C_{ps} = (C_{ps1} + C_{ps2} + C_{ps3})/3 \tag{3-11}$$

$$C_{pv} = C_{pt} - C_{ps} \tag{3-12}$$

式中　　C_{pv}——动压系数。

2）实验结果分析。模型中央流路的轴向流速分布如图 3-71～图 3-76 所示，模型中央流路的轴向压力系数分布如图 3-77～图 3-85 所示，F 状态下流场特性分布如图 3-86 所示，模型中央流路的轴向静压系数分布如图 3-87～图 3-92 所示。根据实验数据归纳

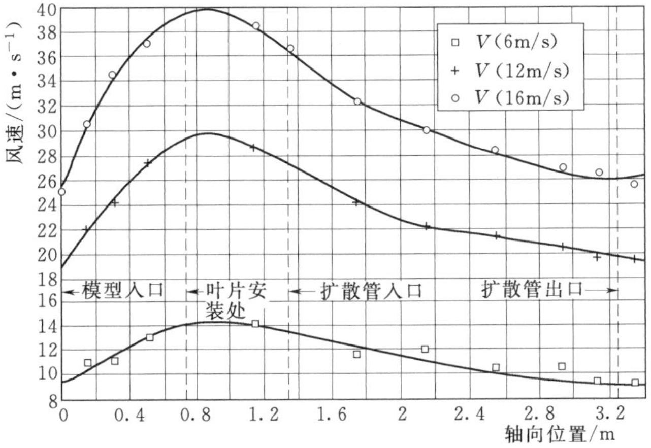

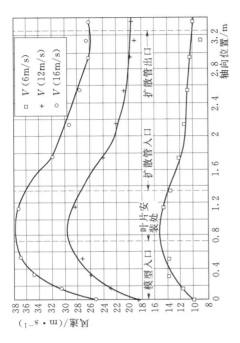

图 3-72　模型中央流路的轴向流速分布
（V 为风洞风速，F 状态）

图 3-71　模型中央流路的轴向流速分布
（V 为风洞风速，G 状态）

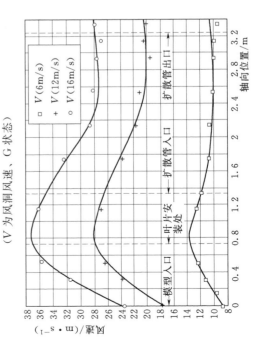

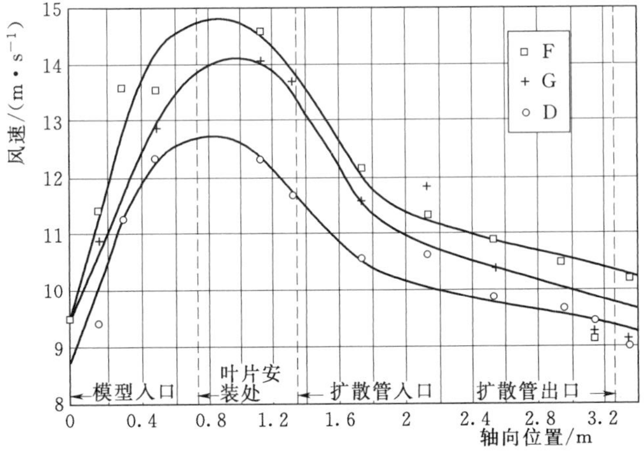

图 3-74　模型中央流路的轴向流速分布
（风洞风速为 6m/s，F、G、D 状态）

图 3-73　模型中央流路的轴向流速分布
（V 为风洞风速，D 状态）

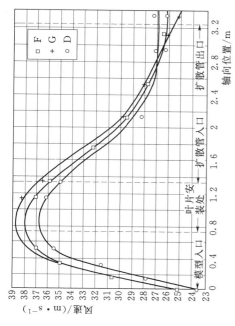

图 3-76 模型中央流路的轴向流速分布
（风洞风速为 16m/s，F，G，D 状态）

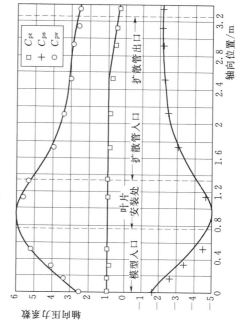

图 3-78 模型中央流路的轴向压力系数分布
（$Re = 1.44 \times 10^6$，风洞风速为 12m/s，G 状态）

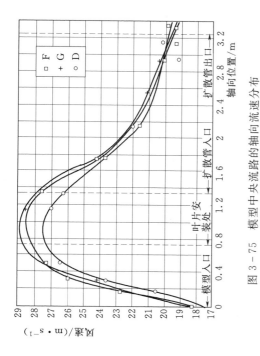

图 3-75 模型中央流路的轴向流速分布
（风洞风速为 12m/s，F，G，D 状态）

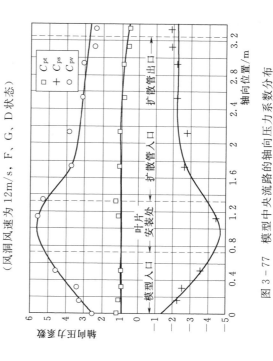

图 3-77 模型中央流路的轴向压力系数分布
（$Re = 7.19 \times 10^5$，风洞风速为 6m/s，G 状态）

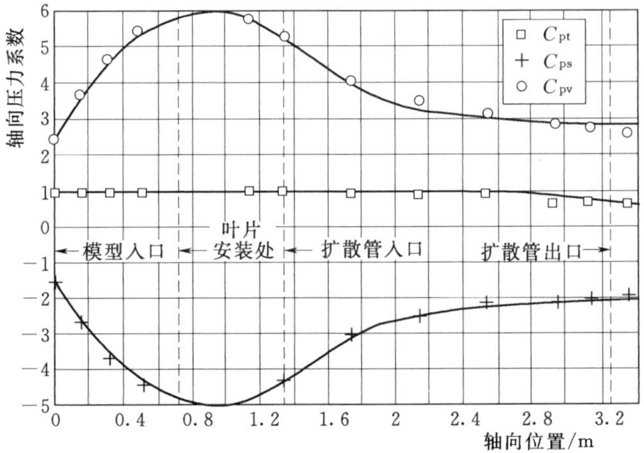

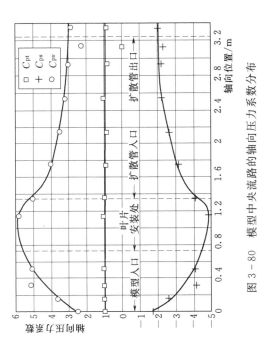

图 3-80 模型中央流路的轴向压力系数分布
（$Re=7.19\times10^{5}$，风洞风速为 6m/s，F 状态）

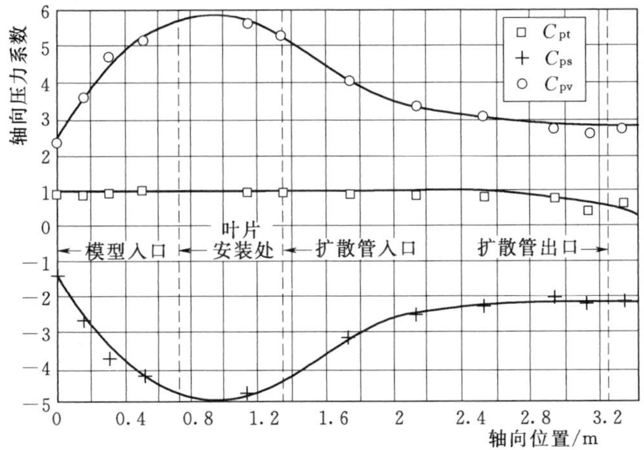

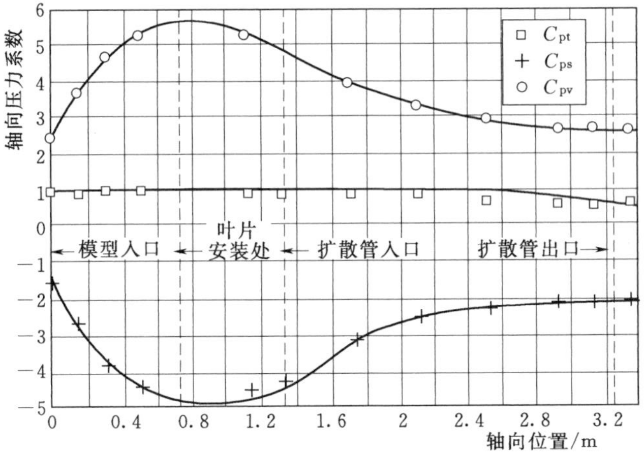

图 3-82 模型中央流路的轴向压力系数分布
（$Re=1.92\times10^{6}$，风洞风速为 16m/s，F 状态）

图 3-79 模型中央流路的轴向压力系数分布
（$Re=1.92\times10^{6}$，风洞风速为 16m/s，G 状态）

图 3-81 模型中央流路的轴向压力系数分布
（$Re=1.44\times10^{6}$，风洞风速为 12m/s，F 状态）

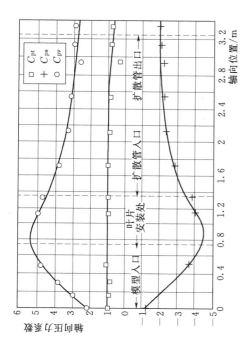

图 3－84　模型中央流路的轴向压力系数分布
（Re＝1.44×10⁶，风洞风速为 12m/s，D 状态）

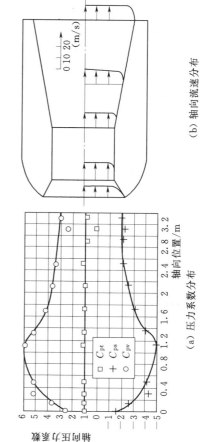

（b）轴向流速分布

（a）压力系数分布

图 3－86　F 状态下流场特性分布（风洞风速为 6m/s，Re＝7.19×10⁵）

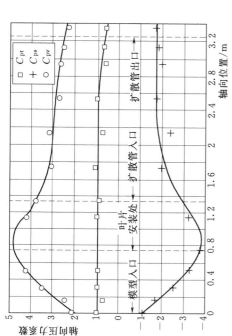

图 3－83　模型中央流路的轴向压力系数分布
（Re＝7.19×10⁵，风洞风速为 6m/s，D 状态）

图 3－85　模型中央流路的轴向压力系数分布
（Re＝1.92×10⁶，风洞风速为 16m/s，D 状态）

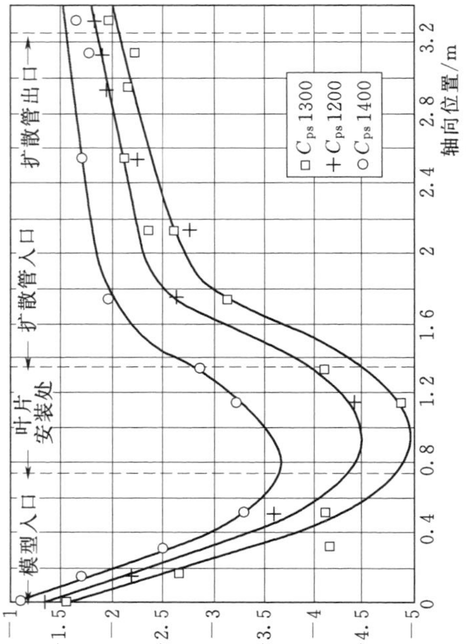

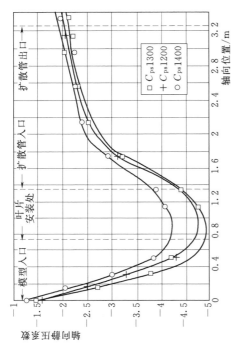

图 3 - 88　模型中央流路的轴向静压系数分布
(Re＝1.92×10⁶，风洞风速为 12m/s，F、G、D 状态)

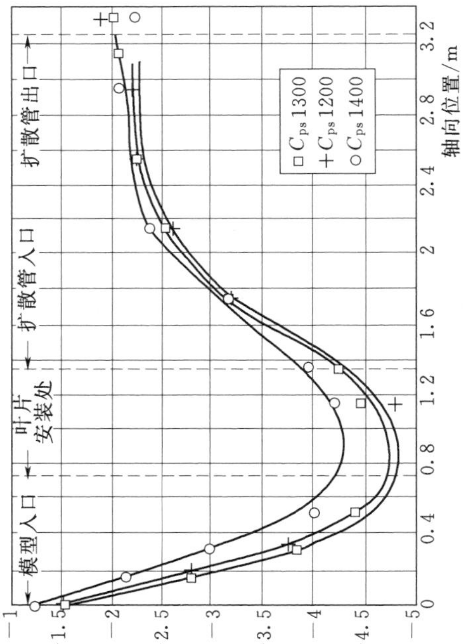

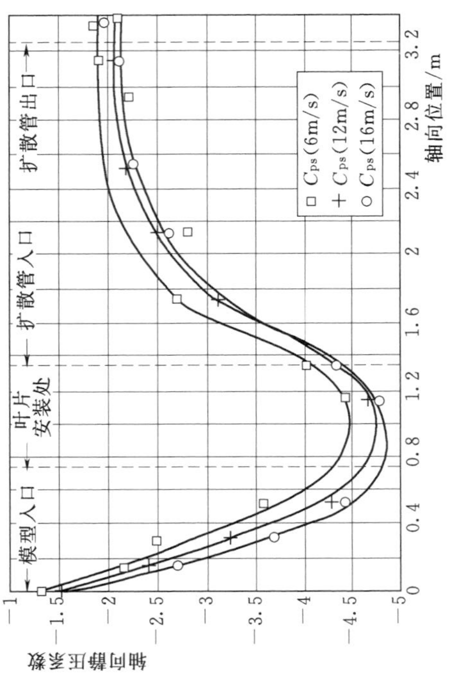

图 3 - 90　模型中央流路的轴向静压系数分布
(风洞风速为 6m/s，12m/s，16m/s，G 状态)

图 3 - 87　模型中央流路的轴向静压系数分布
(Re＝7.19×10⁵，风洞风速为 6m/s，F、G、D 状态)

图 3 - 89　模型中央流路的轴向静压系数分布
(Re＝1.92×10⁶，风洞风速为 16m/s，F、G、D 状态)

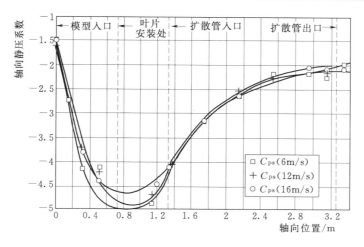

图 3-91 模型中央流路的轴向静压系数分布（风洞风速为 6m/s、12m/s、16m/s，F 状态）

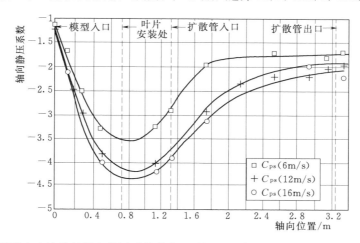

图 3-92 模型中央流路的轴向静压系数分布（风洞风速为 6m/s、12m/s、16m/s，D 状态）

出表 3-9 风洞风速在模型前（200mm）处的提高率、表 3-10 模型入口处风速与风洞风速之比、表 3-11 模型内叶片安装处（距入口 732mm）风速与风洞风速之比、表 3-12 模型前方入口处与后方出口处静压系数差和表 3-13 注入腔、抽吸腔和扩散管处的静压系数。

表 3-9　风洞风速在模型前（200mm）处提高率　　　　　　　　　　　%

状　　态	D	F	G
提高率	15.8	20.2	15.6

表 3-10　模型入口处风速与风洞风速之比

风洞风速/(m·s⁻¹)	状　　态			
	D	F	G	平均
6	1.46	1.59	1.59	1.55
12	1.47	1.53	1.59	1.53
16	1.46	1.56	1.57	1.53

表 3 - 11　模型内叶片安装处（距入口 732mm）风速与风洞风速之比

风洞风速/(m·s⁻¹)	状　态			
	D	F	G	平均
6	2.12	2.46	2.30	2.29
12	2.27	2.35	2.39	2.34
16	2.30	2.38	2.42	2.37

表 3 - 12　模型前方入口与后方出口的静压系数差

风洞风速/(m·s⁻¹)	状　态			
	D	F	G	平均
6（$Re=7.19\times10^5$）	0.67	0.45	0.58	0.57
12（$Re=1.44\times10^6$）	0.76	0.72	0.51	0.66
16（$Re=1.92\times10^6$）	0.95	0.49	0.59	0.68

表 3 - 13　注入腔、抽吸腔和扩散管处的静压系数（C_{ps}）

状态	位　置							
	注入腔	抽吸腔	扩散管					
			0（入口）	0.2L	0.4L	0.6L	0.8L	1.0L（出口）
D	0.64	−2.00	−2.81	−2.10	−1.81	−1.74	−1.67	−1.60
F	0.84	−2.20	−4.50	−3.21	−2.26	−2.47	−2.29	−2.13
G	0.80	−2.27	−4.00	−2.64	−2.24	−2.16	−2.03	−1.91

注：1. L 为扩散管轴向总长度。

　　2. 风洞风速为 6m/s，$Re=7.19\times10^5$。

从有关图表中可以看出以下事实：

a. 流速的特点。根据图 3 - 72～图 3 - 74 可以看出浓缩风能装置中央流路的流速变化规律。本期实验未加金属网，即流场中呈现的是相当于未加模拟风电机组风轮阻抗情况下的特性，将图 3 - 71～图 3 - 73 与表 3 - 9～表 3 - 11 对照比较分析可知：来流风速（风洞风速）在浓缩风能型风电机组模型前 200mm 处已经上升（D、G 状态风速提高率约为 15%，F 状态约为 20%，参见表 3 - 9）；在模型入口处的风速增至来流风速的约 1.5 倍（参见表 3 - 10）；在模型内叶片安装处的风速增至来流风速的约 2.3 倍；气流流至模型后方出口（扩散管末端），流速降到接近入口处流速，但因与从浓缩风能装置外部流过来的气流汇合，气流流动极不稳定，有一定倒流现象（扩散管边界层发生剥离），测量架颤动较厉害，测得的数据有一定波动。这里表明在模型（MCWET - 4）内叶片安装处的风速是来流风速的 2.3 倍，这一特点是浓缩风能型风电机组比普通型风电机组的启动风速低、输出功率大的理论根据。图 3 - 74～图 3 - 76 是相同风洞风速、不同状态情况下的比较，其变化趋势基本相同。

b. 图 3 - 77～图 3 - 85 是不同风速、不同状态情况下模型中央流路轴向的总压系数、静压系数和动压系数的分布。从这些图中可以看出扩散管出口处总压系数下降，说明边界层发生剥离。装上风电机组风轮后，风轮的造涡功能能够减少或消除扩散管的边界层剥离。图3-86是模型中央流路的压力系数和轴向流速分布的一例。

c. 根据图3-87～图3-92中的数据总结出模型的前后静压系数差见表3-12。从表3-12中看出D状态随着风洞风速增大（即雷诺数增大），模型前后静压系数差增大，F状态和G状态在风洞风速为12m/s时模型前后静压系数差一个增大，一个减少。模型前后静压系数差是浓缩风能型风电机组获取能量的重要参数之一，取值为0.82，是指在风电机组风轮阻抗、功率输出最大时的数值。本期实验未加相当于风电机组风轮阻抗的金属网，模型前后静压系数差在0.45以上；如果加金属网，这个数值将要增加。

d. 高压注入问题。从表3-13中可以看出：F状态时，注入腔的静压系数高于扩散管中0（入口）～1.0L（出口）（L为扩散管的轴向长度）处的静压系数，因此对扩散管进行高压注入是可行的。浓缩风能装置扩散管上的注入孔前半部分是0（入口）～0.55L，后半部分是0.55L～0.69L（L为扩散管的轴向长度）。从D状态看，在0（入口）～0.55L位置进行高压注入后，注入腔和扩散管内的静压系数发生变化，且注入腔静压系数仍高于扩散管的静压系数。从图3-87～图3-89中可以看出，采用高压注入（D状态）后扩散管的压力恢复率比F状态（无注入，无抽吸）的压力恢复率高，说明高压注入是有效果的。发电输出特性（图3-83）也表现出同样的效果，但效果不明显，可以认为，当装入风轮后，扩散管内未发生边界层分离，因此扩散管角度还可以加大，缩短轴向长度。图3-90～图3-92是相同状态、不同风速（不同雷诺数）时模型中央流路的静压系数分布。

e. 低压抽吸问题。从表3-13中可以看出：F状态时，抽吸腔的静压系数比扩散管的0.8L～1.0L（出口）处略低。因此，抽吸也能实现，但效果较小。可以认为模型与风洞断面相比较大，对风洞堵塞较大，因此使抽吸腔的真空度比自然状态小，注入腔的高压比自然状态要高。

f. 扩散管角度问题。从图3-87～图3-89中可以看出除了风洞风速在6m/s时，D、F、G状态略有不同（图3-87）外，其他都相近。发电输出特性也表明D、F、G状态输出功率相近的特点，加之实验中的观察结果都可以证明扩散管未发生边界层剥离。因此，可以将扩散管的扩散角进一步加大，缩短轴向长度，并且不使用其他动力源，利用浓缩风能装置自身流场特点进行高压注入和低压抽吸，保证高效率输出，降低装置的制造成本。

3. 第二期流体力学特性实验

为了进一步研究浓缩风能型风电机组的整体模型的流体力学特性，继1994年7月第一期发电对比实验和流体力学特性实验之后，于1995年1月12—19日赴航空航天部七○一研究所做第二期低速风洞实验。实验时当地大气压$P_0 = 10^4$Pa，大气温度$t_0 = 15$℃，空气密度$\rho_0 = 0.1250$kgf·s^2/m^4。

（1）实验内容。在第一期的流体力学特性实验的基础上，为了进一步分析研究浓缩风能装置的浓缩风能效果和优化结构，实验时在发电机的支承处安装两层金属网（规格：16目，$\phi0.295$mm）模拟发电机风轮对来流的阻力。选择这种金属网的理由是因为2枚金属网接近理论输出功率的最大值。实验内容如下：

1）d状态（注入为前半部分，无抽吸）指定为最佳注入。

2）f状态（无注入，无抽吸）。

3）g 状态（无注入，有抽吸）指定为最佳抽吸。

实验时每种状态选择了以下三种风洞风速：①6m/s；②16m/s；③24m/s。

图 3-93　风洞中的 MCWET-2
（流场测试）

浓缩风能装置流场中的测点位置图如图 3-70 所示。测试点是径向 3 个点，自中心向外依次为 1、2、3 点；从模型入口向后测点共 9 排，各排测点距模型前端面入口处分别为 0mm、1139mm、1339mm、1739mm、2139mm、2539mm、2939mm、3139mm、3339mm。第二期实验次数为 27 次。

考虑到实验模型比较大，对风洞有一定堵塞作用。为了初步研究风洞壁的影响和风洞实验与旷野自然状态的修正问题，在风洞内做了两次小模型（MCWET-2，参见图 3-5）实验。小模型实验时用角钢把小模型水平固定，风洞中的 MCWET-2（流场测试）如图 3-93 所示，使其几何中心位于实验段中央。然后在其正前方 50mm 处竖立风速管。实验内容如下：

1）发电机支承处加金属网（2 枚，规格：16 目，$\phi0.295$mm），测模型正前方 50mm 处风速和静压及模型前 2050mm 处的洞壁风速和静压。

2）发电机支承处无金属网，测模型正前方 50mm 处风速和静压及模型前 2040mm 处的洞壁风速和静压。

实验时风洞风速分别为 6m/s、12m/s、16m/s、24m/s。

（2）实验结果分析。

1）主要计算方法。雷诺数的计算公式为

$$Re=\frac{vd}{\nu} \tag{3-13}$$

式中　v——风洞风速，m/s；

　　　d——模型的特征几何尺寸（当量直径），$d=2$m；

　　　ν——空气的运动黏性系数（15℃），1.456×10^{-5}m²/s。

流速的计算公式为

$$v_j=4\times(P_{tj}-P_{sj})^{1/2} \tag{3-14}$$

式中　P_{tj}——某测点的总压，mmH₂O；

　　　P_{sj}——某测点的静压，mmH₂O；

　　　j——$j=1$ 对应中心测点，2、3 依次向外。

$$v=(v_1+v_2+v_3)/3 \tag{3-15}$$

压力系数的计算公式为

$$C_{ptj}=(P_{tj}-P_{re-t})/(\rho v_{nom}^2/2) \tag{3-16}$$

式中　C_{ptj}——某测点的总压系数；

　　　P_{tj}——某测点的总压，mmH_2O；

　　P_{re-t}——小模型实验时测得的洞壁总压，mmH_2O；

　　　　ρ——空气密度，$kgf \cdot s^2/m^4$；

　　v_{nom}——风洞风速，m/s；

　　　　j——$j=1$ 对应中心测点，2、3 依次向外。

$$C_{pt} = (C_{pt1} + C_{pt2} + C_{pt3})/3 \tag{3-17}$$

$$C_{psj} = [P_{sj} - (P_{re-b})]/(\rho v_{nom}^2/2) \tag{3-18}$$

式中　C_{psj}——某测点的静压系数；

　　　P_{sj}——某测点的静压，mmH_2O；

　　P_{re-b}——小模型实验时测得的洞壁静压，mmH_2O；

　　　　ρ——空气密度，$kgf \cdot s^2/m^4$；

　　v_{nom}——风洞风速，m/s；

　　　　j——$j=1$ 对应中心测点，2、3 依次向外。

$$C_{ps} = (C_{ps1} + C_{ps2} + C_{ps3})/3 \tag{3-19}$$

$$C_{pv} = C_{pt} - C_{ps} \tag{3-20}$$

式中　C_{pv}——动压系数。

2）实验结果分析。在压力系数计算时考虑到洞壁的影响，分别减去了小模型实验时所测得的洞壁总压和静压，因此，其流场特性相当于旷野中大自然状态的特性。模型中央流路的轴向流速分布如图 3-94～图 3-96 所示，模型中央流路的轴向压力系数分布如图 3-97～图 3-105 所示，模型中央流路的轴向静压系数分布如图 3-106～图 3-111 所示。风洞风速在模型前（200mm）下降率见表 3-14，模型入口处流速与风洞风速之比见表 3-15，模型内叶片安装处（距入口处 732mm）流速与风洞风速之比见表 3-16，模型前方入口与后方出口的静压系数差见表 3-17。模型前方入口与中部（2000mm）的静压系数差见表 3-18，注入腔、抽吸腔和扩散管处的静压系数见表 3-19，小模型（MCWET-2）流体力学特性实验数据见表 3-20。

表 3-14　风洞风速在模型前（200mm）下降率　　　　　　　　　%

状　　态	d	f	g
下降率	7.2	11.2	10.8

表 3-15　模型入口处流速与风洞风速之比

风洞风速/$(m \cdot s^{-1})$	状　　态			
	d	f	g	平均
6	0.92	0.79	1.01	0.87
16	1.00	0.94	0.96	0.95
24	1.01	0.92	0.93	0.97

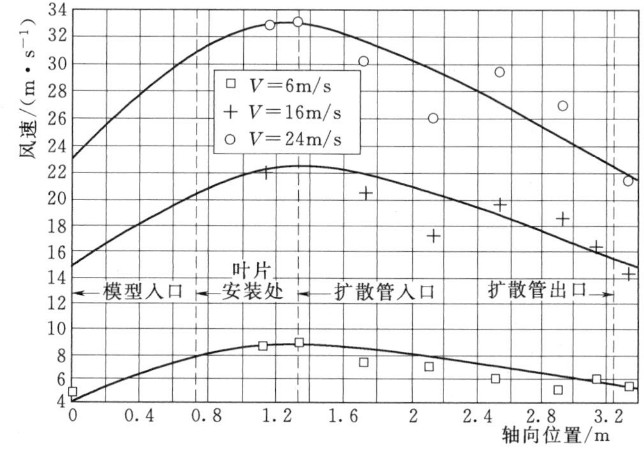

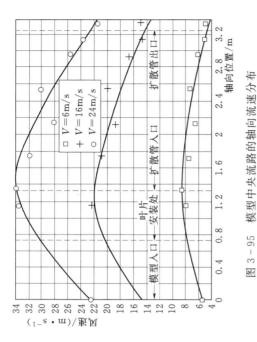

图 3 - 95　模型中央流路的轴向流速分布
（V 为风洞风速，g 状态）

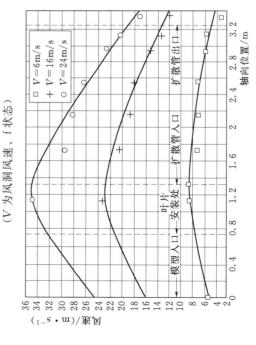

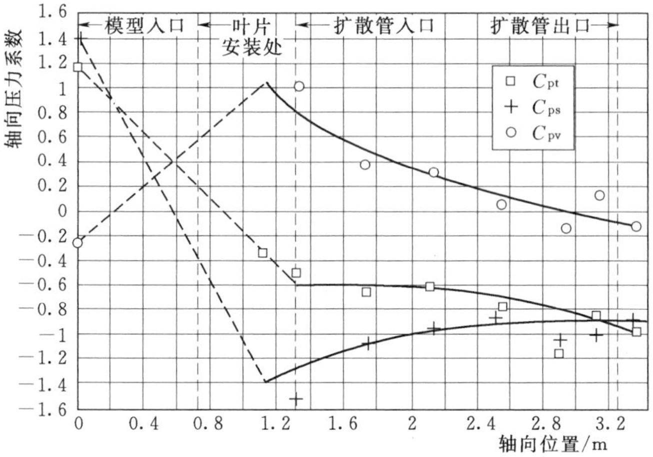

图 3 - 97　模型中央流路的轴向压力系数分布
（Re＝8.24×10⁵，风洞风速为 6m/s，f 状态）

图 3 - 94　模型中央流路的轴向流速分布
（V 为风洞风速，f 状态）

图 3 - 96　模型中央流路的轴向流速分布
（V 为风洞风速，d 状态）

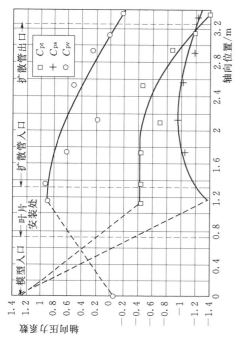

图 3-99 模型中央流路的轴向压力系数分布
($Re=3.30\times10^{6}$，风洞风速为 24m/s，f 状态）

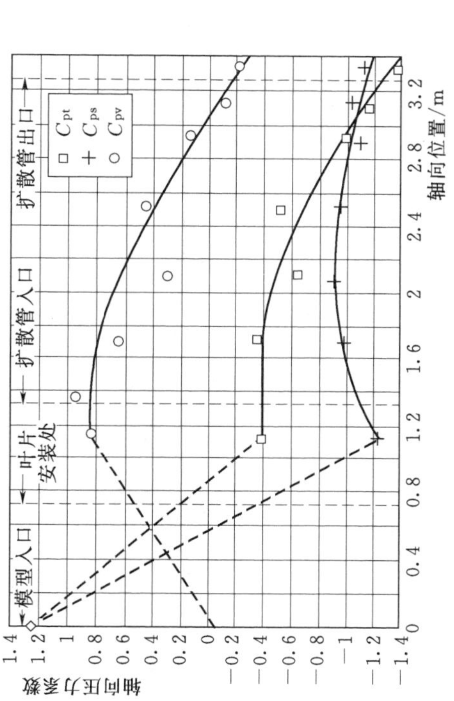

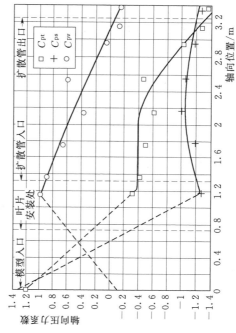

图 3-101 模型中央流路的轴向压力系数分布
($Re=2.20\times10^{6}$，风洞风速为 16m/s，g 状态）

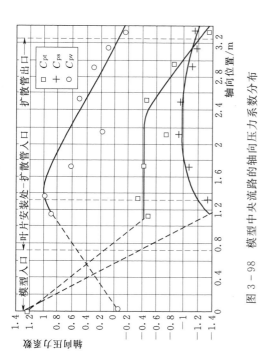

图 3-98 模型中央流路的轴向压力系数分布
($Re=2.20\times10^{6}$，风洞风速为 16m/s，f 状态）

图 3-100 模型中央流路的轴向压力系数分布
($Re=8.24\times10^{5}$，风洞风速为 6m/s，g 状态）

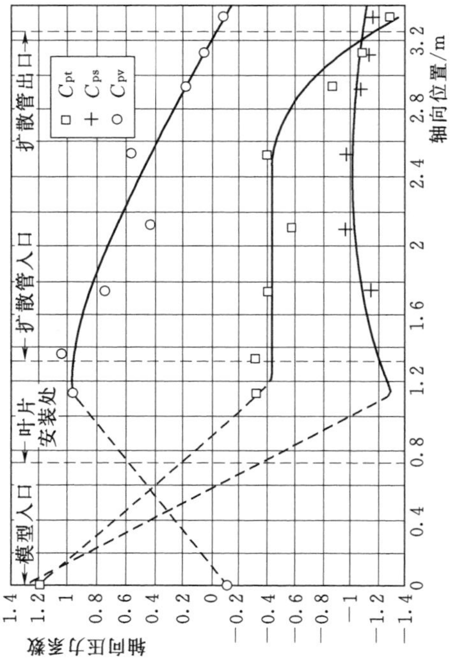

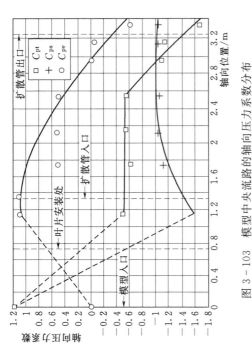

图 3－103　模型中央流路的轴向压力系数分布
（$Re=8.24\times10^5$，风洞风速为 6m/s，d 状态）

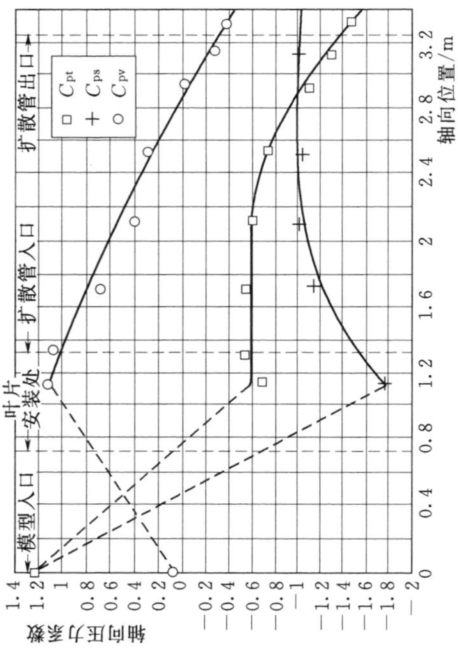

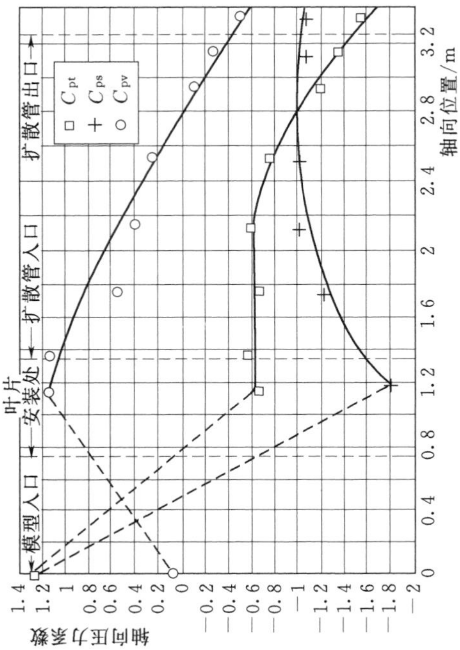

图 3－105　模型中央流路的轴向压力系数分布
（$Re=3.30\times10^6$，风洞风速为 24m/s，d 状态）

图 3－102　模型中央流路的轴向压力系数分布
（$Re=3.30\times10^6$，风洞风速为 24m/s，g 状态）

图 3－104　模型中央流路的轴向压力系数分布
（$Re=2.20\times10^6$，风洞风速为 16m/s，d 状态）

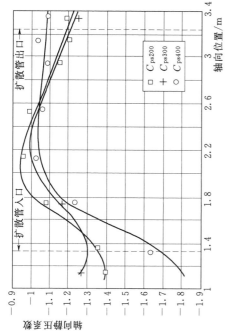

图 3 - 107　模型中央流路的轴向静压系数分布
($Re=2.20\times10^{6}$，风洞风速为 16m/s，f，g，d 状态)

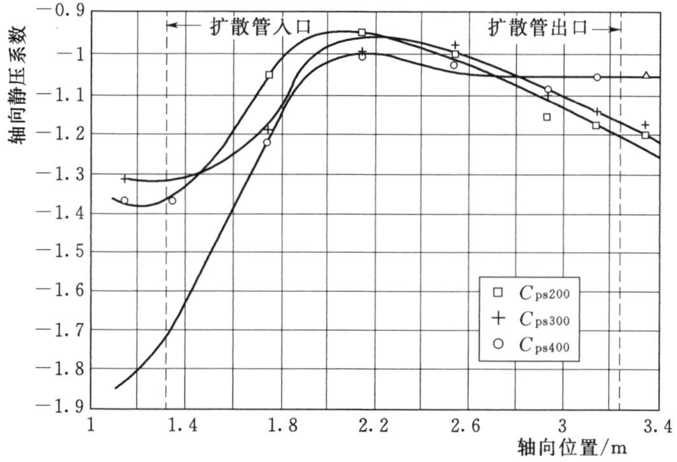

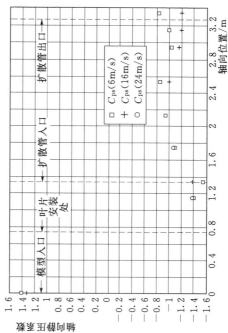

图 3 - 109　模型中央流路的轴向静压系数分布
(风洞风速为 6m/s，16m/s，24m/s，f 状态)

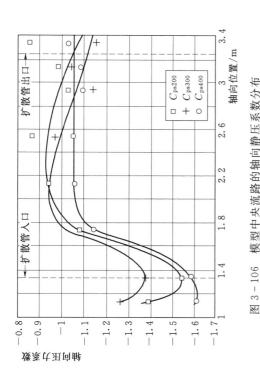

图 3 - 106　模型中央流路的轴向静压系数分布
($Re=8.24\times10^{5}$，风洞风速为 6m/s，f，g，d 状态)

图 3 - 108　模型中央流路的轴向静压系数分布
($Re=3.30\times10^{6}$，风洞风速为 24m/s，f，g，d 状态)

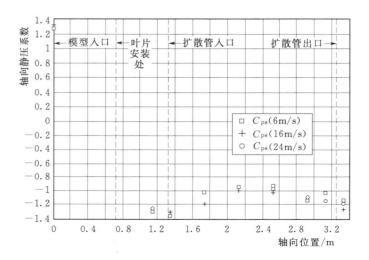

图 3-110　模型中央流路的轴向静压系数分布

（风洞风速为 6m/s、16m/s、24m/s，g 状态）

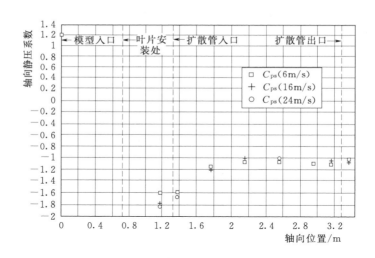

图 3-111　模型中央流路的轴向静压系数分布

（风洞风速为 6m/s、16m/s、24m/s，d 状态）

表 3-16　模型内叶片安装处（距入口 732mm）流速与风洞风速之比

风洞风速/(m·s⁻¹)	状　态			
	d	f	g	平均
6	1.22	1.25	1.21	1.23
16	1.32	1.27	1.27	1.29
24	1.35	1.29	1.26	1.30

表 3-17 模型前方入口与后方出口的静压系数差

风洞风速/(m·s⁻¹)	状 态			
	d	f	g	平均
6（$Re=8.24\times10^5$）	2.26	2.47	2.41	2.38
16（$Re=2.20\times10^6$）	2.28	2.50	2.52	2.43
24（$Re=3.30\times10^6$）	2.28	2.54	2.50	2.11

表 3-18 模型前方入口与中部（2000mm）的静压系数差

风洞风速/(m·s⁻¹)	状 态			
	d	f	g	平均
6（$Re=8.24\times10^5$）	2.25	2.36	2.23	2.28
16（$Re=2.20\times10^6$）	2.25	2.25	2.31	2.27
24（$Re=3.30\times10^6$）	2.22	2.27	2.29	2.26

表 3-19 注入腔、抽吸腔和扩散管处的静压系数

状态	位 置							
	注入腔	抽吸腔	扩散管					
			0（入口）	0.2L	0.4L	0.6L	0.8L	1.0L（出口）
d	2.02	−1.20	−1.58	−1.17	−1.05	−1.05	−1.06	−1.05
f	2.05	−0.91	−1.54	−1.07	−0.96	−0.92	−0.97	−1.05
g	2.08	−1.39	−1.38	−1.02	−0.94	−0.98	−1.05	−1.12

注：1. L 为扩散管轴向总长度。

2. 风洞风速为 6m/s，$Re=8.24\times10^5$。

表 3-20 小模型（MCWET-2）流体力学特性实验数据

无金属网				
风洞风速/(m·s⁻¹)	6	12	16	24
V_{real}/(m·s⁻¹)	4.586	9.125	11.919	18.857
V_b/(m·s⁻¹)	5.810	11.715	15.173	23.448
P_{re-c}	−0.693	−2.588	−4.139	−10.699
P_{re-b}	−1.527	−5.911	−9.655	−22.657
加金属网				
风洞风速/(m·s⁻¹)	6	12	16	24
V_{real}/(m·s⁻¹)	2.588	6.809	8.262	12.921
V_b/(m·s⁻¹)	5.618	11.642	15.593	23.611
P_{re-c}	0.167	0.385	0.582	0.677
P_{re-b}	−1.422	−5.816	−10.303	−23.731

综合分析有关图表，可以看出以下事实：

a. 流速的变化。从图 3 - 94～图 3 - 96 和表 3 - 14 中可以看出风洞风速在模型前 200mm 处下降率 f 状态是 11.2%，d 状态是 7.2%，g 状态是 10.8%。这说明模型安装金属网后（相当于风轮阻抗）风洞风速在模型前是下降的。由表 3 - 15 中可见，模型入口处流速与风洞风速之比在不同状态、不同风速的大小为 0.79～1.01。这一特点与"输出功率最大时，前方无限远处流速与模型入口处流速相等"这一结论一致，说明与两层金属网相当的风轮阻抗将使该浓缩风能型风电机组输出功率接近最大值。从表 3 - 16 中可以看出模型的叶片安装处（距入口 732mm）流速与风洞风速之比为 1.21～1.35。模型后方出口流速与前方入口流速相近或比入口处略低。

b. 压力系数的变化。从图 3 - 97～图 3 - 99 中可以看出，在扩散管中部距前方（200mm）以后，总压线下降，说明扩散管发生边界层剥离。从图 3 - 100～图 3 - 102 中可以看出，g 状态风洞风速 6m/s（$Re=8.24×10^5$）时，总压线在距前方 1700mm 处开始下降；风洞风速 16m/s（$Re=2.20×10^6$）时，总压线在距前方 2000mm 处开始下降，风洞风速 24m/s（$Re=3.30×10^6$）时，总压线在距前方 2500mm 处开始下降。这说明扩散管后部发生边界层剥离，g 状态雷诺数较大时抽吸效果较好。从图 3 - 103～图 3 - 105 中可以看出，d 状态风洞风速 6m/s（$Re=8.24×10^5$）时，总压线在距前方 2500mm 处开始下降；风洞风速 16m/s 和 24m/s 时，总压线在距前方 2100mm 处开始下降。这说明扩散管后部发生边界层剥离，雷诺数较小时注入效果较好。

c. 模型的前后静压系数差根据图 3 - 97～图 3 - 111 中的数据总结出表 3 - 17。从表 3 - 17 中可知，模型前后静压系数差在各状态各种风洞风速情况下都不小于 2.26，这个数值远远大于前述的 0.82。表 3 - 18 列出了模型入口与中部（2000mm 处）的静压系数差。

d. 高压注入和低压抽吸问题。从表 3 - 19 中可以看出风洞风速为 6m/s 时，注入腔（f 状态）的静压系数大于扩散管部分的静压系数，因此注入是可行的；但是抽吸腔的真空度基本上小于扩散管的真空度，因此抽吸有困难。从图 3 - 106～图 3 - 108 中可以看出，高压注入的压力恢复率较高。从图 3 - 109～图 3 - 111 中可以看出同种状态、不同风洞风速时静压系数变化规律基本一致。

e. 扩散管角度问题。从图 3 - 106～图 3 - 108 中可以明显地看出，扩散管内在距模型前方 2000mm 处的压力恢复率最高，然后下降，扩散管边界层出现剥离现象。因此综合第一期、第二期实验结果，可把扩散管角度加大、缩短轴向长度，再进行验证。

f. 利用小模型实验可以对发电输出功率进行初步修正。由于模型（MCWET - 1）第二期（加金属网）实验时风洞风速比小模型（加金属网）实验时的风洞风速低 3.3%，利用风能与风速的三次方成正比的关系换算旷野浓缩风能型风电机组的输出功率应为 $100×(1-3.3\%)^3=90.42$（W），比风洞实验时低 10%。这个换算需要在实际运行中进一步验证。

4. 结论

（1）流速的变化。第一期实验时（未加金属网）模型入口处的流速是风洞风速的 1.5 倍，模型内叶片安装处的流速是风洞风速的 2.3 倍。这就是浓缩风能型风电机组的主要特点，由于风被增速，所以此发电机才能够做到启动风速低，单机输出功率大。第二期实验时（加金属网）模型入口处的流速与风洞风速之比接近于1，证明了该种规格（16目，ϕ0.295mm）、枚数（2枚）组成的金属网组所相当的阻力，接近该风电机组功率输出的最大值。

（2）模型前后的静压系数差。第二期实验时（加金属网）所测得的模型前后静压系数差在2.2以上，约是以前研究结果（模型前后静压系数差为0.82）的2.5倍。模型入口与模型中部（距入口2000mm处）的静压系数差也在2.2以上。

（3）高压注入是有效果的。

（4）低压抽吸效果不明显，可认为其原因是模型较大，抽吸腔真空度受风洞壁的影响。

（5）扩散管角度还可以加大，缩短轴向长度，初步可以认为模型轴向长度在2000mm左右，以节约材料，降低制造成本。

（6）根据发电对比实验结果可知，扩散管出口与入口面积比值减小后功率下降（现为2.849∶1）。

（7）利用小模型风洞实验对相对旷野自然状态输出功率风洞实验进行初步修正。旷野中浓缩风能型风电机组模型前方无限远处风速比风洞风速低3.3%，功率低10%。

3.2.2 600W 浓缩风能型风电机组风轮风洞实验

针对浓缩风能型风电机组的流场特性，利用流体力学、空气动力学、相似理论、风轮优化设计理论设计一种叶根弦长小、叶尖弦长大的变截面 NKYG-6 型风轮，并在中国航天部七○一研究所进行风洞实验，实验结果证明该新型风轮直径小、低风速输出功率大、噪音低，是浓缩风能型风电机组优选风轮。

3.2.2.1 浓缩风能型风电机组的流场特性

气流经过浓缩风能装置的浓缩、整流、均匀化后推动风轮旋转发电，有效地克服了自然风风能密度低和风场不稳定的弱点，实现了将稀薄风能浓缩后加以利用的目的，提高了风电机组的效率和可靠性。

对于浓缩风能装置轴向流场的分布，前期对该装置流场进行风洞实验，实验中未安装风轮及发电机部件，对装置中的12个位置进行流速的测试，浓缩风能装置流场测试图如图3-71所示，浓缩风能装置轴向流速分布图如图3-112所示。

由图3-112可知，当风洞风速为12m/s时，气流流过浓缩风能装置的收缩管，收缩管入口处的直径大于出口处的直径，伯努利定理指出在流体的无黏无热传导定常流动中，单位质量流体的总能量沿同一条流线保持不变，即 $\rho v \delta A =$ 常数，所以流经中央圆筒的流速增大；而中央圆筒的直径在轴向上处处相同，气流在中央圆筒得到均匀化，气流在轴向位置上从模型入口处流速逐渐增大，在1.139m处的风速达到最大，并且流速变化差值不大；从1.139m到模型出口处的风速由于扩散管直径沿轴向增大而逐渐减小。经多项式拟合，中央流路的轴向流速分布如图3-113所示，通过对流场流速分布随轴向位置的变化特性分析，得出浓缩风能型风电机组轴向的流场特性如下：

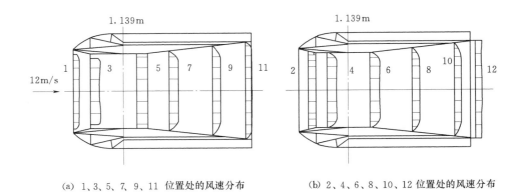

（a）1、3、5、7、9、11 位置处的风速分布　　　　（b）2、4、6、8、10、12 位置处的风速分布

图 3 - 112　浓缩风能装置轴向流速分布图

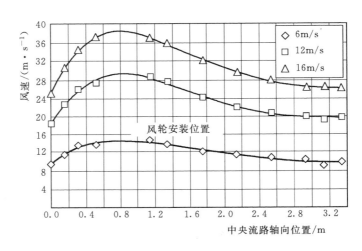

图 3 - 113　中央流路的轴向流速分布

（1）在中央流路的一定位置上，流体力学特性中的静压系数及轴向流速分布存在最大值。该位置是安装风轮的最恰当的位置，经测试风轮安装处的风速为风洞前方来流风速的 2.26 倍。但由于风洞实验时风洞洞壁的堵塞效应，轴向流速比实际流速大，所以在实际运行中，风轮安装处的风速与风洞前方来流风速的比例小于 2.26 倍。

（2）由于风轮处风速的增大，在风轮直径相同的条件下，浓缩风能型风电机组输出功率要比普通型风电机组输出功率大。浓缩风能型风电机组能实现低风速启动，使发电风速范围增大，进一步提高了风能综合利用系数。

（3）与普通型风电机组相比，在相同功率下，自然风通过浓缩风能装置被整流和加速，使不稳定的自然风均匀化，空气介质品质提高，减少风轮冲击载荷破坏，延长了风轮使用寿命。

（4）由于浓缩风能型风电机组风轮直径小、半圆形叶尖的风轮工作时气流扰动小以及浓缩风能装置的减噪作用，所以浓缩风能型风电机组噪音小。

（5）在相同功率的条件下，浓缩风能型风电机组风轮直径小，成本降低。根据对浓缩风能装置流场特性分析可知，在浓缩风能装置入口与出口处存在压差作用，与水轮机流场相似，但在 1 标准大气压、15℃ 下，海水（淡水）密度是空气密度的 836（816）倍，因此参考水轮机风轮设计，运用空气动力学理论设计风轮，使其适合于浓缩风能装置流场。

3.2.2.2　600W 浓缩风能型风电机组风轮设计种类

600W 浓缩风能型风电机组风轮设计种类见表 3 - 21。

表 3 - 21　600W 浓缩风能型风电机组风轮设计种类

叶数（枚）	种类	叶尖形状	翼　　型
3	NBI - 3	摆线形	NACA63 - 215
	NBY - 3	半圆形	NACA63 - 215
	NKYE - 3	半圆形	NACA63 系列 215，212，210，208
	NKYF - 3	半圆形	NACA63 系列 215，212，209，207
	NKYG - 3	半圆形	NACA63 系列 215，212，209，206
	NBPH - 3	抛物线形	NACA63 - 215
	NBPh - 3	抛物线形	NACA63 - 215
	NBYA - 3	半圆形	NACA63 - 215
	NBYa - 3	半圆形	NACA63 - 215
6	NDY - 6	半圆形	NACA63 - 218
	NKYE - 6	半圆形	NACA63 系列 215，212，210，208
	NKYG - 6	半圆形	NACA63 系列 215，212，209，207

注：B—变截面，叶根弦长大，叶尖弦长小；K—变截面，叶根弦长小，叶尖弦长大；I—叶尖为摆线形；Y—叶尖为半圆形；P—叶尖为抛物线形；H—抛物线拱形低；h—抛物线拱形高；A—轴向因子增大；a—轴向因子减小；E—叶根弦长是叶尖弦长的 1.1 倍；F—叶根弦长是叶尖弦长的 1.2 倍；G—叶根弦长是叶尖弦长的 1.3 倍。

3.2.2.3　600W 浓缩风能型风电机组风轮的材料及模型加工制造

1. 风轮的材料

风轮所用材料由内蒙古动力机械厂生产，所设计的叶片材料采用外层包玻璃钢和环氧树脂的实心木制叶片。木材选用樟松，樟松质地坚硬，许用应力比较大。叶片外层所用的玻璃钢加环氧树脂具有抗腐蚀、耐酸、耐碱特性；同时具有动力特性优异、抗疲劳强度高、缺口敏感性低、抗震性好、外层容易修补等优点，这大大改善了纯木制叶片的性能。

2. 模型加工制造

600W 浓缩风能型风电机组风轮设计完成后，需要进行风洞实验测试，由于实验装置的限制以及大风轮性能测试的经济性差，所以需要制作实验模型。模型设计制造与其实物应满足相似准则。

3.2.2.4　发电机实验台实验

在风洞实验之前，需在发电机实验台上按照国家标准 GB 10760.1—1989 第 6.9 条和第 6.11 条的规定进行发电输出特性实验。在实验中，按照 GB 10760.1—1989 所规定的测点，即在 65%、70%、80%、90%、100%、110%、120%、135%、150% 的额定转速下，保持额定电压 56V 的情况下，测试发电机的转速、转矩、输出电流，从而可获得发电机转速、输出功率与发电机效率。实验流程如图 3 - 114 所示。

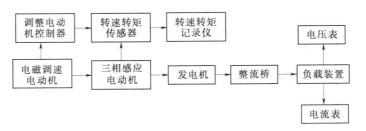

图 3 - 114　实验台上发电机输出特性实验流程图

输出特性曲线如图 3 - 115 所示。

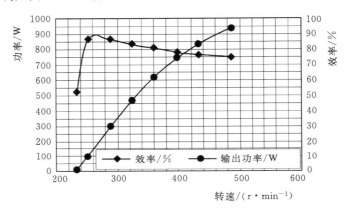

图 3 - 115　实验台上发电机输出特性曲线图

3.2.2.5　实验模型

实验用浓缩装置部件主要是浓缩风能装置模型、600W 发电机、风轮、三脚架等。浓缩风能型风电机组的整体模型（CWET - 6）如图 3 - 116 所示。

3.2.2.6　风洞实验路线

将浓缩风能型风电机组置于风洞试验段内，使其正对来流方向，在模型前 1500mm 处设一皮托管，测量模型前方来流的风速。将风轮与 600W 发电机置于浓缩风能装置内，其输出端按照 GB 10760.1—1989 的规定与桥式整流器、滑线变阻器相连接。以发电机实验台实验为基础，当风洞风速变化时，在国标规定的几个测点下，调节滑线变阻器的阻值，对照发电机实验台实验的输出特性；保持发电机的输出电压 56V，记录风洞风速、输出端的电流。进而确定风洞风速与输出功率的关系。浓缩风能型风电机组输出特性实验流程图如图 3 - 117 所示。

3.2.2.7　测试风轮输出特性顺序

主要测取 12 种不同风轮在不同风速下对应的输出特性。由于设计了两种轮毂：一种适用于六叶片，一种适用于三叶片；而 12 种风轮又分为三叶片和六叶片两种。所以需进行测试，顺序为：NBI - 3→NBY - 3→NDY - 6→NBYA - 3→NBYa - 3→NKYE - 6→NKYE - 3→NKYF - 3→NKYG - 6→NKYG - 3→NGYH - 3→NGPh - 3。

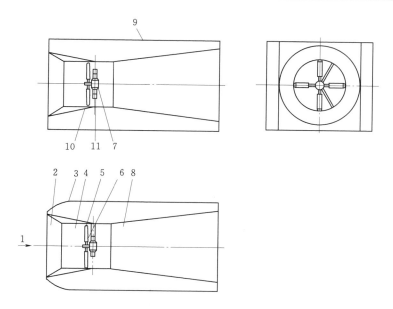

图 3-116　浓缩风能型风电机组的整体模型 （CWET-6）
1—右侧外壁；2—收缩管；3—侧圆弧板；4—中央圆筒；5—叶片；6—轮毂；7—发电机；
8—扩散管；9—上侧外壁；10—支承筒；11—发电机支承

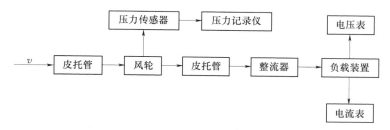

图 3-117　浓缩风能型风电机组输出特性实验流程图

3.2.2.8　风洞实验数据

实验时间：2000 年 9 月 11 日 （表 3-22、表 3-23）、9 月 12 日 （表 3-24、表 3-25）。

实验条件：表 3-22、表 3-23 中，当地大气压为 1.009×10^5 Pa，大气温度为 26.8℃；

表 3-24、表 3-25 中，当地大气压为 1.014×10^5 Pa，大气温度为 25℃。

表 3-22　当地大气压 1.009×10^5 Pa、大气温度 26.8℃的实验数据 （一）

NBI-3		NBY-3		NDY-6	
风洞风速 /(m·s^{-1})	输出功率 /W	风洞风速 /(m·s^{-1})	输出功率 /W	风洞风速 /(m·s^{-1})	输出功率 /W
4.385	8.40	3.302	17.36	3.432	26.88
8.792	69.44	6.770	89.04	6.326	61.04
13.929	201.04	10.051	198.80	8.984	129.36

续表

NBI - 3		NBY - 3		NDY - 6	
风洞风速/(m·s⁻¹)	输出功率/W	风洞风速/(m·s⁻¹)	输出功率/W	风洞风速/(m·s⁻¹)	输出功率/W
18.425	382.48	13.898	402.64	10.807	180.32
20.665	473.20	15.139	481.60	14.128	304.08
21.657	575.68	16.413	602.56	15.700	409.36
23.001	665.68	16.588	673.12	17.355	518.00
23.464	731.92	17.018	795.76	18.213	602.00
23.651	776.72			18.850	649.60

表 3 - 23　当地大气压 1.009×10^5 Pa、大气温度 26.8℃ 的实验数据（二）

NBYA - 3		NBYa - 3		NKYE - 6	
风洞风速/(m·s⁻¹)	输出功率/W	风洞风速/(m·s⁻¹)	输出功率/W	风洞风速/(m·s⁻¹)	输出功率/W
4.806	48.72	3.498	30.80	3.496	35.84
6.926	115.36	5.879	64.96	6.165	119.28
8.370	144.48	9.371	162.96	7.267	161.84
10.265	225.68	12.536	319.20	9.475	263.20
12.324	325.36	14.807	461.44	10.446	338.24
13.892	450.80	16.897	619.36	11.710	468.16
14.904	526.40	17.570	696.64	13.001	607.04
15.791	627.76	16.069	548.24	13.117	638.40
16.593	744.80				

表 3 - 24　当地大气压 1.014×10^5 Pa、大气温度 25℃ 的实验数据（一）

NKYE - 3		NKYF - 3		NKYG - 6	
风洞风速/(m·s⁻¹)	输出功率/W	风洞风速/(m·s⁻¹)	输出功率/W	风洞风速/(m·s⁻¹)	输出功率/W
4.258	43.12	4.357	42.56	4.298	62.72
6.562	108.64	6.560	117.04	5.770	113.68
8.610	170.24	8.147	164.08	7.604	187.60
11.180	290.08	9.751	244.16	8.947	259.84
12.697	402.08	11.476	338.80	10.035	315.28
13.810	496.16	13.319	481.60	11.214	421.68
14.808	607.60	14.646	646.80	12.367	554.96
15.045	631.12	15.094	684.88	13.074	655.76
				13.118	675.92

表 3-25 当地大气压 1.014×10⁵ Pa、大气温度 25℃ 的实验数据 (二)

NYKG-3		NBPH-3		NBPh-3	
风洞风速/(m·s⁻¹)	输出功率/W	风洞风速/(m·s⁻¹)	输出功率/W	风洞风速/(m·s⁻¹)	输出功率/W
4.299	48.16	4.120	30.80	4.855	54.32
5.089	82.32	6.030	76.72	7.301	97.44
6.902	134.40	8.180	131.60	10.378	198.24
8.312	185.92	10.863	231.84	12.811	311.36
10.164	287.28	13.613	388.64	14.549	407.68
11.774	375.76	15.988	561.12	16.012	522.48
13.045	500.08	16.706	653.52	17.072	657.44
13.605	757.12	17.191	766.16	17.487	702.24
14.402	623.84				
14.475	720.72				

3.2.2.9 风洞实验结果分析

1. 工作特性分析

实验中的 12 种风轮主要是针对浓缩风能装置流场的特点以提高风轮在低风速下功率输出，进而提高风轮的风能利用系数为目的而设计的。12 种风轮的工作特性参数对比见表 3-26，通过对这 12 种风轮进行风洞实验，由表 3-26 可知，风轮在功率达到额定功率 600W 时，NKYG-6 新型风轮对应的额定风速最小，实度最大，也就是在低风速下 NKYG-6 风轮较其他风轮启动风速低，风能利用系数大，由此可得出 NKYG-6 风轮是浓缩风能型风电机组优选风轮的结论。

表 3-26 12 种风轮的工作特性参数对比

叶数（枚）	种类	额定功率/W	额定风速/(m·s⁻¹)	实度	风能利用系数/%
3	NBI-3	600	22	24.8%	4.13
	NBY-3	600	16.58	27.3%	9.65
	NKYE-3	600	14.72	28.7%	13.79
	NKYF-3	600	14.52	37.3%	14.37
	NKYG-3	600	13.74	39.0%	17.00
	NBPH-3	600	16.35	20.7%	10.06
	NBPh-3	600	16.70	23.1%	9.44
	NBYA-3	600	15.54	24.1%	11.72
	NBYa-3	600	16.64	27.3%	9.5
6	NDY-6	600	18.06	31.4%	7.45
	NKYE-6	600	12.43	39.7%	22.90
	NKYG-6	600	12.32	46.7%	13.52

2. 实验结果对比分析

根据 12 种风轮风洞实验测试结果，做出 NDY－6 和 NKYG－6 型风轮的发电输出特性对比，如图 3－118 所示。

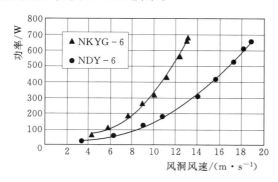

图 3－118　NDY－6 和 NKYG－6 型风轮的发电输出特性对比

可做如下对比分析：

NDY－6 和 NKYG－6 是叶根弦长相同的等截面和叶根弦长小、叶尖弦长大的变截面的两种叶形，这两种叶形在沿展向分布不同截面处的叶片安装角相同。NDY－6 型风轮是第一期工程优选出的最佳叶片。如图 3－118 所示，NDY－6 型风轮在功率达到额定功率 600W 时，对应的额定风速为 18m/s，NKYG－6 型风轮在功率达到额定功率 600W 时，对应的额定风速为 12.6m/s，并且在整个风速范围内，NKYG－6 型风轮比 NDY－6 型风轮的发电输出特性高。因此，叶根弦长小、叶尖弦长大的变截面风轮 NKYG－6 是适合于浓缩风能装置流场的最佳叶型。根据风电机组设计的有关理论，采用该新型风轮的浓缩风能型风电机组与 600W 普通型风电机组（风轮直径为 2.7m，额定风速为 12m/s）相比得出：浓缩风能型风电机组在相同风速下的输出功率是普通型风电机组输出功率的 2.7 倍。

为了进一步研究叶根弦长小、叶尖弦长大的变截面风轮，设计了 NKYE－3、NKYF－3、NKYG－3 三种风轮，这三种风轮相同之处是沿展向分布不同截面处的安装角相同，叶根弦长相等；不同点是叶尖与叶根弦长比例分别为 1.1 倍、1.2 倍、1.3 倍。叶片数为 3 枚的新型风轮发电输出特性对比如图 3－119 所示。由图 3－119 可知，在一定风速下，三种风轮相应的发电输出特性为 NKYG－3＞NKYF－3＞NKYE－3。可见：对于叶根弦长小、叶尖弦长大的变截面叶形，叶尖弦长与叶根弦长比值越大越好，但极限值应为多少，还有待于进一步的研究。

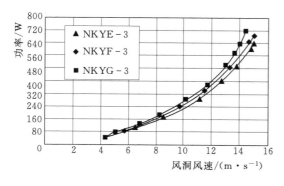

图 3－119　叶片数为 3 枚的新型风轮的发电输出特性对比

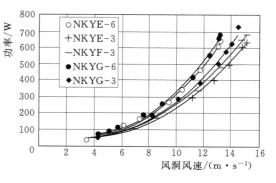

图 3－120　叶片数不同的新型风轮发电输出特性对比

叶片数不同的新型风轮发电输出特性对比如图 3－120 所示。对于叶根弦长小、叶尖弦长大的变截面风轮，叶片数为6枚比叶片数为3枚的发电输出特性好。综合国内外对叶片数研究的有关资料可知：大、中型风电机组叶片数一般设计成2～3枚，小型风电机组叶片数一般设计为4～6枚。对浓缩风能型风电机组风轮叶片数的风洞实验研究得出：浓缩风能型风电机组适合叶片数为6枚的风轮。从实度的角度来看，6枚风轮的实度大于3枚风轮的实度，并且随着叶尖弦长与叶根弦长的比例逐渐增大，对应的实度也逐渐增大，相应的输出功率特性也较好。如NKYG－6的实度为4.67%，在风速为13m/s时，对应的发电输出功率为660W；NKYE－6的实度为39.7%，在同样风速下对应的发电输出功率为600W。经风洞实验证明：在浓缩风能装置中，对于叶根弦长小、叶尖弦长大的变截面风轮，在低风速范围内实度越大，其输出功率也相应越大。所以，浓缩风能装置适合实度较大的叶根弦长小、叶尖弦长大的变截面风轮。

由于浓缩风能装置流场与自然流场不一样，其流动具有强迫流动的特点，因此为了了解风轮在旋转工作时对浓缩风能装置流场的影响情况，设计了轴向因子增大、轴向因子减小、轴向因子不变的三种风轮进行比较。轴向因子变化的风轮发电输出特性对比如图3－121所示。在浓缩风能装置中，轴向因子大的NBYA－3风轮其输出功率比用Gaulert风轮设计的NBY－3风轮输出功率大，而轴向因子小的NBYa－3风轮其输出功率最小。可见浓缩风能装置的轴向因子比自然流场中的轴向因子大。所以，在浓缩风能型风电机组风轮的设计中，需对设计的轴向因子进行修正。经理论证明：风电机组轴向因子一般不会超过0.5。

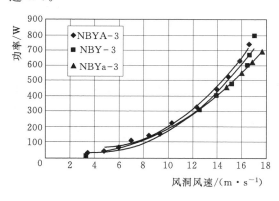 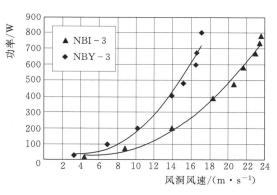

图3－121　轴向因子变化的风轮的　　　　图3－122　叶尖形状不同的风轮发电
　　　　　　发电输出特性对比　　　　　　　　　　　　输出特性对比

在第一期工程风洞实验中，已得出叶尖设计成半圆形比叶尖设计成摆线形的风轮输出特性好。在本实验中（图3－122和图3－123）进一步验证了这个结论的正确性，叶尖形状不同的风轮发电输出特性对比如图3－122所示。NBY－3风轮在功率达到600W时相应的风速为16.3m/s，NBI－3风轮在功率达到600W时，所需的风速为22m/s，在低风速范围内，NBY－3风轮的发电输出特性远远优于NBI－3发电输出特性。

为了对叶尖作进一步的研究，设计了抛物线形风轮，经风洞实验测试结果表明：叶尖设计成半圆形为优选，并且半圆形叶片可以达到降低噪声的目的。

3.2.2.10　风洞实验测试结果的运用

风洞实验测试结果得出NKYG－6风轮为适合于浓缩风能型风电机组的最优风轮。该

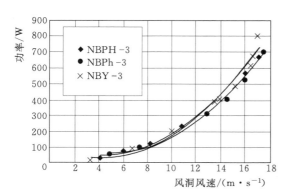

图 3-123　不同叶尖形状的风轮对比

新型风轮已经投入实践运行，运行结果显示 600W 浓缩风能型风电机组达到额定转速 352r/min 时，输出功率为 794.08W，相应的自然风速为 9.42m/s。采用风能利用系数的计算公式可得 600W 浓缩风能型风电机组风轮的综合风能利用系数为 0.598，比 200W 浓缩风能型风电机组的综合风能利用系数 0.520 提高了 15%。

3.2.2.11　浓缩风能型风电机组风轮设计理论的建立

经过三次风洞实验、四次车载实验可以证明：浓缩风能装置的流场不同于自然流场，它将自然风浓缩、整流、均匀化后推动风轮旋转发电。以往风轮在自然风场中，由于风场不稳定、风能密度低，风轮不能稳定发电，并且不稳定的风场导致风轮振动，使用寿命缩短。将风轮置入浓缩风能装置中，经过风轮的流场稳定、均匀、风能密度高，在低风速下可以旋转发电，所以浓缩风能型风电机组风轮设计理论具有独特性。

1. 风轮设计基本参数的修正

经过风洞实验，对设计的风轮进行优化选择及从风轮形状上进行优化设计，综合国内外风轮设计的基本方法，针对浓缩风能型风电机组浓缩风能装置的流场特点，选择了适合浓缩风能装置流场的风轮设计理论——Glanert 风轮设计方法。尽管浓缩风能装置流场基本上符合 Glauert 风轮设计方法，但用 Glauert 风轮设计方法设计的风轮不完全适合浓缩风能装置的流场，基于浓缩风能型风电机组风轮风洞实验进行优选、归纳总结出适合于浓缩风能型风电机组风轮设计的理论体系。该风轮设计理论体系是在 Glauert 风轮设计方法基础上，以风洞实验结果为依据初步建立起来的理论。

（1）风轮直径的修正。对于普通型风电机组风轮直径计算公式为

$$D=\sqrt{\frac{8P}{C_{\mathrm{p}}\rho v_1^3 \pi \eta}} \qquad (3-21)$$

通过对比若干组大、中、小型风电机组风轮直径与功率的关系得出：由式（3-21）计算出的风轮直径比实际上一定功率所需要的风轮直径偏小。小型风电机组达到额定功率的实际风轮直径比同功率下设计风轮直径大 0.234 倍；大、中型风电机组实际风轮直径比设计直径大 0.191 倍。因此，引入参数 K_1 为

$$D=(1+K_1)\sqrt{\frac{8P}{C_{\mathrm{p}}\rho v_1^3 \pi \eta}} \qquad (3-22)$$

式中　K_1——大、中、小型风电机组实际风轮直径与设计风轮直径差的比。

浓缩风能装置流场的风洞实验测试结果说明：由于其风轮安装处流速是风洞风速的 2.26 倍，对不同形状浓缩风能装置其比例不同。在此引入参数 K_2 为

$$D=(1+K_1)\sqrt{\frac{8P}{\pi \rho C_{\mathrm{p}} \eta v_1^3 K_2}} \qquad (3-23)$$

式中 K_2——与浓缩风能装置流场有关的因素。

（2）叶梢损失的影响。叶梢损失是由于风轮在旋转发电时，采用 Gaulert 风轮设计方法设计出的叶片上下面沿展向方向上存在压差而引起的绕流使风轮功率快速下降，因此，需要对 Gaulert 风轮设计方法进行修正。由于叶梢部分对风轮输出功率的影响很小，可忽略不计，因此，在风轮的理论设计中可不考虑叶梢损失对功率的影响。

（3）轴向诱导因子的修正。理论上，风轮在浓缩风能装置中旋转时，风轮前后流场变化与自然流场不一样。在浓缩风能装置中，由于自然风对浓缩风能装置的绕流作用，使风轮后方的压强减小，浓缩风能装置后方的气流流入装置流速比较大，因此轴向因子应比自然流场的轴向因子大。通过风洞实验证明：轴向因子增大的风轮比一般设计风轮及轴向因子减小的风轮的输出功率大。因此，对浓缩风能装置流场，需对一般的轴向诱导因子修正，即

$$a_1 = a(1 + K_3)$$

式中 K_3——轴向诱导因子修正系数；

$\quad\quad a_1$——轴向诱导因子，风轮设计理论表明，一般 $a_1 < 0.5$。

2. 浓缩风能型风电机组风轮设计理论的建立

根据风洞实验结果分析，通过对上述因素的修正，初步建立浓缩风能型风电机组风轮设计理论，该理论分为如下步骤：

（1）直径的计算

$$D = (1 + K_1)\sqrt{\frac{8P}{\pi\rho C_p \eta v_1^3 K_2}} \tag{3-24}$$

（2）运用 Gaulert 环动量风轮设计方法初步设计风轮参数：叶尖速比、气相角、攻角、安装角、轴向因子、周向因子、弦长等参数。

（3）对轴向因子、周向因子的修正

$$a_1 = a(1 + K_3) \tag{3-25}$$

$$a_{1'} = \sqrt{1 + \frac{1 - a_1^2}{\lambda^2}} \tag{3-26}$$

（4）浓缩风能型风电机组风轮参数的设计。将修正后的因子重新代入 Faulert 环动量风轮设计公式中进行重新设计，即

$$C_p = \lambda^2(1 + a_1)(a_{1'} - 1) \tag{3-27}$$

$$\lambda_{e1} = \lambda\,\frac{1 + a_{1'}}{1 + a_1} \tag{3-28}$$

$$C1 = \frac{8\pi r(1 - a_1)}{bC_L(1 + a_1)\lambda_{e1}\sqrt{\lambda_{e1}^2 + 1}} \tag{3-29}$$

$$I_1 = \arctan\frac{1}{\lambda_{e1}} \tag{3-30}$$

$$\beta_1 = I_1 - i \tag{3-31}$$

字母后标记数字 1 的为浓缩风能型风电机组风轮设计公式变量。

3.2.3　风切变下浓缩风能型风电机组浓缩装置的流场风洞实验

3.2.3.1　风洞简介

风洞实验采用内蒙古农业大学研制的可移动式野外 OFDY－1.2 型风蚀风洞，如图 3－124 所示，属于直流式吹气式风洞，由风机段、整流段（包括开孔板、蜂窝器和阻尼网）、收缩段和试验段组成。风洞长 7.2m，矩形截面宽 1.0m、高 1.2m，收缩比 1.7，风洞鼓风机功率 30kW。可移动式风蚀风洞空气动力学特性性能设计指标为：气流稳定性 $\eta \leqslant 3\%$；气流速度均匀性 $\sigma_u \leqslant 1\%$；试验段的轴向静压梯度不大于 0.005；风洞能量比达到 0.15。

图 3－124　OFDY－1.2 型风蚀风洞图

3.2.3.2　实验仪器

实验采用的测试仪器有皮托管、气压计、温湿度计、多通道压力计和数据采集系统及其软件；配备测试采集数据软件及电脑。

3.2.3.3　风洞流场的测试

1. 风洞流场测试测点布置

实验前对风洞进行调试和测试，为寻找稳定而适合的流场，测定了多个流场截面，测试截面选取距实验段入口 2700mm 的截面、3600mm 的截面、4800mm 的截面，风洞工作测试截面示意如图 3－125 所示，在其中标记 A、B、C 截面。每个截面测点布置如图 3－126 所示。

测试时选择 10m/s 的标称风速，该风速是指工作段入口附近截面中心的风速。通过调节风洞电机变频调速器频率，使鼓风机获得不同转速，达到所需试验风速。在风洞实验测试中，实验风速的大小、测试截面位置、测点选择均与上述相同。

图 3－126 中 a、b、c、d、e 测点相距 100mm，截面各测点的测量采用 6 根 $\phi 6 \times 600$ 型皮托管、多通道压力计、数据采集系统和计算机组成的自动化测试系统进行。测试操作时，使皮托管探头安装在可以移动的支架上，探头对准气流方向，即与风洞工作段轴线平

行，其偏角不得大于±3°，以保证测试结果的测试精度。

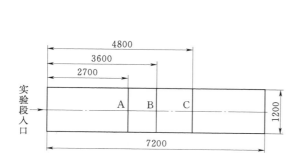

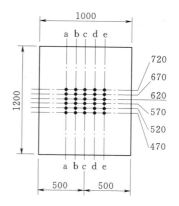

图 3-125　风洞工作测试截面示意图（单位：mm）

图 3-126　风洞试验段测试
截面测点布置示意图（单位：mm）

测试时，在试验风速下，测点的测量顺序为 a、b、c、d、e。对于每一个测点，在实验风速状况下，用 5min 内测试采集风速瞬时值的算术平均值代表测点的风速值。空气动力学各特征参数测试数据的获取与此相同。

测试时的密度为

$$\rho_{(p,t)} = \frac{T_a P}{T P_a} \rho_a$$

式中　ρ_a——1个标准大气压下的空气密度，$\rho_a = 1.293 \text{kg/m}^3$；

　　　P_a——标准大气压力，$P_a = 101325 \text{Pa}$；

　　　T_a——标准状态下的温度，$T_a = 273 \text{K}$；

　　　$\rho_{(p,t)}$——现场一定压力温度下的气流流体密度，kg/m^3；

　　　P——现场实测气压，Pa；

　　　T——现场实测温度，K。

2. 风洞内气流速度均匀性测试

实验用风洞属于大气边界层风洞，采用底板边界层来模拟大气边界层，在空洞的条件下，风洞试验工作段截面上的气流分布均匀与否体现了风洞实验的可信度。速度的均匀性是指气流在风洞内的分布情况，一般用测点的气流速度与测区内各测点气流平均速度相对偏差的均方根值表示。在风蚀风洞中速度均匀性是指风洞实验段任何横截面上任何一点的气流速度与该截面气流平均速度相对偏差的均方根值，即

$$\sigma = \frac{\sqrt{\sum_{i=1}^{n} \left(\frac{u_i - u}{\bar{u}} \right)^2}}{n-1} \qquad (3-32)$$

式中　σ——气流速度均匀性；

　　　u_i——各测点流速（$i = 1, 2, 3, \cdots, n$），m/s；

$\overline{u}$——截面气流平均流速，$\overline{u} = \dfrac{1}{n}\displaystyle\sum_{i=1}^{n} u_i$，m/s；

n——测量范围内测点数。

测量测试截面选取图 3-127～图 3-129 所示的 A、B、C 三个截面，各截面进行流速测量时选择 6 种高度进行测量，位置为距底板 420mm、470mm、520mm、570mm、620mm、670mm。试验风速取 10m/s。

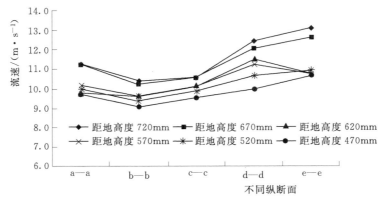

图 3-127　风洞截面 A 风速分布

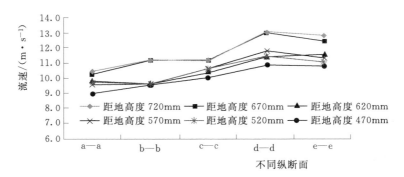

图 3-128　风洞截面 B 风速分布

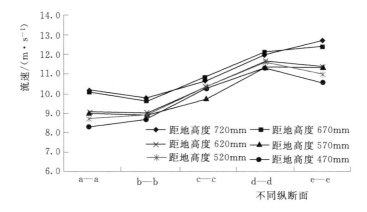

图 3-129　风洞截面 C 风速分布

首先进行断面 A 流场测试,断面 A 测试时温度压力情况见表 3-27。

表 3-27 断面 A 测试时温度压力情况

断面	a—a	b—b	c—c	d—d	e—e
温度/℃	1	0.5	0	−1	−1
大气压力/hPa	898	899	900	900	901

断面 A 各测点风速测量值与风速横向均匀性结果见表 3-28。

表 3-28 断面 A 各测点风速测量值与风速横向均匀性结果

高度/mm	流速/(m·s⁻¹)					流速横向均匀性/%
	a—a	b—b	c—c	d—d	e—e	
720	11.314	10.413	10.579	12.420	13.107	0.115
670	11.274	10.217	10.567	12.088	12.669	0.104
620	9.747	9.675	10.186	11.541	10.802	0.076
570	10.164	9.625	10.145	11.274	10.897	0.071
520	10.015	9.410	9.853	10.687	10.960	0.070
470	9.703	9.047	9.548	10.011	10.701	0.072

再次进行断面 B 流场测试,断面 B 测试时温度压力情况见表 3-29。

表 3-29 断面 B 测试时温度压力情况

断 面	a—a	b—b	c—c	d—d	e—e
温度/℃	11	9	6	8.5	12
大气压力/hPa	895	894	898	893	890

断面 B 各测点风速测量值与风速横向均匀性见表 3-30。

表 3-30 断面 B 各测点风速测量值与风速横向均匀性

高度/mm	流速/(m·s⁻¹)					流速横向均匀性/%
	a—a	b—b	c—c	d—d	e—e	
720	10.445	11.174	11.110	13.032	12.853	0.087
670	10.253	11.120	11.108	12.978	12.372	0.079
620	9.914	8.651	10.644	11.434	11.540	0.127
570	9.774	9.613	10.608	11.749	11.316	0.086
520	9.552	9.600	10.365	11.374	11.017	0.074
470	8.982	9.549	10.065	10.828	10.798	0.060

最后进行断面 C 流场测试,断面 C 测试时温度压力情况见表 3-31。

表 3-31 断面 C 测试时温度压力情况

断 面	a—a	b—b	c—c	d—d	e—e
温度/℃	3	3	3	3	3
大气压力/hPa	901	901	901	900	900

断面 C 各测点风速测量值与风速横向均匀性见表 3 - 32。

表 3 - 32　断面 C 各测点风速测量值与风速横向均匀性

高度/mm	流速/(m·s⁻¹)					流速横向均匀性/%
	a—a	b—b	c—c	d—d	e—e	
720	10.216	9.802	10.649	11.982	12.691	0.115
670	10.084	9.661	10.784	12.117	12.382	0.112
620	9.016	8.975	9.777	11.325	11.316	0.113
570	9.097	9.060	10.310	11.608	11.342	0.109
520	8.743	8.894	10.400	11.513	10.996	0.108
470	8.371	8.700	10.233	11.265	10.635	0.107

对于断面气流速度均匀性测试数据，通过计算可以得到该高度上各测点的平均速度和气流速度均匀性结果，风洞断面 A、B、C 风速分布如图 3 - 127～图 3 - 129 所示。

图 3 - 127～图 3 - 129 给出了风洞空洞条件下截面 A、截面 B、截面 C 试验风速为 10m/s 时气流横向流速分布曲线，图中距底面同一高度的流速曲线基本保持水平，表明在同样高度上流速保持稳定。由此可知，该风洞的试验段具有良好的风速横向均匀性。从表 3 - 28、表 3 - 30 和表 3 - 32 中可以看出，风洞气流流速均匀性达到了实验指标 σ 小于 1% 的要求。

3. 风洞气流稳定性测试

测试风洞气流稳定性，就是观察气流的动压或流速随时间的脉动情况。气流的稳定性系数 η 定义为在规定的时间间隔内瞬时动压的最大值和最小值的差值与其和的比值，即

$$\eta_i = \frac{P_{dmax} - P_{dmin}}{P_{dmax} + P_{dmin}} = \frac{u_{dmax}^2 - u_{dmin}^2}{u_{dmax}^2 + u_{dmin}^2} \qquad (3 - 33)$$

式中　η_i——某测点的气流稳定性系数；

P_{dmax}——某测点在采样时间内瞬时动压的最大值，Pa；

P_{dmin}——某测点在采样时间内瞬时动压的最小值，Pa；

u_{dmax}——某测点在采样时间内瞬时流速的最大值，m/s；

u_{dmin}——某测点在采样时间内瞬时流速的最小值，m/s。

测量时，对每个测点在规定的 3min 采样时间内测取 500 个速度瞬时值，取其中的最大值和最小值计算其稳定性系数。测试断面选取图 3 - 128 所示的 A、B、C 三个断面，测点位置如图 3 - 129 所示。试验风速为 10m/s，断面 A、B、C 处各测点稳定性测试结果见表 3 - 33～表 3 - 35。

测试结果表明在风洞空洞条件下，试验段横断面中心处的脉动比四周的脉动要小，η 在 4%～7% 之间，引起气流稳定性变化的主要原因有：①由于电源频率和电压不稳定而引起的电机转速不稳定；②因风机风扇设计不良而引起的周期性振动。从试验数据结果总

体分析来看，风洞气流稳定性满足 $\eta \leqslant 7\%$ 的要求。

表 3 - 33　断面 A 处各测点稳定性测试结果

高度/m	测点稳定性/%				
	a—a	b—b	c—c	d—d	e—e
720	4.826	5.130	6.333	8.047	6.559
670	4.308	4.989	5.335	7.020	6.792
620	6.402	5.168	5.602	7.573	8.642
570	5.519	5.258	5.599	7.331	7.144
520	5.080	5.473	5.999	6.670	4.973
470	6.055	6.277	5.425	7.715	5.854

表 3 - 34　断面 B 处各测点稳定性测试结果

高度/m	测点稳定性/%				
	a—a	b—b	c—c	d—d	e—e
720	5.623	3.878	6.594	5.891	6.363
670	3.717	4.357	5.584	5.605	6.285
620	4.678	6.097	6.297	6.118	7.529
570	5.125	5.265	4.886	5.431	6.845
520	5.458	6.445	5.261	5.908	6.044
470	5.506	6.463	5.167	6.168	5.957

表 3 - 35　断面 C 处各测点稳定性测试结果

高度/m	测点稳定性/%				
	a—a	b—b	c—c	d—d	e—e
720	3.793	4.487	6.874	6.917	5.478
670	3.953	3.992	7.753	5.405	6.078
620	5.922	6.013	9.118	6.938	7.153
570	6.329	5.842	7.617	5.599	6.758
520	8.733	6.403	7.781	5.937	7.058
470	9.745	7.455	8.810	7.493	8.392

以上测试表明风洞断面 B 流场的均匀性和稳定性是断面 A、断面 B、断面 C 中最优的。最终选定风洞断面 B 作为浓缩风能装置的试验位置，并进行风洞断面 B 流速梯度测试。

断面竖直方向流速梯度如图 3 - 130 所示。

综合风洞的均匀性、稳定性，最终确定以断面 B 的断面 c—c 作为浓缩风能装置的中心进行实验，主要原因有：①断面的断面流速数据偏离曲线最小，质量最好；②浓缩风能

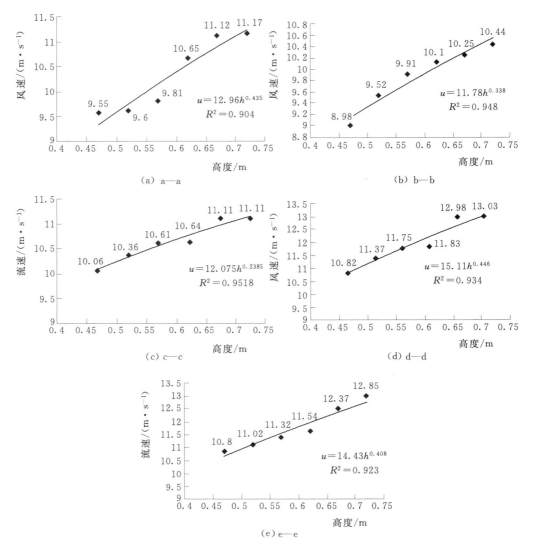

图 3-130　断面 B 竖直方向流速梯度

装置直径较小，不方便进行多断面测量，测量中心断面风速变化，可反映出浓缩风能装置对风切变的反应特性。

3.2.3.4　传统浓缩风能装置风洞实验

1. 实验内容

用皮托管和多通道压力计对传统浓缩风能装置内轴向、径向的不同点进行总压（P_t）、静压（P_s）测试。通过对测试数据的计算分析，得出传统浓缩风能装置对风切变的反映规律。

2. 实验方法

首先测试风洞流场，选择一个合适流场进行实验，在所选择的流场中固定浓缩风能装置，浓缩风能装置中心线高出风洞底面 595mm，并位于风洞中心轴断面。多通道压力计、电脑等放置控制室内，风洞实验测试系统如图 3-131 所示。

图 3-131 风洞实验测试系统图

启动鼓风机并使其转速调试到之前流场测试时的频率，认为此时的流场就是之前风洞作用浓缩风能装置的流场。待流场稳定后，通过电脑控制多通道压力计进行数据采集。

3. 浓缩风能装置内测点布置

测试实验测点布置：①实验关注浓缩风能装置内竖向流速梯度变化，测试点布置为竖向布置；②浓缩风能装置内直径只有 300mm，采用每隔 50mm 均匀布置测点的测量方法。测点位置沿竖直方向径向布 6 个点，从下至上分为 1、2、3、4、5、6 点，传统浓缩风能装置流场测试布点图如图 3-132 所示。测点距中央圆筒侧壁面距离见表 3-36。收缩段和扩散段均为圆锥形状，自然风的流向随着壁面发生变化，很难准确测试。收缩段和扩散段径向测试点布置与中央圆筒布置相同。测点布置见表 3-36、图 3-132。测试共进行了 8 个断面的测量，各断面距收缩管入口距离见表 3-37。

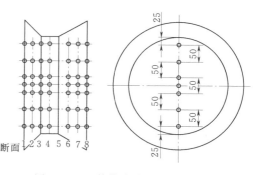

图 3-132 传统浓缩风能装置流场
测试布点图（单位：mm）
1～8—断面号

表 3-36 测点距中央圆筒底侧壁面距离

测点	1	2	3	4	5	6
距壁面距离/mm	25	75	125	175	225	275

表 3-37 各断面距收缩管入口距离

断面号	1	2	3	4	5	6	7	8
距离/mm	0	25	50	78	106	136	166	193

4. 实验结果与分析

实验时记录不同断面测试时温度、压力情况，见表 3-38。

表 3-38　不同断面测试时温度压力情况

断面号	1	2	3	4	5	6	7	8
温度/℃	−1	−1	−1	−0.5	−1	1	1	1
大气压力/hPa	899	900	900	900	900	899	899	899

（1）流速沿轴向变化。根据采集系统采集的压力数据，经过温度和大气压力修正后，得到传统浓缩风能装置内 6 个测点流速沿轴向变化，如图 3-133～图 3-135 所示。

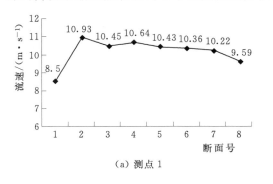

（a）测点 1

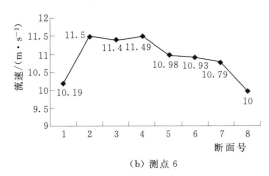

（b）测点 6

图 3-133　传统浓缩风能装置内测点 1、测点 6 流速沿轴向变化

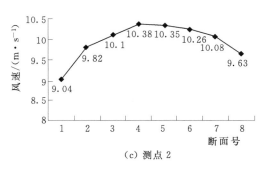

（c）测点 2

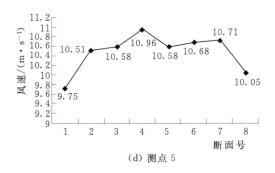

（d）测点 5

图 3-134　传统浓缩风能装置内测点 2、测点 5 流速沿轴向变化

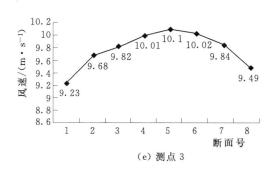

（e）测点 3

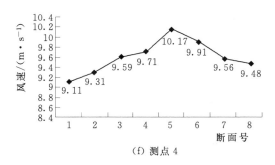

（f）测点 4

图 3-135　传统浓缩风能装置内测点 3、测点 4 流速沿轴向变化

图 3－136 中显示测点 1 和测点 6 变化趋势接近，在浓缩风能装置入口断面 1 至断面 2，浓缩风能装置内流速急剧增加，之后在断面 2、断面 3、断面 4 保持一定流速，断面 5、断面 6、断面 7、断面 8 流速逐渐下降，最后与来流流速相同。

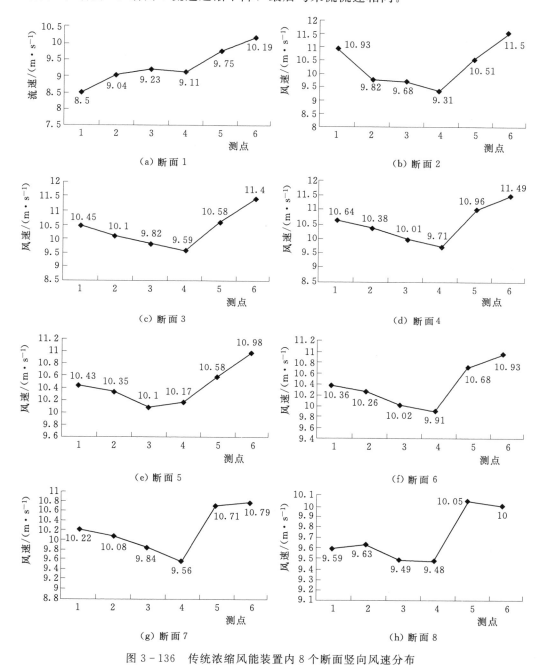

图 3－136　传统浓缩风能装置内 8 个断面竖向风速分布

图 3－134 中显示测点 2 和测点 5 流速沿轴向变化规律，可以看出两者均是在断面 4 流速达到峰值 10.38m/s 和 10.96m/s 之后下降。

图 3 - 135 中显示测点 3 和测点 4 流速沿轴向变化规律，可以看出两者均是在断面 5 达到最大值，比测点 2 和测点 5 晚一些，符合近壁面流体先被加速，轴心流体后加速的规律。

（2）流速沿竖向变化。根据采集系统采集的压力数据，经过温度和大气压力修正后，得到传统浓缩风能装置内 8 个断面竖向风速分布，如图 3 - 136 所示。

图 3 - 136 中显示 8 个断面的流速沿竖向的变化规律，从图 3 - 136（a）中看出在断面各个测点显示出来风速从测点 1 的 8.5m/s 到测点 6 的 10.19m/s 具有速度梯度；从图 3 - 136（b）～图 3 - 136（h）中可以看出经过整流浓缩风能装置，流速呈现轴心流速低，边缘流速高，但受来流风速梯度影响，测点 1 处流速小于测点 6 处流速，大于轴心流速。传统浓缩风能装置内风速竖向分布见表 3 - 39。

表 3 - 39　传统浓缩风能装置内风速竖向分布　　　　　　　　单位：m/s

断面号	测点 1 (470mm 高度)	测点 2 (520mm 高度)	测点 3 (570mm 高度)	测点 4 (620mm 高度)	测点 5 (670mm 高度)	测点 6 (720mm 高度)
1	8.5	9.04	9.23	9.11	9.75	10.19
2	10.93	9.82	9.68	9.31	10.51	11.5
3	10.45	10.1	9.82	9.59	10.58	11.4
4	10.64	10.38	10.01	9.71	10.96	11.49
5	10.43	10.35	10.1	10.17	10.58	10.98
6	10.36	10.26	10.02	9.91	10.68	10.93
7	10.22	10.08	9.84	9.56	10.71	10.79
8	9.59	9.63	9.49	9.48	10.05	10

从断面 4 平均流速为 10.53m/s 可以看出，浓缩风能装置在具有风切变的流场中依然具有其自身的特性，在不消耗其他能源的情况下，使自然风加速，从而起到提高发电量的作用。

由速度梯度定义可得其为

$$\frac{\mathrm{d}u}{\mathrm{d}h} = \frac{u_6 - u_1}{h_6 - h_1} = \frac{11.49 - 10.64}{0.72 - 0.47} = 3.4\mathrm{s}^{-1}$$

实验证明传统浓缩风能装置具有减轻风切变的作用，流速梯度 $\frac{\mathrm{d}u}{\mathrm{d}h}$ 由原来的 4.2s^{-1} 减小为 3.4s^{-1}，使来流风速梯度降低 20%，表明风切变下传统浓缩风能装置具有提高风力发电质量和载荷均匀度的作用。

5. 误差分析

（1）由温度变化引起的误差分析。在实验过程中温度为 −1℃，变化范围小于 1℃。在数据处理中取平均温度 −1℃，平均大气压 900hPa，计算得出统一空气密度为 1.153kg/m³。传统浓缩风能装置实验误差与理论误差比较见表 3 - 40，由表 3 - 40 可知，由温度变化引起的密度相对误差 −0.18%～0.18%，用统一空气密度进行数据处理时风速速度相对误差为 −0.09%～0.09%。

表 3 - 40　传统浓缩风能装置实验误差与理论误差比较

温度/℃	大气压力/hPa	密度	理论密度相对误差/%	理论速度相对误差/%	与统一密度相对误差/%	实际速度相对误差/%
−1.5	900	1.155	−0.18	−0.09	−0.18	−0.09
−1	900	1.153	0	0	0	0
−0.5	900	1.150	0.18	0.09	0.18	0.09

理论密度误差为

$$\Delta\rho = \frac{\rho_2 - \rho_1}{\rho_2} = \frac{t_1 - t_2}{273.15 + t_1} \quad\quad (3-34)$$

理论速度误差为

$$\Delta u = \frac{u_2 - u_1}{u_2} = 1 - \sqrt{\frac{\rho_2}{\rho_1}} \quad\quad (3-35)$$

（2）由多通道压力计分辨率引起误差分析。当实验温度−1℃，大气压力 900hPa 时，计算得出空气密度为 1.153kg/m³，当自然风速为 10m/s 时可计算出压力差为

$$P_q - P_j = \Delta P = \frac{1}{2}\rho u^2 = P_d \quad\quad (3-36)$$

计算得到 57.65Pa。实验时当偏离 57.65±1Pa 时，引起风速相对误差范围在 −0.92%～0.92%。

3.2.3.5　风切变下浓缩风能装置改进模型 I 的流场风洞实验

1. 浓缩风能装置改进模型 I 实验

浓缩风能装置改进模型 I 内测点布置为沿竖直方向径向布设 6 个测点，从下至上为 1～6 个测点，如图 3 - 137 所示。改进模型 I 测点距中央圆筒下侧管面距离见表 3 - 41。

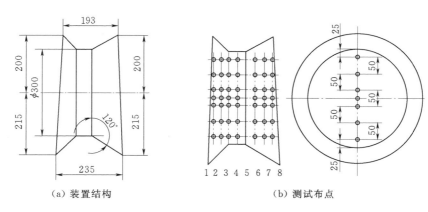

（a）装置结构　　　　　　　　　　（b）测试布点

图 3 - 137　浓缩风能装置改进模型 I 及其流场测试布点图（单位：mm）

1～8—断面号

收缩段和扩散段均为圆锥形状，自然风的流向随着壁面发生变化，很难准确测试。收缩段和扩散段径向测试点布置与中央圆筒布置相同。测点布置见表 3-41 和图 3-137。测试共进行了 8 个断面的测量，改进模型 I 各断面距收缩管入口距离见表 3-42。

表 3-41　改进模型 I 测点距中央圆筒下侧壁面距离

测　　点	1	2	3	4	5	6
距壁面距离/mm	25	75	125	175	225	275

表 3-42　改进模型 I 各断面距收缩管入口距离

断面	1	2	3	4	5	6	7	8
距离/mm	0	25	50	78	106	136	166	193

2. 实验结果与分析

改进模型 I 实验时记录测试时的温度、压力情况，见表 3-43。

表 3-43　改进模型 I 不同断面测试时温度压力情况

断面	1	2	3	4	5	6	7	8
温度/℃	-3.5	-2.5	-2.5	-2.5	-3	-3	-3.5	-3.5
大气压力/hPa	904	903	903	902	902	902	903	903

（1）流速沿轴向变化。根据采集系统采集的压力数据，经过温度和压力修正后，得到改进模型 I 的 6 个测点流速沿轴向变化，如图 3-138～图 3-140 所示。

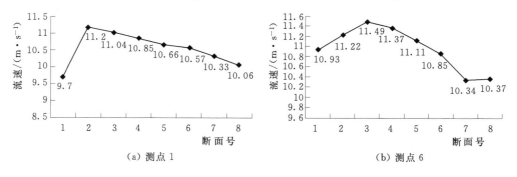

（a）测点 1　　　　　　　　　　　　　　（b）测点 6

图 3-138　改进模型 I 的测点 1、测点 6 流速沿轴向变化

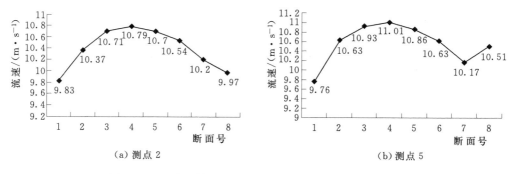

（a）测点 2　　　　　　　　　　　　　　（b）测点 5

图 3-139　改进模型 I 的测点 2、测点 5 流速沿轴向变化

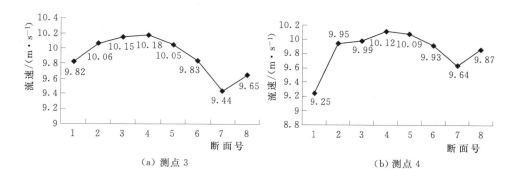

图 3-140　改进模型 I 的测点 3、测点 4 流速沿轴向变化

图 3-138 中显示测点 1 和测点 6 变化趋势接近，浓缩风能装置入口断面 1 至断面 2，浓缩风能装置内流速急剧增加，之后在断面 2、断面 3、断面 4 流速保持一定流速，断面 5、断面 6、断面 7、断面 8 流速逐渐下降。其中测点 1 流体被加速的幅度较测点 6 幅度大，而当流体流动到断面 4 时两者流速差距减小到 0.52m/s，相差百分比为 4.79%。

图 3-139 中显示测点 2 和测点 5 沿轴向方向经历断面 1、断面 2、断面 3、断面 4 流速逐渐增加，在断面 4 流速达到峰值，之后流速下降。

图 3-140 中显示测点 3 和测点 4 沿轴向方向经历断面 1、断面 2、断面 3、断面 4 流速逐渐增加，在断面 4 流速达到峰值，之后流速下降，符合近壁面流体先被加速，轴心流体后被加速的规律。

（2）流速沿竖向变化。根据采集系统采集的压力数据，经过温度和压力修正后，得到浓缩风能装置改进模型 I 8 个断面流速竖向变化，如图 3-141 所示。

图 3-141 中显示断面 1~断面 8 流场的径向流速变化规律，从图 3-141（a）中可看出在断面 1 测点 1、测点 2、测点 3 流体已经被加速，表现为测点 1、测点 2、测点 3 的流体流速大于测点 4 流体流速；从图 3-141（b）中表现出测点 1 和测点 6 流体流速被加速幅度很大，测点 1 流体流速达到 11.2m/s，测点 6 达 11.22m/s，但测点 6 被加速的幅度没有测点 1 幅度大；从图 3-141（c）、（d）、（e）为断面 3、断面 4、断面 5 流场的径向流体流速变化规律，从 3 个断面流体变化规律可以看出测点 2 流体被加速幅度较大，流速从 10.37m/s，经历 10.71m/s，最高达到 10.79m/s，到达断面 5 时测点 2 流体流速已经超过测点 1 流体流速。从图 3-141（f）、（g）、（h）为断面 6、断面 7、断面 8 流场径向流速变化规律，从中可以看出随流动的发展，测点 3 流体流速被测点 4 流体流速超过，且 3 个断面上的测点 3 均为各自断面的流速最低点。

总体上流体经过浓缩风能装置整流后流速呈现轴心流速低，边缘流速高，但受来流风速梯度影响，测点 1 处流速小于测点 6 处流速，大于轴心流速，有效削弱了风切变对安装在浓缩风能装置内设备的影响。浓缩风能装置改进模型 I 内竖向风速分布见表 3-44。

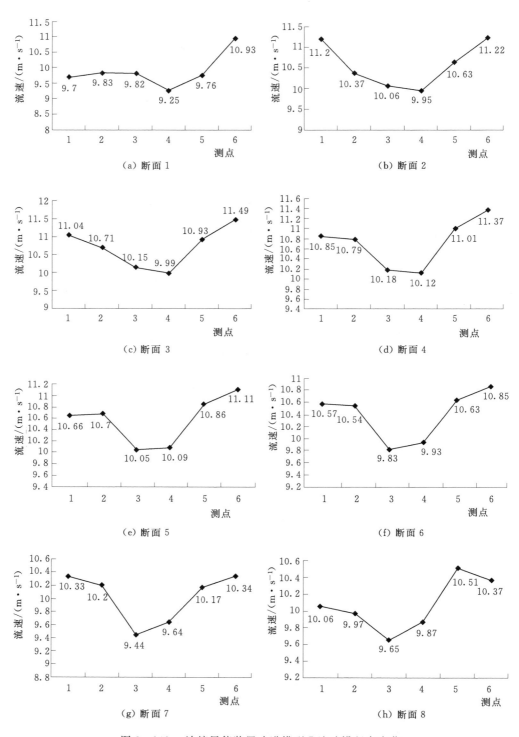

（a）断面 1　　　　　　　　　　　（b）断面 2

（c）断面 3　　　　　　　　　　　（d）断面 4

（e）断面 5　　　　　　　　　　　（f）断面 6

（g）断面 7　　　　　　　　　　　（h）断面 8

图 3-141　浓缩风能装置改进模型 Ⅰ 流速沿竖向变化

表 3-44 浓缩风能装置改进模型 I 内竖向风速分布 单位：m/s

断面号	测点 1 （470mm 高度）	测点 2 （520mm 高度）	测点 3 （570mm 高度）	测点 4 （620mm 高度）	测点 5 （670mm 高度）	测点 6 （720mm 高度）
1	9.7	9.83	9.82	9.25	9.76	10.93
2	11.2	10.37	10.06	9.95	10.63	11.22
3	11.04	10.71	10.15	9.99	10.93	11.49
4	10.85	10.79	10.18	10.12	11.01	11.37
5	10.66	10.7	10.05	10.09	10.86	11.11
6	10.57	10.54	9.83	9.93	10.63	10.85
7	10.33	10.2	9.44	9.64	10.17	10.34
8	10.06	9.97	9.65	9.87	10.51	10.37

从断面 4 平均流速为 10.72m/s 可以看出，浓缩风能装置改进模型 I 在具有风切变的流场中依然具浓缩风能型装置的特性，在不消耗其他能源的情况下，使自然风加速，从而起到提高发电量的作用。

由速度梯度定义可得流速梯度为

$$\frac{\mathrm{d}u}{\mathrm{d}h} = \frac{u_6 - u_1}{h_6 - h_1} = \frac{11.37 - 10.85}{0.72 - 0.47} = 2.08\mathrm{s}^{-1}$$

实验证明浓缩风能装置改进模型 I 减轻风切变作用进一步加强，流速梯度 $\frac{\mathrm{d}u}{\mathrm{d}h}$ 由原来的 $4.2\mathrm{s}^{-1}$ 减轻为 $2.08\mathrm{s}^{-1}$，使来流风速梯度降低 50%，表明风切变下浓缩风能装置改进模型 I 具有提高风力发电质量和载荷均匀度的作用。

3. 误差分析

（1）由温度变化引起的误差分析。在实验数据处理过程中，按照每个截面进行计算。每个截面采集时的变化范围小于 1℃。在数据处理中若取平均温度 −3℃，平均大气压 903hPa，计算得出统一空气密度为 1.165kg/m³。浓缩风能装置改进模型 I 实验误差与理论误差比较见表 3-45，理论密度误差由式（3-34）计算得出，理论速度误差由式（3-35）计算得出，由表 3-45 可知，由温度变化引起的密度相对误差为 −0.19%～0.19%，用统一空气密度进行数据处理时风速速度相对误差为 −0.09%～0.09%。

表 3-45 浓缩风能装置改进模型 I 实验误差与理论误差比较

温度/℃	大气压力 /hPa	密度	理论密度相对 误差/%	理论速度相对 误差/%	与统一密度相对 误差/%	实际速度相对 误差/%
−3.5	903	1.167	−0.19	−0.19	−0.19	−0.09
−3	903	1.165	0	0	0	0
−2.5	903	1.163	0.19	0.19	0.19	0.09

（2）由多通道压力计分辨率引起的误差分析。当实验温度－3℃，大气压力 903hPa 时，计算得出空气密度为 1.165kg/m³，当自然风速为 10m/s 时由式（3-36）计算出压力差为 58.25Pa。实验时当偏离±1Pa 时，引起风速相对误差范围在－0.92％～0.92％。

4. 传统浓缩风能装置模型与浓缩风能装置改进模型Ⅰ结果对比

（1）以测试过的风洞进行传统浓缩风能装置风切变风洞实验，实验结果显示：传统浓缩风能装置具有减轻风切变的能力，流速梯度由 4.2/s 减小为 3.4/s，使来流风速梯度降低约 20％；浓缩风能装置改进模型Ⅰ减轻风切变作用进一步加强，流速梯度由原来的 4.2/s 减轻为 2.08/s，使来流风速梯度降低约 50％。

（2）传统浓缩风能装置模型与浓缩风能装置改进模型Ⅰ均具有减轻风切变的作用，浓缩风能装置改进模型Ⅰ较传统浓缩风能装置模型作用明显。

3.2.3.6　风切变下浓缩风能装置改进模型Ⅱ的流场风洞实验

1. 浓缩风能装置改进模型Ⅱ实验

浓缩风能装置改进模型Ⅱ及其流场测试布点图如图 3-142 所示，测点测中央圆筒下侧壁面距离见表 3-46，各断面距收缩管入口距离见表 3-47。

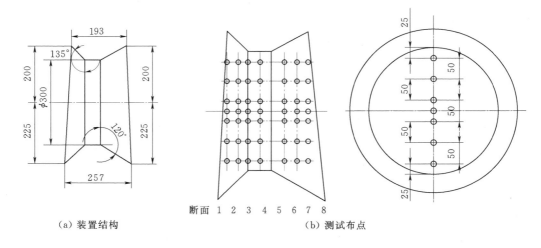

（a）装置结构　　　　　　　　　（b）测试布点

图 3-142　浓缩风能装置改进模型Ⅱ及其流场测试布点图（单位：mm）

1～8—断面号

表 3-46　测点距中央圆筒下侧壁面距离

测点	1	2	3	4	5	6
距壁面距离/mm	25	75	125	175	225	275

表 3-47　各断面距收缩管入口距离

断面号	1	2	3	4	5	6	7	8
距离/mm	0	25	50	78	106	136	166	193

2. 实验结果与分析

实验时记录测试时改进模型Ⅱ不同断面测试时温度、压力情况，见表 3-48。

表3-48 改进模型Ⅱ不同断面测试时温度、压力情况

断面号	1	2	3	4	5	6	7	8
温度/℃	−9	−7.5	−6	−5	−5	−4.5	−4.5	−4.5
大气压力/hPa	902	902	901	901	901	901	900	899

（1）流速沿轴向变化。根据采集系统采集的压力数据，经过温度和压力修正后，得到改进模型Ⅱ6个测点流速沿轴向变化，如图3-143~图3-145所示。

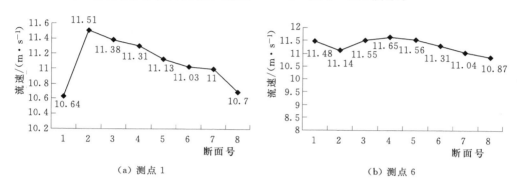

（a）测点1　　　　　　　　　　（b）测点6

图3-143 改进模型Ⅱ的测点1和测点6流速沿轴向变化

图3-143中显示测点1流体在断面1与断面2之间被迅速加速，从10.64m/s加速到11.51m/s，之后流速逐渐下降；测点6变化趋势不大，在断面1、断面2时流速有小波动，在断面4达到峰值，之后断面5、断面6、断面7、断面8流速缓慢下降。

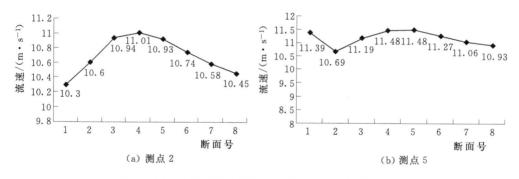

（a）测点2　　　　　　　　　　（b）测点5

图3-144 改进模型Ⅱ测点2和测点5流速沿轴向变化

图3-144中显示测点2和测点5流速沿轴向变化规律，可以看出两者均是在断面4流速达到峰值11.01m/s和11.48m/s之后流速下降。

图3-145中显示测点3和测点4流速沿轴向变化规律，可以看出测点4流速没有测点3流速高；测点3在断面1、断面2、断面3被均匀加速，断面3达到峰值，测点4在断面2达到峰值，符合近壁面流体先被加速，轴心流体后被加速的规律。

（2）流速沿竖向变化。根据采集系统采集的压力数据，经过温度和压力修正后，得到浓缩风能装置改进模型Ⅱ8个断面流速沿竖向变化，如图3-146所示。

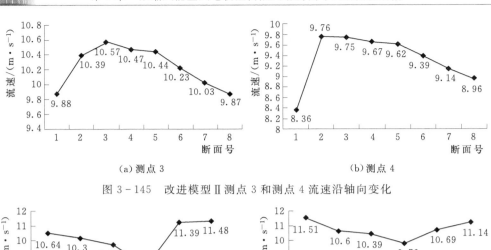

（a）测点 3　　　　　　　　　　　（b）测点 4

图 3-145　改进模型 Ⅱ 测点 3 和测点 4 流速沿轴向变化

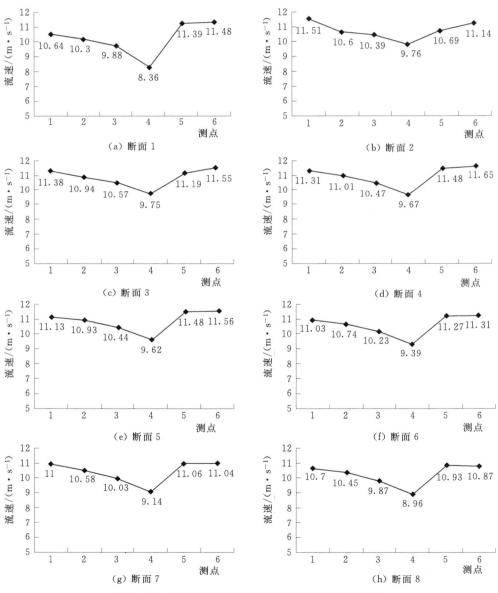

（a）断面 1　　　　　　　　　　　（b）断面 2

（c）断面 3　　　　　　　　　　　（d）断面 4

（e）断面 5　　　　　　　　　　　（f）断面 6

（g）断面 7　　　　　　　　　　　（h）断面 8

图 3-146　浓缩风能装置改进模型 Ⅱ 流速沿竖向变化

图 3-146 中显示断面 1~断面 8 流场的流速沿竖向变化规律，从图 3-146（a）中看出在断面测点 1、测点 2、测点 3 流体已经被加速，表现为测点 1、测点 2、测点 3 的流体流速大于测点 4 流体流速；图 3-146（b）中测点 1 和测点 6 流体流速被加速幅度很大，测点 1 流体流速达到 11.51m/s，测点 6 达 11.14m/s，显然测点 6 被加速的幅度没有测点 1 幅度大；图 3-146（c）~（h）为断面 3~8 流场流速竖向变化规律，从 6 个断面流体变化规律可以看出经过整流浓缩风能装置，流速呈现轴心流体流速低，边缘流速高的趋势，但受来流风速梯度影响，测点 1 处流速小于测点 6 处流速，大于轴心流体流速；而受改进模型 Ⅱ 的作用，整流后流场测点 3 流体流速超过测点 4 流体流速。

总体上流体经过浓缩风能装置整流后流速呈现轴心流速低，边缘流速高的趋势，而受来流风速梯度影响，测点 1 处流速小于测点 6 处流速，大于轴心流速，有效削弱了风切变对安装在浓缩风能装置内设备的影响。浓缩风能装置改进模型 Ⅱ 内竖向风速分布见表3-49。

表 3-49　浓缩风能装置改进模型 Ⅱ 内竖向风速分布　　　　单位：m/s

断面号	测点 1 (470mm 高度)	测点 2 (520mm 高度)	测点 3 (570mm 高度)	测点 4 (620mm 高度)	测点 5 (670mm 高度)	测点 6 (720mm 高度)
1	10.64	10.30	9.88	8.36	11.39	11.48
2	11.51	10.60	10.39	9.76	10.69	11.14
3	11.38	10.94	10.57	9.75	11.19	11.55
4	11.31	11.01	10.47	9.67	11.48	11.65
5	11.13	10.93	10.44	9.62	11.48	11.56
6	11.03	10.74	10.23	9.39	11.27	11.31
7	11.00	10.58	10.03	9.14	11.06	11.04
8	10.70	10.45	9.87	8.96	10.93	10.87

从断面 4 平均流速为 11.93m/s 可以看出，浓缩风能装置改进模型 Ⅱ 在具有风切变的流场中依然具浓缩风能型浓缩风能装置的特性，在不消耗其他能源的情况下，使自然风加速，从而起到提高发电量的作用。

由流速梯度定义可得

$$\frac{\mathrm{d}u}{\mathrm{d}h} = \frac{u_6 - u_1}{h_6 - h_1} = \frac{10.65 - 10.31}{0.72 - 0.47} = 1.36\mathrm{s}^{-1}$$

实验证明浓缩风能装置改进模型 Ⅱ 减轻风切变作用进一步加强，流速梯度 $\frac{\mathrm{d}u}{\mathrm{d}h}$ 由原来的 $4.2\mathrm{s}^{-1}$ 减轻为 $1.36\mathrm{s}^{-1}$，使来流风速梯度降低约 68%，表明风切变下浓缩风能装置改进模型 Ⅱ 具有提高风力发电质量和载荷均匀度作用。

3. 误差分析

（1）由温度变化引起的误差分析。在实验数据处理过程中，按照每个断面进行计算。每个断面采集时温度的变化范围小于 1℃。在数据处理中若取平均温度 -5℃，平均大气压力 901hPa，计算得出统一空气密度为 1.171kg/m³。改进模型 Ⅱ 浓缩风能装置实验误差与理论误差比较见表3-50，理论密度误差由式（3-34）计算得出，理论速度误差由式（3-35）计算得出，由表 3-50 可知，由温度变化引起的密度相对误差为 -0.19%~

0.19%，用统一空气密度进行数据处理时风速速度相对误差为−0.09%~0.09%。

表 3 - 50　改进模型Ⅱ浓缩风能装置实验误差与理论误差比较

温度/℃	大气压力/hPa	密度	理论密度相对误差/%	理论速度相对误差/%	与统一密度相对误差/%	实际速度相对误差/%
−5.5	901	1.173	−0.19	−0.09	−0.19	−0.09
−5	901	1.171	0	0	0	0
−4.5	901	1.169	0.19	0.09	0.19	0.09

（2）由多通道压力计分辨率引起的误差分析。当实验温度−5℃，大气压力 901hPa，计算得出空气密度 1.171kg/m³，当自然风速为 10m/s 时，由式（3 - 36）计算出压力差为 58.25Pa。实验时当偏离±1Pa 时，引起风速相对误差在−0.92%~0.91%。

4. 浓缩风能装置改进模型Ⅱ与浓缩风能装置改进模型Ⅰ结果对比

（1）在测试过的风洞中对传统浓缩风能装置进行风切变风洞实验，实验结果显示：在浓缩风能装置改进模型Ⅰ风洞实验中，流速梯度由 4.2s⁻¹ 减小为 2.08s⁻¹，使来流风速梯度降低 50%；浓缩风能装置改进模型Ⅱ减轻风切变作用进一步加强，流速梯度由原来的 4.2s⁻¹ 减轻为 1.36s⁻¹，使来流风速梯度降低 68%。

（2）浓缩风能装置改进模型Ⅰ与浓缩风能装置改进模型Ⅱ均具有减轻风切变的作用，浓缩风能装置改进模型Ⅱ较浓缩风能装置改进模型Ⅰ作用明显。

第4章　浓缩风能型风电机组车载实验研究

4.1　浓缩风能型风电机组螺旋桨式风轮的实验研究

4.1.1　螺旋桨式风轮的设计方法

1. 风轮设计的特性参数

风轮设计的特性参数包括尖速比、风能利用系数、风电机组的转矩系数、升力系数和阻力系数。

（1）C_l 和 C_d 随攻角的变化。升力系数曲线由直线和曲线两部分组成。与 C_{lmax} 对应的 i_M 点称为失速点，超过失速点后，升力系数下降，阻力系数迅速增加。负攻角时，C_l 也成曲线形，C_l 通过一最低点 C_{lmin}。阻力系数曲线的变化则不同，它的最小值对应一确定的攻角值。不同叶片的升力和阻力系数如图 4-1 所示，其截面形状对升力和阻力的影响主要如下：

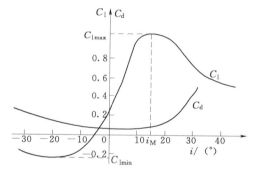

图 4-1　升力和阻力系数曲线

1）弯度的影响。翼型的弯度加大后，导致上、下弧流速差加大，从而使压力差加大，故升力增加；与此同时，上弧流速加大，摩擦阻力上升，并且由于迎流面积加大，故压差阻力也加大，导致阻力上升。因此，同一攻角时随着弯度增加，其升力、阻力都显著增加，但阻力比升力的增加更快，使升阻比有所下降。

2）厚度的影响。翼型厚度增加后，其影响与弯度类似。同一弯度的翼型，厚度增加时，对应于同一攻角的升力有所提高，但对应于同一升力的阻力也较大，使升阻比有所下降。当叶片在运行中出现失速以后，噪声常常会突然增加，引起风电机组的振动和运行不稳等现象。因此，在选取 C_l 值时，以失速点作为设计点并不合适。对于水平轴风电机组而言，为了使风电机组在稍向设计点右侧偏移时仍能很好地工作，选取的 C_l 值，最大不超过 $(0.8 \sim 0.9) C_{lmax}$。

（2）埃菲尔极线（Eiffiel Polar）。为了便于研究问题，可将 C_l 和 C_d 表示成对应的变化关系曲线，称为埃菲尔极线，如图 4-2 所示。其中直线 OM 的斜率是 $\tan\varepsilon = C_l/C_d$。当 $\tan\varepsilon$ 值较大时，效率是较高的。如果在 $\tan\varepsilon$ 值趋于正无穷的极限情况下，气动效率将等于 1，所以实际的 $\tan\varepsilon$ 值取决于攻角的大小。当直线 OM 与埃菲尔极线相切时，与该点对应的攻角使得 $\tan\varepsilon$ 成为最大，在这个特定的攻角时，气动效率达到最大值。

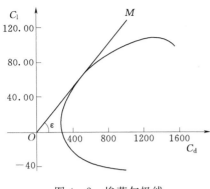

图 4-2 埃菲尔极线

2. 浓缩风能型风电机组螺旋桨式风轮的气动外形设计

（1）叶片气动外形设计的总体方案。螺旋桨式风轮的设计和性能计算是从动量理论和叶素理论出发，采用 Glauert（葛劳渥）方法对风轮进行气动设计，Glauert 方法考虑了风轮及叶片涡系对气动特性的影响，已得到广泛应用。同时以 Windows95/98/2000/XP 为操作平台，采用 Visual Basic 6.0（以下简称 VB）作为软件开发工具。

1）叶片攻角的选择。在选择攻角时，根据所选翼型的升阻比曲线，确定与埃菲尔极线相切时的攻角。但对于有限长度的叶片，由于升力翼的下表面压力大于大气压力，上表面压力小于大气压力，因此当叶片两端气流从高压侧向低压侧流动时，会在两端形成涡流。实际上，由于叶尖的影响，两端形成一系列的小涡流，这些小涡流又汇合成两个大涡流，卷向叶尖内侧，涡流形成的结果会造成阻力增加，引起诱导阻力。因此，要想得到同样的升力，攻角必须增加一个量 ϕ，获得同样升力的新攻角

$$i = i_0 + \phi \qquad (4-1)$$

其中
$$\phi = \frac{C_l}{\pi A} \qquad (4-2)$$

式中　　i_0——与埃菲尔极线相切时的攻角；

ϕ——增加的攻角；

A——叶片的展弦比（翼展的平方与翼型的面积之比）。

2）叶片数的选择。对于容量在兆瓦级以上的大型风电机组，由于整个风轮造价明显随叶片数目的增加而加大，因此多趋向于采用少叶片，在中小型风电机组中一般多采用 3 个叶片。为使风轮能平稳地工作、减少轴上和塔架上的振动载荷（由于重力和气动力），应使风轮的受力更平衡，轮毂更简单，宜采用三叶片结构的风轮。

3）风轮直径的选择。为了与专用六叶片浓缩风能型风电机组的发电性能进行对比实验研究，风轮直径应与专用六叶片风轮直径相同，因此直径取为 2.2m。

4）尖速比的选择。尖速比是风电机组的一个重要参数，通常在风电机组的总体设计中提出。尖速比 λ 直接影响叶片的能量捕获，影响风能利用系数 C_p。风能利用系数 C_p 只有在尖速比 λ 为某一定值时最大。风轮的设计应首先保证有一个宽的工作速比范围，在尽可能保证高的气动力、效率的前提下，C_p 曲线顶部应平宽，C_p 值大于 0.4 的区域应超过两个速比范围，这样就能使风轮和风电机组有非常好的匹配特性。在风轮设计中主要可以采取以下措施：采用有一定弯度的翼型，使气流分离晚，升阻比高，叶片表面沿展向和弦向压力梯度变化和缓；组合最佳弦长和安装角，在设计中不是单纯地依靠计算机设计，而是假定 C_p 最大，人为改变弦长和安装角分布，而且安装角尽量是线形分布，叶片平面形状尽量呈梯形，使之在便于制造的同时得到较高的气动效率，并有一个令人满意

的起动特性。

对于三叶片螺旋桨式风轮，尖速比取 5.6。

5）翼型的选择。在风电机组风轮的设计中，翼型的选择非常关键。风轮叶片的剖面形状（翼型）是决定风电机组性能的关键。如果翼型选取不当就会给叶片带来很大隐患，即叶片设计得再好，也不会得到非常理想的输出效果。一种较好的翼型应该是在某一攻角范围内升力系数较高，而相应的阻力系数较小，即升阻比数值较大。翼型的升力和阻力值随风速变化，或者更确切地说是随雷诺数而变化。在设计中，翼型的雷诺数与风电机组实际运行情况的雷诺数应尽量接近。另外，还应考虑叶片加工的工艺性。

浓缩风能型风电机组由于有浓缩风能装置的作用，自然风加速后驱动风轮旋转发电，提高了风电机组的雷诺数。在选择翼型时，考虑到雷诺数和厚度的要求，采用了 NACA63-412 翼型。NACA63-412 中各数字的意义分列如下：6—设计的系列类型；3—从前缘到零升力点位置的距离占弦长的十分数；4—弯度占升力系数的十分数；12—厚度占弦长的百分数。NACA63-412 标准翼型数据见表 4-1。

表 4-1　NACA63-412 标准翼型数据

上表面横坐标	上表面纵坐标	下表面横坐标	下表面纵坐标	上表面横坐标	上表面纵坐标	下表面横坐标	下表面纵坐标
0.000	0.000	0.000	0.000	39.924	8.062	40.076	-3.778
0.336	1.071	0.664	-0.871	44.964	7.894	45.036	-3.514
0.567	1.320	0.933	-1.040	50.000	7.576	50.000	-3.164
1.041	1.719	1.459	-1.291	55.031	7.125	54.969	-2.745
2.257	2.460	2.743	-1.717	60.057	6.562	59.943	-2.278
4.727	3.544	5.273	-2.280	65.076	5.899	64.924	-1.779
7.218	4.379	7.782	-2.685	70.087	5.153	69.913	-1.265
9.718	5.063	10.282	-2.995	75.089	4.344	74.911	-0.764
14.735	6.138	15.265	-3.446	80.084	3.492	79.916	-0.308
19.765	6.929	20.235	-3.745	85.070	2.618	84.930	0.074
24.800	7.500	25.200	-3.919	90.049	1.739	89.951	0.329
29.840	7.872	30.160	-3.984	95.023	0.881	94.977	0.383
34.882	8.059	35.118	-3.939	100.00	0.000	100.00	0.000

（2）浓缩风能型风电机组螺旋桨式风轮参数的修正。

1）叶片弦长和安装角的修正。叶片形状复杂，从叶根到叶尖有扭曲。由于叶根部分周速比数值较小，使得叶根部分弦长的计算值很大，在实际运行中，它们对风电机组风轮输出扭矩贡献不大，所以叶根部分对风电机组风能转换效率的影响较小。另外，宽大笨重的叶根增加了叶片的重量，给叶片加工和安装带来很大的困难。因此，为满足风电机组叶片设计的需要，对所设计的叶片采用最小二乘法进行修形。由于构建了叶展曲线方程，这样就可以获得叶片展向的连续弦长数值，给叶片的加工带来极大的方便，提高叶片的加工精度，对实现叶片加工的自动化和数据化具有很大的帮助；并且修形后的叶片流线形好，修形后叶片弦长从距风轮中心 110mm 处的 190mm 向尖部 107mm 递减，其安装角也相应地从 19°向尖部 0°递减。

2）风轮转矩系数和风能利用系数的修正。叶片上的升力是由气体围绕叶片的二维流动引起的，叶片上部压力低于环境压力，下部压力高于环境压力，在这种压差的作用下，环绕尖部的气流弯成了三维的流动，并力图平衡这个压差，从而导致了升力的下降。这种影响在近叶尖处更明显，导致了风轮扭矩的减小，进而使输出功率降低，称为"叶尖损失"。计算叶尖损失的 Prandtl 理论基本思想是考虑到气流涡所造成的能量损失，由于接近叶尖的扰流作用，风轮平面的速度会发生变化，引入 Prandtl 的效率关系式取修正系数对 C_M、C_P 加以修正，即

$$\eta_\mathrm{F} = \left(1 - \frac{0.93}{B\sqrt{\lambda^2 + 0.445}}\right)^2 \tag{4-3}$$

（3）风轮气动性能的理论曲线。

1）尖速比状态下的风能利用系数、转矩系数。根据叶片的设计方案，将计算参数分别输入公式，得到尖速比与理论风能利用系数、转矩系数关系曲线，如图 4-3 所示。

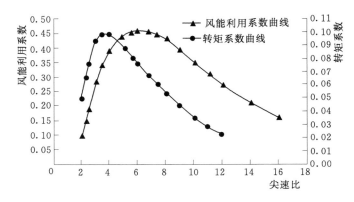

图 4-3　尖速比与理论风能利用系数、转矩系数关系曲线

2）风轮的理论功率和转矩。计算风轮在不同风速下的功率、转矩，其步骤如下：

a. 根据尖速比公式

$$\lambda = \frac{\omega R}{v} = \frac{2\pi n R}{60 v} \tag{4-4}$$

可以得出不同风速所对应的尖速比值。

b. 根据已知的尖速比值，利用尖速比状态下的风能利用系数、转矩系数曲线，可以得到相应的风能利用系数、转矩系数值。

c. 根据功率、转矩公式计算不同风速与对应的理论功率和转矩关系曲线，如图 4-4 所示。

3. 浓缩风能型风电机组螺旋桨式风轮的结构设计

（1）叶片图的绘制。绘制叶片图时，先将叶片沿展向方向分成有限个截面，再根据

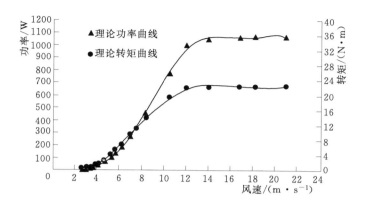

图 4-4 风速与理论功率、转矩关系曲线

理论设计计算，得到叶片沿展向的弦长及其对应的翼型坐标和安装角，用 AutoCAD 绘制叶片的二维图形。由于叶片截面是由两段复杂曲线围成的封闭图形，其俯视图和侧视图也不能直观地表达叶片空间结构。为了更直观地表示叶片的结构，以 VB 作为平台，开发 Solidworks 绘图软件进行绘图。应用 VB 程序进行螺旋桨式风轮设计如图 4-5 所示。

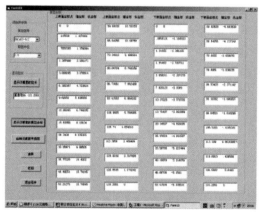

图 4-5 应用 VB 程序进行螺旋桨式
风轮设计

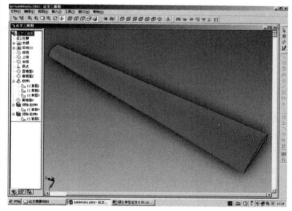

图 4-6 应用 Solidworks 软件绘制叶片
三维立体图

Solidworks 软件可以完成复杂的产品设计、高性能的大型装配；集设计、分析、加工和数据管理于一体；动态模拟装配过程；计算质量特征，如质心、惯性矩等。利用开发性接口功能，将 VB 中二维离散数据自动转换成 Solidworks 实体图，应用 Solidworks 软件绘制叶片三维立体图如图 4-6 所示。

（2）叶片根部的结构形式。风电机组在运转过程中，叶片根部的负荷最大，所以叶片根部的结构是很重要的。叶片根部结构主要是叶片与叶柄的连接方式。风轮轮毂装配图如图 4-7 所示。

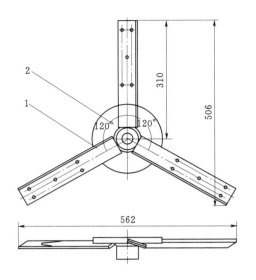

图 4-7　风轮轮毂装配图（单位：mm）

1—轮毂臂；2—轮毂盘

图 4-8　叶片上的离心力

（3）叶片材料的选择。确定叶片材料时应主要考虑三个原则：①材料应有足够的强度和寿命；②必须有良好的可成型性和可加工性；③材料的来源和成本。综合以上几个原则，采用以木材为芯，外包两层玻璃钢的叶片。木材选用樟松，樟松质地坚硬，许用应力比较大，可以达到所要求的强度和刚度，不仅降低了成本，还减少了破损丢弃后的污染。

4. 浓缩风能型风电机组螺旋桨式风轮的强度校核

（1）叶片的受力分析。在风电机组投入使用前需要对风轮进行强度校核。

1）作用在叶片上的离心力 F_c。叶片绕风轮轴旋转时，有离心力作用在叶片上。离心力的方向是自旋转中心沿半径向外。在半径 r 处，从叶片上取长为 dr 的一个叶素，该叶素上的离心力为 dF_c，叶片上的离心力如图 4-8 所示，且

$$dF_c = \rho_y \omega^2 F r dr \tag{4-5}$$

式中　ρ_y——叶片的密度，kg/m^3；

$\quad\quad$ F——叶素处的叶片截面积，m^2；

$\quad\quad$ ω——风轮角速度，rad/s。

则叶片的离心力为

$$F_c = \rho_y \omega^2 \int_{r_0}^{R} F r dr \tag{4-6}$$

式中　r_0——叶片起始处的旋转半径；

$\quad\quad$ R——叶片结束处的旋转半径。

2）作用在叶片上的风压力 F_v。风压力是作用在叶片上沿风速方向的气动力，风轮静止和转动时，风压力大小不相等。

风轮静止时的风压力如下：

从图 3-154 取出的叶素弦长为 C，叶素的面积 $dS = Cdr$，则

$$F_{\mathrm{v}} = \frac{1}{2}\rho v^2 \int_{r_0}^{R} CC_{\mathrm{d}}\,\mathrm{d}r \qquad (4-7)$$

设 F_{v} 的作用点距风轮轴距离为 r_{m}，为

$$r_{\mathrm{m}} = \int_{r_0}^{R} lrC_{\mathrm{d}}\,\mathrm{d}r \Big/ \int_{r_0}^{R} lC_{\mathrm{d}}\,\mathrm{d}r \qquad (4-8)$$

风轮旋转时的风压力为

$$F_{\mathrm{v}} = \frac{1}{2}\rho v^2 \int_{r_0}^{R} (1+\cot^2 I)(C_{\mathrm{l}}\cos I + C_{\mathrm{d}}\sin I)l\,\mathrm{d}r \qquad (4-9)$$

$$r_{\mathrm{m}} = \int_{r_0}^{R} (1+\cot^2 I)(C_{\mathrm{l}}\cos I + C_{\mathrm{d}}\sin I)lr\,\mathrm{d}r \Big/ \int_{r_0}^{R} (1+\cot^2 I)(C_{\mathrm{l}}\cos I + C_{\mathrm{d}}\sin I)l\,\mathrm{d}r$$

$$(4-10)$$

3）作用在叶片上的气动力矩 M_{b}。M_{b} 是使风轮转动的力矩，可计算为

$$M_{\mathrm{b}} = \frac{1}{2}\rho v^2 \int_{r_0}^{R} (1+\cot^2 I)(C_{\mathrm{l}}\sin I - C_{\mathrm{d}}\cos I)lr\,\mathrm{d}r \qquad (4-11)$$

4）作用在叶片上的陀螺力矩 M_{k}。M_{k} 是风轮对风调向时产生的惯性力矩。当风向改变时，风轮除了以角速度 ω 绕 OX 轴转动外，还要以角速度 Ω 绕 OZ 轴转动。在这一瞬间风轮是以角速度 ω_1 绕 OC 轴转动，叶片上的科氏加速度如图 4-9 所示。其叶片的转动惯量 $\mathrm{d}I$ 可计算为

$$\mathrm{d}I = \rho_{\mathrm{y}}Fr^2\,\mathrm{d}r \qquad (4-12)$$

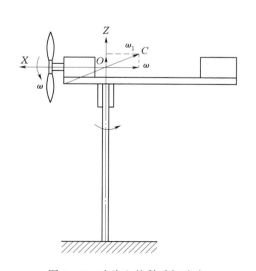

图 4-9　叶片上的科氏加速度

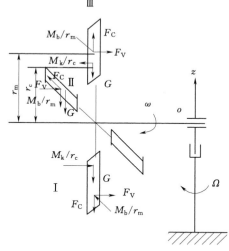

图 4-10　叶片轴强度的计算

（2）叶片强度的校核。

1）在载荷下运转时叶片强度的计算。在载荷下运转时，叶片受离心力 F_{c}、重力 G、风压力 F_{v} 和气动力矩 M_{b} 的作用，对风调向时还受陀螺力矩 M_{k} 的作用。叶片轴强度的计算如图 4-10 所示。

a. 铅垂位置时叶片强度的计算。叶片轴在位置Ⅲ更容易发生损坏，此时叶片轴根部的最大正应力为

$$\sigma_{\max} = \left[\sqrt{(F_v r_m + M_k)^2 + M_b^2} \right] / W + (F_C + G)/A \qquad (4-13)$$

式中 W——叶片轴根部的抗弯截面模量，m^3；

$\qquad A$——叶片轴根部的截面积，m^2。

b. 水平位置时叶片轴强度的计算。由图 4-13 位置 Ⅱ 可得出叶片轴根部最大正应力为

$$\sigma_{\max} = \left[\sqrt{(M_b + G r_e)^2 + F_v r_m^2} \right] / W + F_C / A \qquad (4-14)$$

2）无载荷运转时叶片强度的计算。无载荷运转时，作用在叶片上的气动力矩近似为零，且离心力 F_C 比有载荷时大得多。在相同风速下，空载时风轮的转速比额定载荷下的转速高 50%，离心力增大 1.25 倍，叶片很容易损坏。因此，应设置限速装置。

3）风轮停转时叶片强度的计算。当风速超过风电机组停机风速时，应让风轮停转。这时，叶片只受风压力 F_v 和重力 G 的作用。

4.1.2 浓缩风能型风电机组螺旋桨式风轮的实验及其结果分析

1. 发电机实验台实验

（1）发电机实验台实验方案。发电机特性实验路线流程如图 2-116 所示。

（2）发电机输出特性实验结果。在车载实验之前，首先在发电机试验台上进行发电特性实验。根据国标 GB/T 10760.2—1989 规定的测点，用直接负载法（电阻负载）测定此时发电机的输出功率和发电机的实测效率。600W 永磁发电机输出特性曲线如图 4-11 所示，600W 永磁发电机输出特性数据见表 4-2。

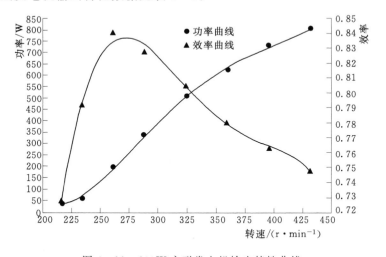

图 4-11 600W 永磁发电机输出特性曲线

表 4-2 600W 永磁发电机输出特性数据

转速/(r·min⁻¹)	扭矩/(N·m)	电压/V	电流/A	功率/W
234	3.169	56.0	1.1	61.3
261	8.645	56.0	3.5	198.4
288	13.552	56.0	6.0	338.5

续表

转速/(r·min^{-1})	扭矩/(N·m)	电压/V	电流/A	功率/W
324	18.457	56.0	9.0	504.3
360	21.389	56.0	11.2	629.2
396	23.041	56.0	13.0	729.4
432	23.742	56.0	14.3	802.8

2. 车载实验及其结果分析

(1) 测量仪器。

1) 风速风向仪。型号：EY1A，风速测量范围：0～40m/s，精度：±(0.5±0.05×实际风速)，分辨率：0.2m/s，启动风速：小于1.5m/s，风向测量范围：360°，精度：±5°。

2) 钳形电流表。型号：Clamp Model—230，精度：0～±19.99A，±1.0%读数±3字；0～±150.0A，±1.5%读数±3字；±150.0～±199.9A，±2.5%读数±3字。用来测量经三相整流桥整流后的直流电流。

3) 电压表。型号：M92A 数字万用表，量程：0～200V，精度：±2.0%读数±5字。用来测量负载的端电压。

4) 三相整流桥。用来将发电机发出的三相交流电整流成直流电。

5) 负载。若干可变电阻。

(2) 风电机组输出功率测量方案。在自然风场采用车载实验方法对风电机组输出功率进行测试，风电机组功率测试实验流程如图4-12所示。

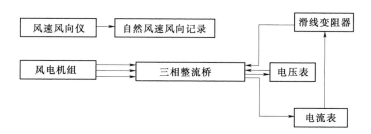

图4-12 风电机组功率测试实验流程图

(3) 车载实验测试系统。按照风电机组的实验方案，确定采用车载实验方法对风电机组的输出特性进行测试，记录下自然风速、输出电流、输出电压，从而得到所需数据。专用六叶片风电机组车载实验系统如图4-13所示，螺旋桨式风轮风电机组车载实验系统如图4-14所示。

(4) 实验地点空气密度的计算。实验地点的海拔高度和环境温度会影响空气密度，进而影响风轮的功率输出，所以在测试时，应考虑这些因素的影响。空气密度、压力与海拔之间的关系数据见表4-3，对表4-3的数据处理得到空气密度与海拔之间的关系曲线及回归方程，如图4-13所示。

图 4-13　专用六叶片风电机组
车载实验系统

图 4-14　螺旋桨式风轮风电机组
车载实验系统

表 4-3　空气密度、压力与海拔关系数据

Z/m	P/P_0	r/r_0	Z/m	P/P_0	r/r_0
0.00	1	1	8000	0.3511	0.4285
100.00	0.9822	0.9905	9000	0.3032	0.3805
500.00	0.9421	0.9528	10000	0.2607	0.3367
1000.00	0.8869	0.9074	11000	0.2231	0.2968
2000.00	0.7844	0.8215	12000	0.1906	0.2535
3000.00	0.6918	0.7420	14000	0.1390	0.1849
4000.00	0.6082	0.6685	16000	0.1014	0.1348
5000.00	0.5330	0.6007	18000	0.0739	0.0984
6000.00	0.4654	0.5383	20000	0.0539	0.0717
7000.00	0.4050	0.4812			

注： Z 为海拔，$P_0 = 101.32\mathrm{Pa}$，$\gamma_0 = 1.226\mathrm{kgf/m^3}$，温度 $t = 15℃$。

车载实验时，利用全球定位系统 GPS 测得实验地点呼和浩特市二环高速公路的海拔为 1046.00m，实测风电机组风轮中心高度为 2m，可知风电机组风轮中心的海拔为 1048.00m，将风轮中心的海拔代入回归方程，得到标准状况下当地的空气密度；再利用气体状态方程，利用测得的环境温度，计算测试时的空气密度。

（5）车载实验。

1）启动风速的测试。将风电机组置于自然风场中，当发电机电压从无到有，风轮已启动旋转时，取此风速作为启动风速。经测试，螺旋桨式风轮风电机组的启动风速为 3.5m/s。

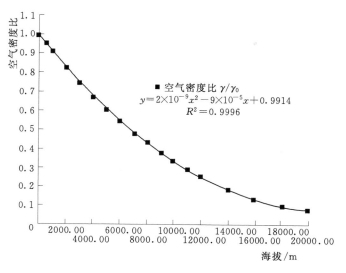

图 4-15 空气密度与海拔关系曲线及回归方程

2）螺旋桨式风轮风电机组的理论与实际性能的比较。根据记录的风速、输出功率，分析发电机的效率、空气密度，进而计算风能利用系数 C_p；同时把风电机组输出功率按发电机实际效率折算后得到风电机组风轮功率，螺旋桨式风轮风电机组的车载实验参数见表 4-4。为了更有效地比较在不同地区条件下的风电机组性能，对机组的功率特性进行了修正，即转化为标准状况下的输出性能，表 4-4 列取了部分修正前后的机组功率特性（为了与理论设计相区别，修正后的风电机组输出功率和风轮功率称为实际输出功率和风轮实际功率）。从表 4-4 中可以看出，由于考虑了实验地点的海拔和环境温度的影响，修正后的输出功率高于修正前的输出功率。

表 4-4 螺旋桨式风轮风电机组的车载实验参数

风速 /(m·s⁻¹)	扭矩 /(N·m)	修正前输出功率/W	实际输出功率/W	风轮的实际功率/W	风能利用系数
3.6	1.0	16.8	19.3	24.8	0.23
5.7	4.6	117.6	133.5	162.1	0.38
6.5	6.7	182.0	209.0	249.3	0.39
7.4	9.6	276.6	311.9	375.4	0.40
8.5	12.6	394.7	453.3	548.5	0.38
9.9	15.6	548.8	631.6	798.4	0.35
11.3	17.3	677.6	769.1	1001.1	0.30
12.5	17.8	756.0	868.2	1130.7	0.25
13.5	18.1	784.0	900.4	1163.9	0.20
14.4	18.1	795.2	913.3	1179.3	0.17
15.5	18.2	800.8	921.6	1191.3	0.14

风速 /(m·s⁻¹)	扭矩 /(N·m)	修正前输出 功率/W	实际输出 功率/W	风轮的实际 功率/W	风能利用 系数
16.5	18.2	800.8	921.6	1191.3	0.11
18.6	18.2	800.8	921.6	1191.3	0.08
20.7	18.2	800.8	921.6	1191.3	0.06
21.5	18.2	800.8	912.6	1191.3	0.05

根据理论与实际的数据，对螺旋桨式风轮风电机组的理论与实际性能进行比较。风电机组理论与实际输出功率曲线如图 4-16 所示，同时把风电机组输出功率按发电机实际效率折算后得到风轮的实际功率，即用风电机组实际输出功率与发电机实际效率的比值来表示风轮的实际功率，风轮的理论与实际功率曲线如图 4-17 所示。

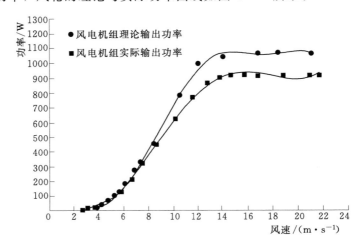

图 4-16　风电机组理论与实际输出功率曲线

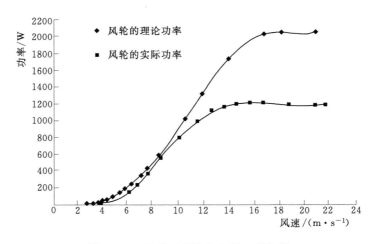

图 4-17　风轮的理论与实际功率曲线

从图 4-16 和图 4-17 中可以看出：风电机组的实际输出功率和风轮的实际功率均小于其理论设计值，产生这种误差是多方面的，主要因素如下：

a. 转矩的影响。对于发展中、大型机组，浓缩风能型风电机组风轮采用调速控制，所以在设计螺旋桨式风轮时，没有考虑失速限速的影响，而对于转速非常高的旋转风轮来说，气流会或多或少地受到阻塞作用而不产生功率，风电机组的转矩会相应减少，使机组的输出功率达不到理论设计的功率。

b. 轮毂的安装角误差。叶片安装角对风轮的输出功率影响很大。在设计时，每个截面都是在一定条件下确定的最佳安装角，但在实际制造和安装时，出现的误差会影响机组的输出功率。

c. 叶片的制造误差。叶片的理论计算是在 NACA63-412 标准翼型条件下进行的，而且认为各截面弦长、安装角等都是无误差的。但是，风电机组的叶片是扭曲型叶片，在加工制造时，实际叶片的各截面参数与理论设计之间的差别会影响机组的输出功率。

3）螺旋桨式风轮风电机组与专用六叶片风轮风电机组的性能比较。专用六叶片风电机组的车载实验数据见表 4-5。

表 4-5 专用六叶片风电机组的车载实验数据

风速/(m·s⁻¹)	扭矩/(N·m)	修正前输出功率/W	实际输出功率/W	风能利用系数
4.1	0.3	5.6	6.2	0.05
4.8	0.8	14.0	15.5	0.09
5.4	1.9	44.8	49.5	0.15
7.4	5.3	138.9	153.6	0.20
8.0	7.0	189.3	209.3	0.21
9.9	11.2	338.8	374.6	0.20
11.8	15.4	535.4	591.9	0.19
13.0	16.6	618.2	683.6	0.17
14.0	16.8	637.8	705.2	0.14
15.1	17.2	687.1	759.7	0.12
17.6	17.6	730.2	807.4	0.08
19.0	17.9	759.9	840.2	0.07
20.4	18.2	796.9	881.1	0.06
22.2	18.1	795.2	879.2	0.04

通过对相同风轮直径的螺旋桨式风轮风电机组和专用六叶片风轮风电机组发电机输出特性进行对比实验研究，分析了采用螺旋桨式风轮后风电机组风能利用系数提高的倍数。根据表 4-4、表 4-5 列取的实验数据绘制机组的输出功率曲线、转矩和风能利用系数曲线，如图 4-18～图 4-20 所示。从图中可以看出，专用六叶片风轮风电机组在自然风速为 8m/s 时，风能利用系数最大为 0.21，输出功率达 209.3W；自然风速为 11.9m/s 时，输出功率达到发电机额定功率 600W。而螺旋桨式风轮风电机组在自然风速为 7.4m/s 时，风能利用系数最大为 0.40，输出功率达 313.9W；当自然风速为 9.8m/s 时，输出功率达

到发电机额定功率 600W。经分析计算可得，在自然风速 4～13m/s 区段，螺旋桨式风轮风电机组的风能利用系数约是专用六叶片风轮风电机组的 1.82 倍，由于机组的输出功率与风能利用系数成正比，因此螺旋桨式风轮风电机组的输出功率约是专用六叶片风轮风电机组的 1.82 倍。

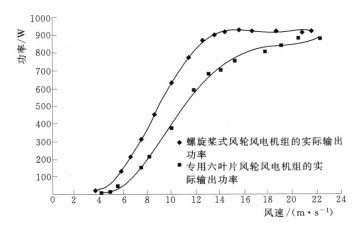

图 4-18　螺旋桨式风电机组与专用六叶片风轮风电机组实际输出功率曲线

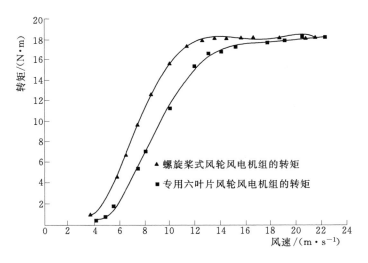

图 4-19　螺旋桨式风轮风电机组与专用六叶片风轮风电机组发电机转矩曲线

4）螺旋桨式风轮浓缩风能型风电机组与普通型风电机组的性能比较。在专用六叶片风轮浓缩风能型风电机组发电输出特性实验数据基础上，根据螺旋桨式风轮风电机组和专用六叶片风轮风电机组的风能利用系数 C_p 对比分析结果，预测螺旋桨式风轮浓缩风能型风电机组的输出功率。当风轮直径、自然风速、空气密度相同时，如果不考虑发电机效率的影响，输出功率与风能利用系数成正比，即螺旋桨式风轮和专用六叶片风轮的 C_p 提高倍数就是机组输出功率增加的倍数。在某一自然风速下，用专用六叶片风轮浓缩风能型风电机组的输出功率与该倍数的乘积得到螺旋桨式风轮浓缩风能型风电机组的输出功率。同时在相同的风轮直径、自然风速、空气密度条件下，对螺旋桨式风轮浓缩风能型风电机组的输出功

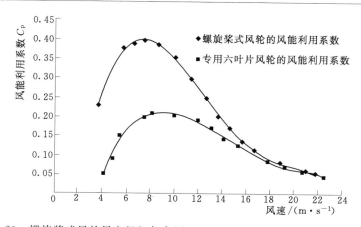

图 4-20 螺旋桨式风轮风电机组与专用六叶片风轮风电机组风能利用系数曲线

率与螺旋桨式风轮普通型风电机组的输出功率特性进行对比分析，对比数据见表 4-6。

表 4-6 浓缩风能型风电机组与普通型风电机组的输出功率特性对比数据

自然风速 /(m·s⁻¹)	专用六叶片风轮浓缩风能型风电机组输出功率/W	专用六叶片风轮的风能利用系数	螺旋桨式风轮的风能利用系数	螺旋桨式风轮浓缩风能型风电机组输出功率/W	普通型风电机组输出功率/W ($C_p=0.40$)	螺旋桨式风轮浓缩风能型风电机组与普通型风电机组的输出功率比值
2.9	5.6	0.05	0.23	24.4	17.5	1.39
4.4	84.2	0.19	0.38	168.4	66.2	2.54
5.1	165.6	0.20	0.40	331.2	103.9	3.19
5.9	247.5	0.21	0.37	436.0	151.3	2.88
6.6	346.0	0.20	0.35	606.0	210.1	2.88
7.3	47.4	0.20	0.33	776.1	281.0	2.78
8.1	589.8	0.19	0.29	990.2	359.4	2.50

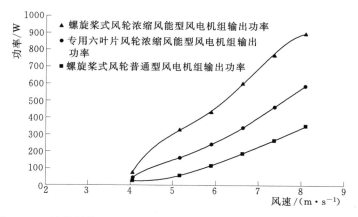

图 4-21 浓缩风能型风电机组与普通型风电机组的输出功率特性曲线

根据表 4-6 列取的实验数据绘制浓缩风能型风电机组与普通型风电机组的输出功率

特性曲线，如图 4-21 所示，从图 4-21 中可看出，在风速 4~8m/s 区段，螺旋桨式风轮浓缩风能型风电机组的输出功率是螺旋桨式风轮普通型风电机组的 3.12 倍。

4.2　大容量浓缩风能型风电机组模型气动特性的实验研究

4.2.1　浓缩风能型风电机组相似模型 I 的气动特性实验研究

1. 实验模型

浓缩风能型风电机组相似模型 I 是在浓缩风能型风电机组前期研究基础上，参照 200W 浓缩风能型风电机组按比例缩小得到。浓缩风能型风电机组相似模型 I 结构简图如图 4-20 所示。收缩管 3 即从空气流入口（断面 A）至中央圆筒 4 入口（断面 B）的收缩面积比设计为 $F_1 : F_2$，收缩管 3 收缩角为 α；风轮 5 和发电机 6 安装在中央圆筒流路中；扩散管 7 即从风轮 5 的后方（断面 B'）至空气流出口（断面 C）的扩散角设计为 β；扩散管出口（断面 C）和入口（断面 B'）的面积比设计为 $F_3 : F_2$。空气流入口（断面 A）的两侧迎风面设计为天方地圆形的增压圆弧板 2，既有利于浓缩风能装置前后形成压差，又有利于风电机组导向。相似模型 I 的收缩角 $\alpha = 90°$、扩散角 $\beta = 60°$，收缩管和扩散管是直线圆锥。中央圆筒内径为 900mm。

2. 实验内容与实验方案

（1）实验内容。采用车载法进行实验时，调节汽车的行驶速度，使载有相似模型 I 的客货车沿直线公路行驶时，产生流速分别为 10m/s、12m/s、14m/s 的三种自然风场。当相似模型 I 不安装风轮、发电机时，用皮托管和数字压力计对其内部轴向、径向的不同点进行总压（P_t）、静压（P_s）测试。通过对测试数据计算分析，得出相似模型 I 内的流场特性。

（2）实验方案。

1）实验方法。采用车载法进行实验。实验时相似模型 I 固定在与客货车身中心线对称的位置上，相似模型 I 中心线高出驾驶室顶面 1385mm；在距离模型收缩管入口断面前方 800mm 设置皮托管，测量自然风场风速。用客货车搭载模型沿直线公路变速行驶时会产生不同流速的自然风场，当车速稳定时就可以产生稳定的流场。实验时自然风速小于 2m/s，风向与汽车行驶方向小于 15°，因此对测试结果影响较小。流场的总压、静压和自然风场风速采用皮托管和数字压力计组合进行测试，自然风场风

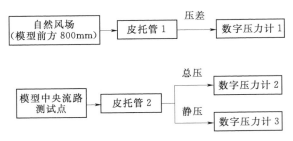

图 4-22　自然风场风速和模型中央流路总压、静压测试系统

速和模型中央流路总压、静压测试系统如图 4-22 所示。相似模型 I 车载法实验系统如图 4-23 所示。

2）圆形管道皮托管测试点位置的确定。《工业通风机　用标准化风道进行性能试验》

图 4-23　相似模型Ⅰ车载实验系统

（GB/T 1236—2000）中用皮托静压管（简称皮托管）测定流量，皮托管的头部在圆形管道横截面径向定位是采用对数线性规律。用皮托管测试管流横截面平均流速，皮托管测点位置采用对数线性法较切线法测点数少而精度高，对于不充分发展的湍流和流速分布显著不对称的管道，6 点对数线性法与 10 点切线法具有相同精度，6 点对数线性法均方根误差的相对值约为 1%。

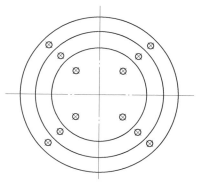

图 4-24　圆形管的测试点

　　圆形管道测试点分布的计算方法，针对不同直径管道布点方式不同。通常设置位于同一平面而互相垂直的两个孔作为测试孔，有时也可以不是垂直的，也可以有第三个补充孔。其方法是将管道的断面分成一定数量的同心等面积圆环，沿着相互垂直的两个测试孔直径方向，在每个等面积圆环上各取四个点作为测试点，如图 4-24 所示。皮托管在管道横截面径向定位是采用切线法。圆形管道等面积圆环和测试点数的确定见表 4-7。

表 4-7　圆形管道等面积圆环和测试点数的确定

管道直径/m	环数	测试点数（两孔共计）
<1	1～2	4～8
1～2	2～3	8～12
2～3	3～4	12～16

　　综上所述，用皮托管测试浓缩风能型风电机组相似实验模型中央圆筒平均流速，测点运用对数线性法分布规律，选择 3 环 6 点。测试点的位置通常是以测试点距管道内壁的距离来表示的，测试点距管道内壁的距离如图 4-25 所示。测试点距管道内壁的距离见表 4-8，这是自测试孔入口端算起的，表中的测试点距离是以管道直径倍数计算的。

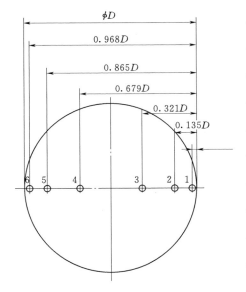

图 4-25　测试点距管道内壁的距离

表 4-8　测试点距管道内壁的距离

测试 点号	点　　数		
	4	6	8
1	0.043D	0.032D	0.021D
2	0.290D	0.135D	0.117D
3	0.710D	0.321D	0.184D
4	0.957D	0.679D	0.345D
5		0.865D	0.665D
6		0.968D	0.816D
7			0.883D
8			0.979D

注：D 为管道直径单位。

3）相似模型Ⅰ测试点位置。根据车载模型行驶的自然流场特点，相似模型Ⅰ前的垂直面内上下风速有差别，测试点沿径向分布与水平面成 45°方向，剖视的流场测试布点如图 4-26 所示。皮托管测点位置采用对数线性分布规律沿 45°径向分布设 6 个测点，从右上 B 点至左下分为测点 1～测点 6，测试点距管壁 B 点的距离见表 4-9。收缩管和扩散管是圆锥管，自然风在其内的流动过程中随壁面流向发生变化，准确测试较困难。收缩管和扩散管径向测试点布点与中央圆筒相同。相似模型Ⅰ沿轴向位置分为 8 个断面，距收缩管入口的距离见表 4-10。实验模型Ⅰ沿 45°方向剖视的流场测试布点图如图 4-26 所示。

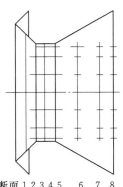

断面 1 2 3 4 5　6　7　8

图 4-26　实验模型Ⅰ沿 45°方向剖视的流场测试布点图

1～8—断面号

表 4-9　测点距圆管内壁 B 点的距离

测点	1	2	3	4	5	6
距管壁 B 点距离/mm	28.8	121.5	288.9	611.1	778.5	871.2

表 4 - 10　各断面距收缩管入口的距离

断面号	1	2	3	4	5	6	7	8
距入口距离/mm	0	94	188	265	365	565	765	894

4）皮托管工作原理。皮托管是将流体动能转化为压力能，从而通过测压计测定流体运动速度的仪器。皮托管结构简图如图 4 - 27 所示。工程中，当空气流速较低、温度变化较小时可按不可压缩流体考虑。根据不可压缩流体的伯努利方程式得到的流速计算公式为

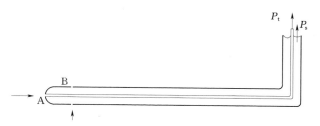

图 4 - 27　皮托管结构简图
A—总压孔；B—静压孔；P_t—总压；P_s—静压

$$P_t - P_s = \Delta P = \frac{1}{2}\rho v^2 \tag{4-15}$$

式中　P_t——流体总压，Pa；

　　　P_s——流体静压，Pa；

　　　ΔP——压力差，Pa；

　　　ρ——流体密度，kg/m^3；

　　　v——流体速度，m/s。

用皮托管测出流体的总压与静压，就可计算出流体流速。

5）温度、大气压力和空气密度。通过温度计和气压计测试出实验地点的环境温度和大气压，可计算出空气密度为

$$\rho = \frac{352.99}{273+t}\frac{h}{101325}\ kg/m^3 \tag{4-16}$$

式中　h——当地大气压力，Pa；

　　　t——温度，℃。

6）测量仪器。

a. 直线型皮托管。编号：0478，$\phi6\times600$，修正系数 $K=1.00$；编号：0683，$\phi6\times$ 600，修正系数 $K=0.99$。

b. 微电脑数字压力计。型号：SYT2000，测量范围：$0\sim\pm1000$Pa，分辨率：1Pa，准确度：1%FS❶，编号：04096、04098、05014。

c. 温度计。型号：精密型，测量范围：$-30\sim100$℃，精度：0.5℃；$-50\sim0$℃，精度：0.1℃。

d. 大气压计。型号：UZ004，测量范围：$700\sim1050$hPa，精度：250Pa。

---

❶　FS 表示最大显示值或刻度长度。

3. 实验结果与分析

（1）流速分布。相似模型 I 的各测试点流速沿轴向分布如图 4-28 所示。离模型壁面近距离的点 1 和 6［图 4-28（a）、（f）］流速变化较大，且变化趋势相同；中间点 2 至 5［图 4-28（b）～（e）］流速变化趋势缓和。在收缩管入口断面测试点 1 比 6 风速高，得出自然流场的垂直面内上下风速有差别。从图 4-28（a）、（f）可以看出，由于收缩管自身结构的影响，在 10m/s、12m/s、14m/s 三种风速下，收缩管出口处测试点 1 和 6 处风速是自然风场风速的倍数，其倍数平均值分别为 1.49、1.50、1.53，是相似模型 I 流场出现最大风速的位置。

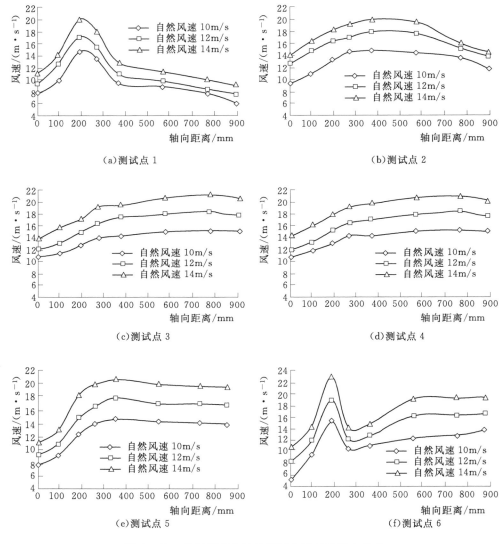

图 4-28　相似模型 I 的各测试点流速沿轴向分布

三种风速下各断面风速与自然风场风速的比较见表 4-11。图 4-29 是在三种自然风速下相似模型 I 各断面平均流速分布如图 3-29 所示。平均流速即 1 至 6 点速度的平均值。以下是三种风速下的流场平均风速情况：在模型入口处的流速是来流风速（自然风场风速）的 0.86 倍；模型内风轮安装处的气流流速增至来流风速的 1.31 倍，气流动能增至来流风能的 2.25 倍；自然风经扩散管增速后最高平均流速出现的位置在距模型入口断面 565mm（扩散管轴向长度的 37.8% 处），是来流流速的 1.34 倍，气流动能增至来流风能的 2.41 倍；模型后方出口（扩散管末端）流速是来流风速的 1.27 倍。

表 4 - 11　三种风速下各断面平均风速与自然风场风速比较

风速 /(m·s^{-1})	风轮安装面风速/自然流场风速	最高风速断面风速/自然流场风速	扩散管出口断面风速/自然流场风速
10	1.35	1.34	1.28
12	1.30	1.35	1.27
14	1.30	1.34	1.25
平均值	1.32	1.34	1.27

　　三种风速下相似模型 I 断面 1～断面 6 的流速分布如图 4 - 30 所示。在中央圆筒风轮安装处（断面 4）、中央圆筒出口断面（断面 5）内高风速点是 2、5 点，断面内流速分布均匀性较好；而收缩管内第一个断面（断面 6）流速分布均匀性最好；在收缩管入口断面（断面 1）、收缩管中间断面（断面 2）及扩散管其他 2 个断面流速分布均匀性较差。相似模型 I 中心水平面内各断面内最大流速分布如图 4 - 31 所示。

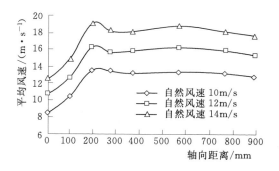

图 4 - 29　三种自然风速下相似模型 I 各断面平均流速分布

　　（2）压力系数分布与能量转换。相似模型 I 压力系数沿轴向分布如图 4 - 32 所示。流体总压看作是能量可利用的度量，它表征流体做功能力的大小，总压降低反映了流体做功能力减小。收缩管入口在三种风速下，总压系数、静压系数平均值分别为 1.92、1.15，说明在模型前的自然流场形成了高压。在中央圆筒后半部分和扩散管内动压系数趋于水平，在此装置段流场较稳定。

　　总压恢复系数 σ 表示总压下降程度，σ 值越小，摩擦等损失越大。三种风速下总压恢复系数平均值：收缩管为 0.90，中央圆筒为 0.80，扩散管为 0.95。由于收缩管和扩散管的测试点分布于较中心位置，收缩管入口断面和扩散管出口断面总压测试值较高。中央圆筒各断面所获得能量分析见表 4 - 12，断面 4 是风轮安装断面。所获得能量由 $P = \frac{1}{2}C_P\rho_0 AV^3$ 进行计算。从表 4 - 12 可知：在三种风速下中央圆筒 3 个断面的能量与相似模型 I 整体迎风面能量比平均值分别为 0.69、0.63、0.62，同时说明气流流速沿轴向有降低。

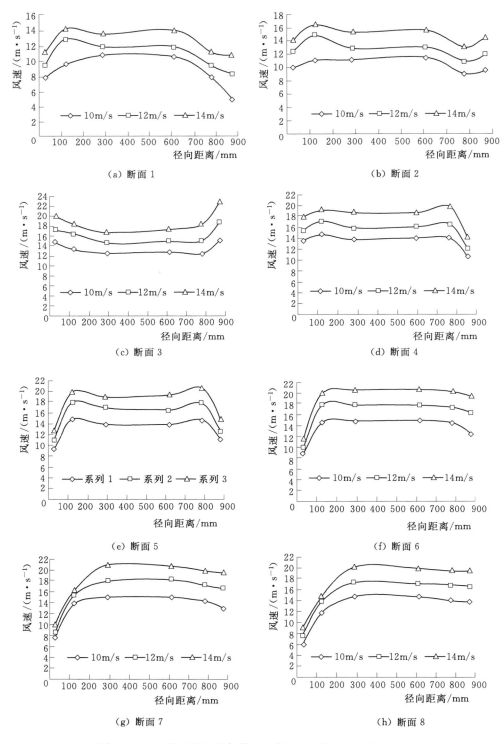

图 4 - 30　三种风速下相似模型 I 断面 1～断面 6 的流速分布

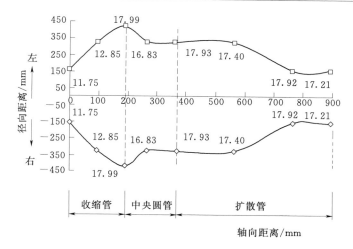

图 4-31 相似模型 I 中心水平面内各断面内最大流速分布
（单位：m/s）

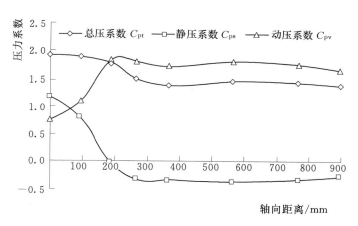

（a）自然风场风速 10m/s

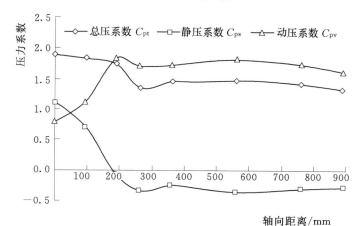

（b）自然风场风速 12m/s

图 4-32（一） 相似模型 I 压力系数沿轴向分布

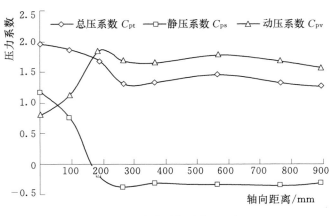

（c）自然风场风速 14m/s

图 4-32（二）　相似模型 I 压力系数沿轴向分布

表 4-12　中央圆筒各断面所获得能量分析

自然风场风速 10m/s			
断面 3	断面 4	断面 5	整体迎风面
面积/m²	0.64	0.64	0.64	2.28
风速/(m·s⁻¹)	13.51	13.45	13.10	10.00
获得能量/W	272.71	269.09	248.63	395.87
与整体迎风面能量之比	0.69	0.68	0.63	1.00

自然风场风速 12m/s			
断面 3	断面 4	断面 5	整体迎风面
面积/m²	0.64	0.64	0.64	2.28
风速/(m·s⁻¹)	16.23	15.61	15.72	12.00
获得能量/W	472.82	420.67	429.63	681.06
与整体迎风面能量之比	0.69	0.61	0.63	1.00

自然风场风速 14m/s			
断面 3	断面 4	断面 5	整体迎风面
面积/m²	0.64	0.64	0.64	2.28
风速/(m·s⁻¹)	19.04	18.17	17.96	14.00
获得能量/W	763.37	663.44	640.70	1086.27
与整体迎风面能量之比	0.70	0.61	0.59	1.00

4. 与风洞实验模型实验结果比较

（1）结构比较。相似模型Ⅰ的收缩管入口面积与中央圆筒面积比 $F1:F2$、中央圆筒与扩散管出口面积比 $F2:F3$ 比实验模型增大了 10%；相似模型Ⅰ收缩角 α、扩散角 β 比实验模型分别扩大至 150%、300%；相似模型Ⅰ中央圆筒轴向长度与直径比降到 19.7%。

（2）中央流路流速分布比较。浓缩风能型风电机组整体实验模型内不安装风轮发电机总成，发电机支撑处未加金属网。实验时，中央流路内无高压注入、低压抽吸时，在 $10\mathrm{m/s}$、$12\mathrm{m/s}$、$14\mathrm{m/s}$ 三种风速下流场平均风速情况为：实验模型前 $200\mathrm{mm}$ 处流速上升约为风洞风速的 20%；模型入口处的流速增至来流流速（风洞风速）的 1.56 倍；模型内风轮安装处的流速增至来流流速的 2.40 倍，是模型入口流速的 1.54 倍；最高风速的出现位置距模型入口 $865\mathrm{mm}$ 处，在中央圆筒轴向长度的 54%，是来流风速的 2.42 倍。

相似模型Ⅰ的流场特性车载法实验与实验模型风洞实验沿轴向速度分布趋势相同，说明车载法流场测试可行；实验模型中央圆筒流速增至来流风速理论值的 1.9 倍；由于风洞壁的堵塞效应，风轮安装处流速增至 2.42 倍，是模型入口流速的 1.56 倍。车载法实验与风洞实验相比，由于没有洞壁堵塞效应，实验所获得的数据更接近于自然风场中所获得的数据。

（3）能量转换比较。在自然风场风速为 $10\mathrm{m/s}$、$12\mathrm{m/s}$、$14\mathrm{m/s}$ 时，相似模型Ⅰ中央圆筒的 3 个断面能量增至相同面积来流风能的 2.49 倍、2.27 倍和 2.20 倍；与相似模型Ⅰ整体迎风面的能量之比平均值分别为 0.69、0.64、0.62。

5. 由温度引起的误差分析

（1）理论分析。用皮托管和压力计组合测试流场流速中，流速的计算公式为

$$v=\sqrt{\frac{2\Delta P}{\rho}} \tag{4-17}$$

式中　　v——测试点流速，$\mathrm{m/s}$；

$\quad\ \ \Delta P$——测试点压差，Pa；

$\quad\ \ \rho$——空气密度，$\mathrm{kg/m^3}$。

密度的变化影响流速值，密度又受到实验现场的大气压力、温度的影响。影响大气压力的主要因素是海拔，实验现场的海拔一定，不考虑大气压力的变化。

当温度变化为 t_1 时，ρ_1 为

$$\rho_1=\frac{352.99}{273+t_1}\frac{h}{101325} \tag{4-18}$$

空气密度的变化率 $\Delta\rho$ 为

$$\Delta\rho=\frac{\rho_1-\rho}{\rho}=\frac{t-t_1}{273+t_1} \tag{4-19}$$

当用统一密度计算流速时，流速的变化率为

$$\Delta V = \frac{V_1 - V}{V_1} = 1 - \sqrt{\frac{\rho_1}{\rho}} \qquad (4-20)$$

（2）实验误差分析。

1）由温度变化引起的误差分析。在实验过程中温度变化范围为−12～3.9℃，大气压力变化范围为 895～900.1hPa，在数据处理中取平均温度−3℃，平均大气压为 898hPa，计算得出统一空气密度为 1.159kg/m³。模型Ⅰ实验误差与理论误差比较见表 4-13，理论密度误差由式（4-19）计算得出，理论速度误差由式（4-20）计算得出。由表 4-13可得，由温度变化引起的密度相对误差为−3.02%～3.5%，用统一空气密度进行数据处理时风速速度的相对误差为−1.80%～1.48%。

表 4-13 模型Ⅰ实验误差与理论误差比较

温度 /℃	大气压力 /hPa	密度 /(kg·m⁻³)	与统一密度相对误差/%	实际速度相对误差/%	理论密度相对误差/%	理论速度相对误差/%
3.9	894	1.125	−3.02	1.48	−2.56	1.48
−12.0	899.8	1.201	3.50	−1.80	3.33	−1.80
−3.0	898	1.159	0	0	0	0

2）由数字压力计分辨率引起的误差分析。实验温度−3.0℃，大气压为 898hPa，计算得出空气密度为 1.159kg/m³，当自然风速为 10m/s、12m/s、14m/s 时，由 $P = \frac{1}{2} C_p \rho_0 A V^3$ 计算出压力差为 58Pa、83Pa、114Pa。实验时当偏离 58Pa±1Pa、83Pa±1Pa、114Pa±1Pa 时，引起风速的相对误差范围分别为−0.87%～0.85%，−0.60%～0.59%，−0.44%～0.44%。

6. 小结

（1）在三种风速下流场平均风速情况：在模型入口处的流速是来流流速（自然风场风速）的 0.86 倍；模型内风轮安装处的气流流速增至来流风速的 1.31 倍，气流动能增至来流风能的 2.25 倍；自然风经扩散管增速后最高平均流速出现的位置在距模型入口断面565mm（扩散管轴向长度的 37.8%处），是来流风速的 1.34 倍，气流动能增至来流风能的 2.41 倍；模型后方出口（扩散管末端）流速是来流风速的 1.27 倍。

（2）在中央圆筒风轮安装处（断面 4）、中央圆筒出口断面（断面 5）内高风速点是2、5 点，断面内流速分布均匀性较好；而收缩管内第一个断面（断面 6）流速分布均匀性最好；收缩管入口在三种风速下，总压系数、静压系数平均值分别为 1.92、1.15，说明在模型前的自然流场形成了高压。在中央圆筒后半部分和扩散管内动压系数趋于水平，在此装置段流场较稳定。

（3）在三种风速下中央圆筒的断面 3、4、5 所获得能量与相似模型Ⅰ整体迎风面能量比较。所获得能量由 $P = \frac{1}{2} C_p \rho_0 A v^3$ 进行计算。断面 4 是风轮安装断面。从表 4-12 中可知，在三种风速下中央圆筒的 3 个断面的能量与相似模型Ⅰ整体迎风面能量比平均值分别为 0.69、0.64、0.62。

（4）相似模型Ⅰ的流场特性车载法实验与实验模型风洞实验沿轴向速度分布趋势相

同，说明车载法流场测试可行；实验模型中央圆筒流速增至来流流速理论值的 1.9 倍；由于风洞壁的堵塞效应，风轮安装处流速增至 2.41 倍，是模型入口流速的 1.56 倍。由于没有风洞洞壁的堵塞效应车载法更接近实际。

4.2.2 浓缩风能型风电机组相似模型Ⅱ的气动特性实验研究

1. 实验模型和实验内容

（1）实验模型。浓缩风能型风电机组相似模型Ⅰ流场特性测试，在 10m/s、12m/s、14m/s 三种风速下，收缩管出口处测试点 1 和 6 处风速是自然风场风速平均值的 1.49 倍、1.50 倍、1.53 倍，相似模型Ⅰ流场最大风速在收缩管内发生了边界层剥离现象，能量损失大，在收缩管入口断面（断面 1）、收缩管中间断面（断面 2）流速分布均匀性较差。这是因为收缩管母线为直线，且与中央圆筒内壁过度不平滑。当流体通过弧形光滑管道进口时，阻力值有较大地减小，管道内流速增加快，将相似模型Ⅰ母线为直线的收缩管改为母线为圆弧线的收缩管，模型Ⅰ其他尺寸不变，此模型为相似模型Ⅱ，浓缩风能型风电机组相似模型Ⅱ结构简图如图 1-1 所示。模型Ⅰ母线为直线的收缩管与模型Ⅱ母线为圆弧线的收缩管比较如图 4-33 所示。

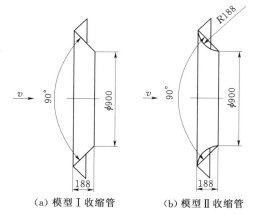

图 4-33 模型Ⅰ母线为直线的收缩管与模型Ⅱ母线为圆弧线的收缩管比较（单位：mm）

（2）实验内容。调节汽车的行驶速度，使载有相似模型Ⅰ的客货车沿直线公路行驶时，产生流速分别为 10m/s、12m/s、14m/s 三种自然风场。当相似模型Ⅰ不安装风轮、发电机时，用皮托管和数字压力计对内轴向、径向的不同点进行总压（P_t）、静压（P_s）测试。通过对测试数据计算分析，得出相似模型Ⅱ内的流场特性。相似模型Ⅱ的实验方案与相似模型Ⅰ实验方案相同。

2. 实验结果与分析

（1）流速分布。相似模型Ⅱ的各测试点流速沿轴向分布如图 4-34 所示，测试点 1～测试点 6 沿轴向的速度分布，流速变化趋势缓和。与模型壁面近距离的点 1 和 6 ［图 4-34（a）、（f）］与 ［图 4-28 中（a）、（f）］流速变化较小。在收缩管入口断面测试点 1 比 6 风速高，得出自然流场的垂直面内上下风速有差别。

三种风速下各断面风速与自然风场风速比较见表 4-14。三种自然风速下相似模型Ⅱ各断面平均流速分布如图 4-35 所示。平均流速即 1～6 点速度的平均值。在三种风速下流场平均风速情况如下：在模型入口处的流速是来流风速（自然风场风速）的 1.12 倍；模型内风轮安装处的流速增至来流风速的 1.38 倍，气流动能增至来流风能的 2.65 倍；最高平均流速出现的位置在距模型入口断面 365mm 处，位于扩散管入口断面处，是来流风速的 1.40 倍，气流动能增至来流风能的 2.73 倍；模型后方出口（扩散管末端）流速是来流风速的 1.29 倍。

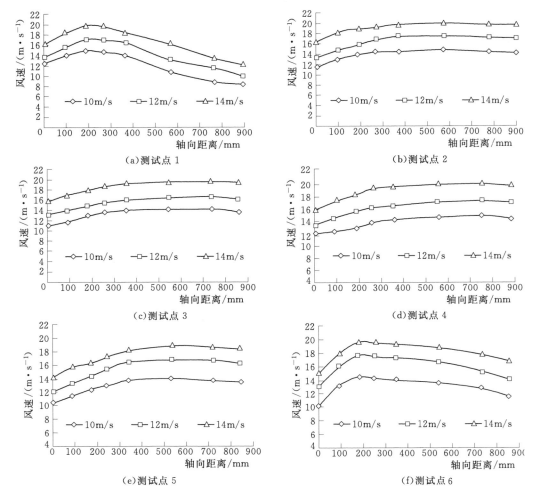

图 4 - 34　相似模型 II 的各测试点流速沿轴向分布

表 4 - 14　三种风速下各断面平均风速与自然风场风速比较

风速 /(m·s^{-1})	风轮安装面风速/自然 流场风速	最高风速断面风速/自然 流场风速	扩散管出口断面风速/自然 流场风速
10	1.41	1.42	1.29
12	1.38	1.40	1.29
14	1.36	1.37	1.29
平均值	1.38	1.40	1.29

图 4 - 36 是三种风速下相似模型 II 断面 1～6 点流速分布情况。各断面流速分布较均匀，比模型 I 各截面均匀性好。截面 1～截面 6 中测试点 5 风速较低，反映了自然流场中垂直面内上下有差别。相似模型 II 中心水平面内各断面内最大流速分布如图 4 - 37 所示。

（2）压力系数分布与能量转换。相似模型 II 压力系数沿轴向分布如图 4 - 38 所示。收缩管入口在三种风速下，总压系数、静压系数平均值分别为 2.04、0.78，说明在模型前的自然流场已开始增速。在装置内动压系数趋于光滑过渡，流场较稳定。

三种风速下总压恢复系数 σ 平均值：收缩管为 1.00，中央圆筒为 0.96，扩散管为 0.82。由于收缩管和扩散管的测试点分布于较中心位置，收缩管入口断面和扩散管出口断面总压测试值较高。中央圆筒各断面所获得能量分析见表 4-15，所获得能量由 $P = \dfrac{1}{2} C_{\mathrm{p}} \rho_0 A v^3$ 进行计算。断面 4 是风轮安装断面。从表 4-15 可知，在三种风速下中央圆筒 3 个断面的能量与相似模型 II 整体迎风面能量比平均值分别为 0.69、0.74、0.76，同时说明来流动能沿轴向是增加的。

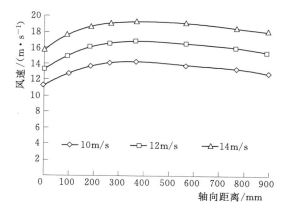

图 4-35　三种风速下相似模型 II 各截面平均流速分布

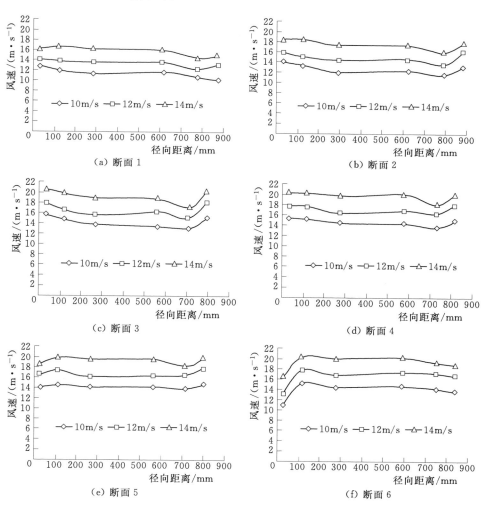

图 4-36（一）　三种风速下相似模型 II 断面 1～断面 6 点流速分布

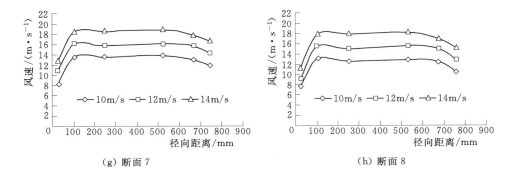

（g）断面 7　　　　　　　　　　　（h）断面 8

图 4-36（二）　三种风速下相似模型 Ⅱ 断面 1～断面 6 点流速分布

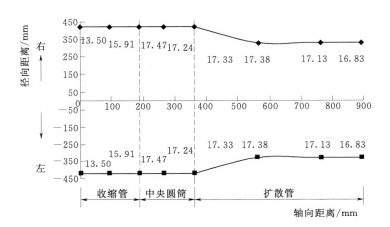

图 4-37　相似模型 Ⅱ 中心水平面内各断面内最大流速分布

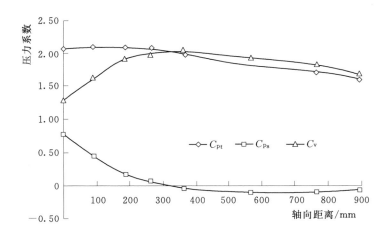

（a）自然场风速 10m/s

图 4-38（一）　相似模型 Ⅱ 压力系数沿轴向分布

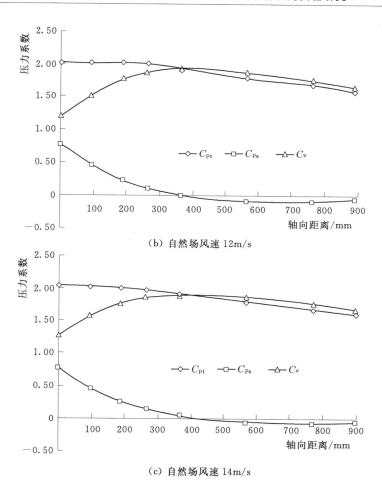

（b）自然场风速 12m/s

（c）自然场风速 14m/s

图 4-38（二）　相似模型 Ⅱ 压力系数沿轴向分布

表 4-15　中央圆筒各断面所获得能量分析

自然风场风速 10m/s			
参数	断面 3	断面 4	断面 5	整体迎风面
面积/m²	0.64	0.64	0.64	2.28
风速/(m·s⁻¹)	13.74	14.03	14.16	10
获得能量/W	258.41	275.12	282.84	356.59
与整体迎风面能量之比	0.72	0.77	0.79	1.00

自然风场风速 12m/s			
参数	断面 3	断面 4	断面 5	整体迎风面
面积/m²	0.64	0.64	0.64	2.28
风速/(m·s⁻¹)	16.04	16.49	16.75	12
获得能量/W	411.12	446.70	468.16	616.19
与整体迎风面能量之比	0.67	0.72	0.76	1

续表

自然风场风速 14m/s				
参数	断面 3	断面 4	断面 5	整体迎风面
面积/m²	0.64	0.64	0.64	2.28
风速/(m·s⁻¹)	18.75	19.20	19.35	14
获得能量/W	656.69	705.11	721.77	978.49
与整体迎风面能量之比	0.67	0.72	0.74	1

3. 与相似模型Ⅰ实验结果比较

（1）结构比较。相似模型Ⅱ是由相似模型Ⅰ改进后的机型，相似模型Ⅱ的收缩管母线为圆弧线，相似模型Ⅰ收缩管母线为直线，其他尺寸相同。

（2）中央流路流速分布比较。在相似模型Ⅰ、Ⅱ中测试点 1、6 流速沿轴向分布有明显的区别。模型Ⅰ在收缩管出口（断面 3）处流速增加快，出现模型内流场最大值，模型Ⅱ流速较缓和。模型Ⅰ各断面平均流速分布在断面 3 出现了模型内流场最大值，模型Ⅱ各断面平均流速渐增至中央圆筒出口（断面 5）出现模型内流场最大值，各断面流速分布均匀性较好。相似模型Ⅱ风轮安装处的气流流速比模型Ⅰ提高了 5.3%；最高流速比模型Ⅰ收缩管后的最高流速提高了 4.5%，最高流速出现的位置从断面 6 移至断面 5；模型Ⅱ扩散管出口处流速比模型Ⅰ提高了 1.84%。

（3）能量转换比较。在自然风场风速为 10m/s、12m/s、14m/s 时，相似模型Ⅱ中央圆筒 3 个断面的能量增至相同面积来流风能的倍数与模型Ⅰ比较，中央圆筒入口降低了 0.95%，风轮安装处、中央圆筒出口分别提高了 16.9% 和 24.09%。

4. 实验误差分析

（1）由温度变化引起的误差分析。在实验过程中温度变化范围为 14.2～33℃，大气压力变化范围为 874～891hPa，在数据处理中取平均温度 23.6℃，平均大气压为 88800Pa，计算得出统一空气密度为 1.044kg/m³。模型Ⅱ实验误差与理论误差比较见表 4-16，理论密度相对误差由式（4-19）计算得出，理论速度相对误差由式（4-20）计算得出，由表 4-16 中得出温度变化引起的密度相对误差为 -3.57%～3.33%，用统一空气密度进行数据处理时风速相对误差为 -1.71%～1.74%。

表 4-16　模型Ⅱ实验误差与理论误差比较

温度/℃	大气压力/hPa	密度/(kg·m⁻³)	与统一密度相对误差/%	实际速度相对误差/%	理论密度相对误差/%	理论速度相对误差/%
33	885	1.008	-3.57	1.74	-3.17	1.74
14.2	890	1.080	3.33	-1.71	3.17	-1.71
23.6	888	1.044	0	0	0	0

（2）由数字压力计分辨率引起的误差分析。当实验温度 23.6℃，大气压力为 888hPa 时，计算得出空气密度为 1.044kg/m³，当自然风速为 10m/s、12m/s、14m/s 时，由 $P_t - P_s = \Delta P = \frac{1}{2}\rho V^2$ 计算出压力差为 52Pa、75Pa、102Pa。当偏离（52±1）Pa、（75±1）

Pa、（102±1）Pa 时，引起风速相对误差范围分别在－0.97%～0.94%，－0.67%～0.66%，－0.49%～0.49%。

5. 温度不同对流场测试的影响

在流场特性测试中，自然流场风速与模型中央流路测试点总压、静压都采用皮托管与压力计组合测试。实验现场测量温度和大气压力，计算得出空气密度，由 $P_t - P_s = \Delta P = \frac{1}{2}\rho V^2$ 计算出自然流场风速在 10m/s、12m/s、14m/s 时的压力差。调整车速使自然流场皮托管压差达到上述差值，再读取模型中央流路测试点总压、静压，经计算得出此测试点速度。

实验时大气温度、大气压影响空气密度。由于参考风速一定，当温度变化时只影响压力值，而对模型内流速不影响。实验温度为 30.1℃、大气压力为 884hPa，自然风速为 12m/s 时，测试数据如表 4-16 所示。当自然风场风速为 12m/s 时，通过在不同温度下测试模型Ⅱ内流场流速得出模型内流速是不发生变化的，即模型各断面风速提高倍数不变。不同温度下各测试点风速沿轴向分布如图 4-39 所示。

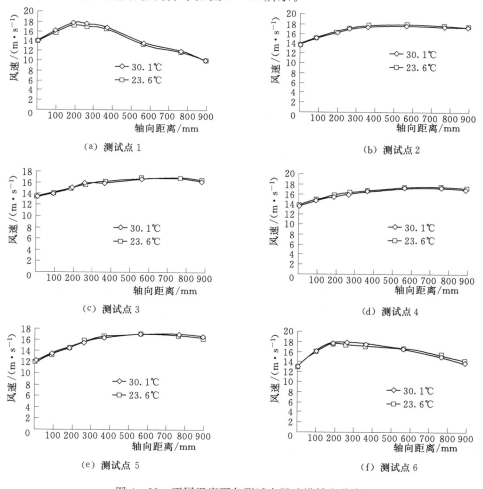

（a）测试点 1　　　　　　　　　（b）测试点 2

（c）测试点 3　　　　　　　　　（d）测试点 4

（e）测试点 5　　　　　　　　　（f）测试点 6

图 4-39　不同温度下各测试点风速沿轴向分布

6. 小结

(1) 在三种风速下流场平均风速情况：模型入口处的流速是来流流速（自然风场风速）的 1.12 倍；模型内风轮安装处的流速增至来流流速的 1.38 倍，气流动能增至来流风能的 2.63 倍；最高平均流速出现的位置在距模型入口断面 365mm（扩散管出口断面）处，是来流流速的 1.40 倍，气流动能增至来流风能的 2.74 倍；模型后方出口（扩散管末端）流速是来流流速的 1.29 倍。

(2) 中央圆筒的断面 3～断面 5 所获得能量与相似模型 I 整体迎风面能量比较：所获得能量由 $P = \frac{1}{2} C_P \rho_0 A V^3$ 进行计算。断面 4 是风轮安装断面。从表 4-15 可知，在三种风速下中央圆筒的 3 个断面能量与相似模型 II 整体迎风面能量比的平均值分别为 0.69、0.74、0.76，同时说明来流沿轴向动能是增加的。

(3) 在相似模型 I、模型 II 中测点 1、测点 6 流速沿轴向分布有明显的区别：模型 I 在收缩管出口（断面 3）处流速增加快，出现模型内流场最大值，模型 II 流速较缓和；模型 I 各断面平均流速在断面 3 出现了模型内流场最大值；模型 II 各断面平均流速渐增至中央圆筒出口（断面 5），出现模型内流场最大值，各断面流速分布均匀性较好。

(4) 相似模型 II 风轮安装处流速比模型 I 提高了 5.3%，能量增至来流风能的 13.7%；最高流速比模型 I 的收缩管后最高流速提高了 4.5%，最高流速出现的位置从断面 6 移至断面 5；模型 II 扩散管出口处流速比模型 I 的提高 1.84%。

(5) 在自然风场风速为 10m/s、12m/s、14m/s 时，与模型 I 比较，相似模型 II 中央圆筒 3 个断面的能量增至相同面积来流风能的倍数为中央圆筒入口降低了 0.95%，风轮安装处、中央圆筒出口分别提高了 16.9% 和 24.09%。

4.2.3　浓缩风能型风电机组相似模型 II 的发电功率输出特性实验研究

1. 100W 永磁发电机输出特性实验

根据相似模型 II 结构尺寸，选取 100W 三相交流永磁发电机。型号：TFYF；额定功率：100W；电压：28V；额定转速：400r/min；重量：14kg；编号：00088；绝缘等级：B 级；防护等级：IP54。

实验地点：中国农牧业机械鉴定站（呼和浩特市赛罕区）。

(1) 实验方案。在采用车载法进行相似模型 II 发电功率输出特性实验之前，首先在发电机试验台上做发电机功率输出特性实验，包括发电机效率特性。根据国标 GB/T 10760.2—1989 和 GB/T 10760.2—2003 规定进行测试，负载分别选取可调电阻与蓄电池。发电机功率输出特性测试路线流程图如图 4-40 所示。

根据 GB/T 10760.2—1989，在额定转速以上时，仍通过改变负载保持额定电压不变，以转速为横坐标，效率和输出功率为纵坐标做出关系曲线；而 GB/T 10760.2—2003 中规定，在额定转速以上时，保持额定功率时的负载电阻不变，以转速为横坐标，效率和输出功率为纵坐标做出关系曲线。

风电机组实际工作过程中蓄电池作为储能系统的同时也作为负载，在相似模型 II 发电功率输出车载法实验中，用蓄电池作为负载，体现了双向性方便、快捷的优点，因此分别

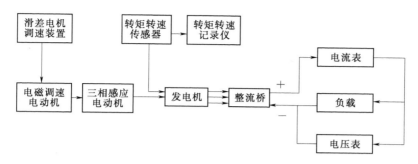

图 4-40 发电机功率输出特性测试路线流程图

用可调电阻与蓄电池按照 GB/T 10760.2—1989 进行了发电机功率输出特性测试。

（2）测量仪器。

1）三相异步电动机。型号：Y160M-4；编号：00412；功率：11kW；电流：22.6A；电压：380V；转速：1460r/min；声功率级 L_w：82dB（A）；接法：△接法；防护等级：IP44；频率：50Hz；重量：130kg；标准为 JB-3074—82。

2）转矩转速传感器。型号：ZJ 型；额定转矩：10kg·m；齿数：120；精度：1 级；转速范围：0～4000r/min；轴温系数：-0.03%/℃；标定系数：1572（环境温度 25℃）。

3）微机型转矩转速记录仪。型号：ZJYW1。

4）精密型滑差电机调速装置。型号：LD2B-11；测量范围 0～1600r/min。

5）电磁调速电动机。型号：YCT225-4A；额定转矩：69.1N·m；调速范围 125～1250r/min；绝缘等级：B 级；激磁电压：80V；激磁电流：1.91A。

6）数字万用表。型号：M92A；量程：0～20A；精度：±2.0% 读数+5 字；用来测量负载的电流。

7）数字万用表。型号：M840D；量程：0～200V；精度：±2.6% 读数+5 字；用来测量负载端电压。

8）三相整流桥。用来将发电机发出的三相交流电整流成单相直流电。

9）负载。两块蓄电池 160Ah，若干可变电阻。

（3）实验结果与分析。实验现场温度 24℃，大气压 885hPa，相对湿度 34%，按干燥空气密度计算得出密度为 1.038kg/m³，比按湿空气密度计算得出的密度增加了 0.39%，影响较小。所以在实验过程中使用干燥空气密度公式。

在 GB/T 10760.2—2003 规定的测点间增加测点，即在 60%、65%、70%、80%、90%、100%、110%、120%、125%、130%、140%、150% 额定转速下，分别用直接负载（电阻负载）和蓄电池作负载测定此时发电机的输出功率和发电机的实测效率。按照 GB/T 10760.2—1989 和 GB/T 10760.2—2003，得出以转速为横坐标，效率和输出功率为纵坐标的关系曲线，当用电阻负载时如图 4-41 所示；当蓄电池为负载时如图 4-42 所示。

发电机实验台数据表明：测试系统中负载为电阻时按 GB/T 10760.2—1989 和 GB/T 10760.2—2003 所测得转速与效率曲线在额定转速以下相同，额定转速以上不同，按 GB/T 10760.2—1989 测试的效率呈下降趋势；测试系统中负载为蓄电池时转速与效率的关系

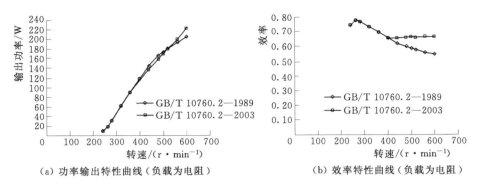

（a）功率输出特性曲线（负载为电阻）　　　　（b）效率特性曲线（负载为电阻）

图 4-41　100W 永磁发电机功率输出特性与效率特性曲线（负载为电阻）

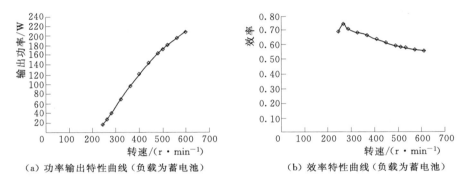

（a）功率输出特性曲线（负载为蓄电池）　　　　（b）效率特性曲线（负载为蓄电池）

图 4-42　100W 永磁发电机功率输出特性与效率特性曲线（负载为蓄电池）

曲线和负载为电阻按 GB/T 10760.2—1989 测试的趋势相同，在额定转速下效率略有下降。100W 永磁发电机在额定转速时，测试出在额定转速下，输出功率为 117.6W，效率为 0.655。

　　GB/T 10760.2—1989 中的效率测试方法主要考虑了离网型风力发电系统中蓄电池的容性稳压作用，更符合实际。GB/T 10760.2—2003 中在额定转速以上时保持额定负载不变，主要考虑了并网过程中发电机超过额定转速时，对机组进行控制，这种测试方法符合并网型风力发电系统。

　　2. 模型Ⅱ功率输出特性实验

　　（1）风轮设计。在风轮的设计过程中，设计思路是决定风轮性能好坏的重要因素，风轮设计包括两项内容：①空气动力设计；②结构设计。空气动力设计的内容是确定叶片的气动布局，选择风轮参数，以保证风轮有较高的风能利用系数。本实验中所设计的风轮的基本空气动力参数采用 Glauert 环动量风轮设计方法。翼型采用 NACA-63 系列翼型，翼型的相对厚度分别取 15%、12%、11% 和 9%。叶片形状设计成叶根弦长小，叶尖弦长大的变截面形式。风轮直径为 860mm，叶片数为六叶片，当额定转速为 400r/min 时，风轮风能利用系数 $C_p=0.182$。

　　（2）车载法实验方案。模型Ⅱ安装风轮和发电机采用车载法进行功率输出实验。实验时相似模型Ⅱ固定在与客货车身中心线对称的位置上，相似模型中心线高出驾驶室顶面

1385mm；在距离模型收缩管入口断面前方 800mm 处设置皮托管，测量自然风场风速，与测试流场特性实验相同。用客货车搭载模型沿直线公路变速行驶时会产生不同流速的自然风场，当车速稳定时就可以产生稳定的流场。实验时自然风速小于 2m/s，风向与汽车行驶方向小于 15°，因此对测试结果影响较小。模型内安装风轮和发电机，当车速稳定时，记录数字压力计压差和机组的负载电压、电流输出。改变车速就得到不同的测试值。风电机组功率测试车载实验流程如图 4-43 所示。车载实验测试系统如图 4-44 所示。

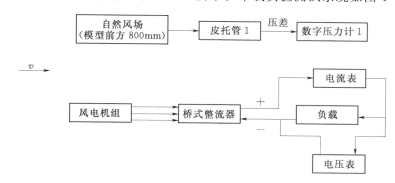

图 4-43 风电机组功率测试车载实验流程图

（3）测量仪器。

1）直线型皮托管。编号 0683；微电脑数字压力计编号：04096。

2）数字万用表。型号：M92A；量程：0～20A；精度：±2.0％读数+5 字；作用：用来测量负载的电流。

3）数字万用表。型号：M840D；量程：0～200V；精度：±2.6％读数+5 字；作用：用来测量负载端电压。

4）三相整流桥。作用：用来将发电机发出的三相交流电整流成单相直流电。

5）负载。组成：两块蓄电池 160Ah，若干可变电阻。

（4）相似模型 II 发电功率输出特性实验结果与分析。实验得出：当自然风速为 10.83m/s 时，风轮为额定转速，风轮风能利用系数 $C_p = 0.182$，机组输出功率为 117.6W，此时发电机效率为 0.655。实验结果证明：风轮安装处风速是前方相同面积来流风速的 1.37 倍，气流动能增至前方相同面积风能的 2.57 倍。此实验结果与气动特性实验结果（1.38 倍）一致性很高。

当大气温度为 18℃、20℃、22℃、24℃、26℃、28℃时，系统负载分别为电阻和蓄电池，可得到机组输出功率如图 4-45、图 4-46 所示，可以看出当温度升高时，机组输出功率降低。负载为电阻和蓄电池时，不同大气温度机组输出功率比较见表 4-17 和表 4-18。由表 4-18可得，机组负载为电阻时，大气温度每升

图 4-44 相似模型 II 输出功率车载
实验测试系统

高 2℃，机组输出功率降低了 4.78％～9.66％。由表 4-18 可见，机组负载为蓄电池时，大气温度每升高 2℃，机组输出功率降低了 5.30％～7.20％。

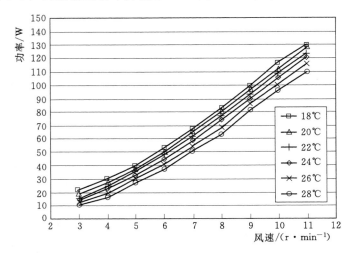

图 4-45　不同大气温度时机组输出功率（负载为电阻）

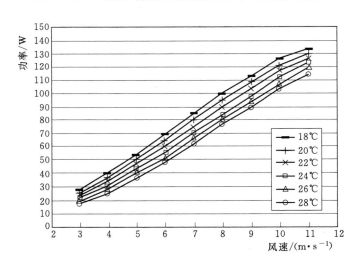

图 4-46　不同大气温度时机组输出功率（负载为蓄电池）

表 4-17　不同大气温度机组输出功率比较（负载为电阻）

风速/(m·s⁻¹)	输出功率/W					
	18℃时	20℃时	22℃时	24℃时	26℃时	28℃时
3	21.56	19.24	17.36	15.34	12.93	10.36
4	30.17	27.55	24.17	22.00	18.96	15.68
5	40.04	38.07	35.94	32.71	60.67	26.88
6	53.95	50.37	48.85	44.56	41.17	37.22
7	67.44	65.71	62.94	59.28	54.51	50.94

续表

风速/(m·s⁻¹)	输出功率/W					
	18℃时	20℃时	22℃时	24℃时	26℃时	28℃时
8	83.22	81.76	77.84	74.15	68.44	63.51
9	99.18	96.82	93.34	90.03	86.24	81.78
10	117.01	112.11	109.13	105.75	99.96	96.16
11	129.72	128.25	124.36	119.99	116.20	110.26
降低率	0.00	4.87%	5.44%	6.57%	7.99%	9.66%

表 4-18　同大气温度时机组输出功率比较（负载为蓄电池）

风速/(m·s⁻¹)	输出功率/W					
	18℃时	20℃时	22℃时	24℃时	26℃时	28℃时
3	28.30	26.68	24.93	22.18	20.05	18.09
4	41.30	37.47	35.23	30.89	28.24	25.63
5	54.06	51.14	47.43	43.73	41.07	37.13
6	69.95	65.28	60.66	56.16	52.61	48.69
7	85.76	80.83	75.90	70.97	67.62	65.52
8	100.27	95.43	89.87	84.26	81.44	77.00
9	113.58	108.90	104.15	98.00	94.18	89.79
10	126.73	121.64	117.74	112.56	108.19	103.60
11	134.03	130.38	127.75	123.98	120.28	114.52
降低率	0.00	5.30%	5.40%	7.20%	5.50%	7.00%

3. 小结

（1）发电机实验台数据表明：测试系统中负载为电阻时按 GB/T 10760.2—1989 和 GB/T 10760.2—2003 所测得的转速与效率曲线在额定转速以下不同，按 GB/T 10760.2—1989 测试的效率呈下降趋势；测试系统中负载为蓄电池时转速与效率曲线与负载为电阻时按照 GB/T 10760.2—1989 测试的趋势相同，在额定转速下效率略有下降。

（2）GB/T 10760.2—1989 中的效率测试方法主要考虑了离网型风力发电系统中蓄电池的容性稳压作用，更符合实际。GB/T 10760.2—2003 中的测试方法在额定转速以上保持额定负载不变，主要考虑了并网过程中发电机超过额定转速时，对机组进行控制，这种测试方法符合并网型风力发电系统。

（3）实验得出：当自然风速为 10.83m/s 时，风轮为额定转速，风轮风能利用系数 C_p 为 0.182，机组输出功率为 117.6W，此时发电机效率为 0.655。实验结果证明：风轮安装处风速是前方相同面积来流风速的 1.37 倍，气流动能增至前方相同面积风能的 2.57

倍。此实验结果与气动特性实验结果（1.38 倍）一致性很高。

（4）当温度升高时，由于空气密度下降，导致机组输出功率降低。由表 4 - 17 可知机组负载为电阻时，大气温度每升高 2℃，机组输出功率降低了 7.12％～8.87％。由表 4 - 18 可知机组负载为蓄电池时，大气温度每升高 2℃，机组输出功率降低了 5.60％～7.30％。

4.2.4　200W 浓缩风能型风电机组相似模型Ⅲ的流场特性实验

1. 实验模型Ⅲ的风洞实验

（1）实验内容。浓缩风能型风电机组实验模型Ⅲ结构简图如图 4 - 47 所示，相似模型Ⅲ是改变相似模型Ⅱ的部分结构参数得到的，相似模型Ⅲ扩散管的母线由直线改为圆弧。另外，为了减轻装置重量，降低成本，相似模型Ⅲ撤销了增压圆弧板，并把扩散管的轴向长度减小，变为相似模型Ⅱ的 25％。相似模型Ⅲ的浓缩风能装置重量与相似模型Ⅱ的浓缩装置重量相比减少 54.7％。

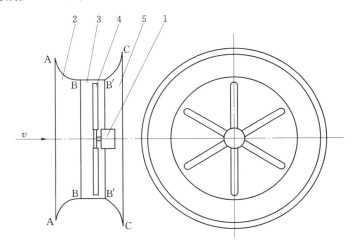

图 4 - 47　相似模型Ⅲ结构简图
1—发电机；2—母线为圆弧的收缩管；3—中央圆筒；
4—风轮；5—母线为圆弧的扩散管

相似模型Ⅲ浓缩风能装置的结构与相似模型Ⅱ对比异同点如下：

1）相似模型Ⅲ的浓缩风能装置与相似模型Ⅱ的浓缩风能装置具有相同的中央圆筒内径，相同的收缩管轴向长度和中央圆筒轴向长度，相同的收缩角和相同的收缩管：中央圆筒：扩散管的面积比。

2）相似模型Ⅱ的扩散管母线形状是直线，相似模型Ⅲ的改为圆弧线。

3）相似模型Ⅲ撤销了增压圆弧板，并把扩散管的轴向长度减小，变为原来的 25％。

经计算可得，相似模型Ⅲ在自然风场风速分别为 10m/s、12m/s、14m/s 时，雷诺数分别为 6.19×10^5、7.43×10^5、8.67×10^5。

本次实验使用的风洞是 FD - 09 低速风洞，该风洞的气动布局如图 3 - 30 所示。

浓缩风能装置内不安装风轮发电机总成，发电机支撑处未加金属网。在风洞风速

12m/s 下，中央流路内无高压注入、低压抽吸时，测试装置内轴向、径向不同点的静压（Static Pressure）、总压（Total Pressure）。测试点是径向 3 个点，从模型入口向后测点共 12 排。

（2）实验结果及分析。风速为12m/s 时实验模型Ⅲ中央流路的轴向流速分布如图 4-48 所示，中央流路流速沿轴向呈抛物线分布。实验模型Ⅲ前 200mm 处流速已上升为风洞风速的20%；模型入口处的流速增至来流流速的 1.53 倍；模型内风轮安装处的流速增至来流流速的 2.36 倍，是模型入口流速的 1.55 倍；最大风速出现在距模型入口 961mm 处，位于中央圆筒轴向长度的 63.3%，是来流流速的 2.39 倍。模型后方出口（扩散管末端）处流速降到接近入口处流速，但由于与从浓缩风能装置外部流过来的气流汇合，气流流动极不稳定，有一定倒流现象（扩散管边界层发生剥离），测量支架颤动较厉害，测得的数据有一定波动。

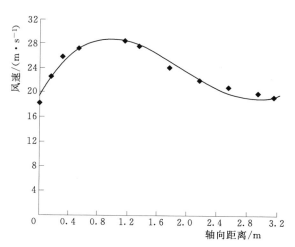

图 4-48 风速为 12m/s 时实验模型Ⅲ中央流路的轴向流速分布

2. 200W 相似模型流场特性实验

（1）相似模型。在确定 200W 浓缩风能型风电机组相似模型的尺寸时，收缩管入口断面、中央圆筒面积和扩散管出口面积比 $F_1:F_2:F_3$ 为 2:1:2.8，扩散角 $\alpha=60°$、收缩角 $\beta=90°$，均与 200W 浓缩风能型风电机组相同，即两者结构相同。相似模型是 200W 浓缩风能型风电机组缩小到 70.87% 得到的。

（2）实验方法和实验内容。

1）实验方法。流场的总压、静压和自然风场风速采用皮托管和微电脑数字压力计组合进行测试，采用车载法进行实验。用客货车载模型沿直线公路行驶时产生不同流速的自然风场，当车速稳定时产生稳定流场；在模型前方一定距离设置皮托管，测量自然风场风速；实验模型和测自然风场风速皮托管固定在与车身中心线对称的位置上，且超出驾驶室一定高度，并保证皮托管中心与模型中心在同一水平高度。

2）实验内容。用车载模型沿直线公路行驶时产生流速为 12m/s 的自然风场。当实验模型不安装风轮、发电机时，用皮托管和压力计对实验模型装置内轴向、径向的不同点进行静压（P_s）、总压（P_t）测试。通过对测试数据计算分析，得出实验模型内的流场特性。

相似模型中央圆筒直径 900mm，皮托管测点位置沿 45° 方向布设 3 个测点。测试点距圆管内壁的距离见表 4-19。收缩管和扩散管是锥形管，自然风在其内部流动过程中随壁面流向发生变化，准确测试较困难。收缩管和扩散管测试点布置与中央圆筒相同。实验模型沿轴向位置分 9 个断面，各断面距模型入口端的距离，见表 4-19。

表 4-19 测点距圆管内壁的距离

测点	1	2	3
距管壁距离/mm	288.9	450	611.1

（3）实验结果及分析。200W 相似模型在自然风场风速为 12m/s、雷诺数为 1.30×10^6 时的中央流路轴向流速分布见表 4-20。中央流路轴向流速分布如图 4-49 所示。在相似模型前 800mm 处测试自然风场风速；模型入口处的流速是来流流速的 1.004 倍；模型内风轮安装处的流速增至来流流速的 1.36 倍；最大流速出现的位置在距模型入口 658.3mm 处，在扩散管轴向长度的 55.4%，是来流流速的 1.48 倍；模型后方出口（扩散管末端）流速是来流流速的 1.43 倍。中央流路最高流速出现在扩散管内，说明中央圆筒轴向距离较短；扩散管扩散角大，轴向长度短。

表 4-20 200W 相似模型中央流路轴向流速分布

断面号	轴向距离 /mm	1 点风速 /(m·s⁻¹)	2 点风速 /(m·s⁻¹)	3 点风速 /(m·s⁻¹)	平均风速 /(m·s⁻¹)
1	0.0	11.957	12.344	11.853	12.051
2	94.0	13.199	13.891	12.962	13.351
3	188.0	15.105	14.875	14.757	14.912
4	265.0	16.312	16.551	16.104	16.322
5	365.0	16.778	16.727	17.073	16.859
6	465.0	16.918	17.142	17.413	17.158
7	565.0	17.689	17.346	17.713	17.853
8	765.0	18.331	17.461	17.927	17.906
9	894.0	17.368	16.802	17.464	17.211

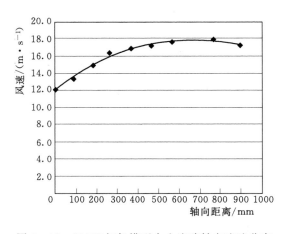

图 4-49 200W 相似模型中央流路轴向流速分布

（4）200W 相似模型实验与实验模型 Ⅲ 风洞实验比较。

1）结构比较。收缩管入口断面、中央圆筒面积和扩散管出口面积比 $F_1 : F_2 : F_3$，200W 相似模型比实验模型 Ⅲ 增大 10%；收缩角 α 增加了 200%，扩散角 β 增加了 50%；中央圆筒轴向长度与筒径比降到了 19.7%。200W 相似模型风轮安装位置在中央圆筒轴向长度的 43.5%，是筒径的 8.6%；实验模型 Ⅲ 风轮安装位置在中央圆筒轴向长度的 41.1%，是筒径的 8.1%。

2）中央流路流速分布比较。风轮安装处的流速是来流流速的倍数，200W 相似模型是 1.36 倍；实验模型Ⅲ是 2.36 倍，是模型入口流速的 1.55 倍。最大流速出现的位置在距模型入口 658.3mm 处，在扩散管轴向长度的 55.4%，是来流流速的 1.48 倍；实验模型Ⅲ最大风速的出现位置距模型入口 961mm 处，在中央圆筒轴向长度的 63.3%，是来流风速的 2.39 倍。

3. 小结

（1）为了完善发展浓缩风能型风电机组，对 200W 浓缩风能型风电机组相似模型流场进行测试，得出中央圆筒风轮安装处流速增至来流流速的 1.36 倍，风能增至 2.52 倍。

（2）200W 相似模型流速最高位置出现在扩散管内，位于扩散管轴向长度的 55.4%，是来流流速的 1.48 倍。

（3）实验模型Ⅲ中央圆筒流速增至来流流速理论值的 1.9 倍；由于风洞壁的堵塞效应，风轮安装处流速增至 2.36 倍，是模型入口流速的 1.55 倍。可见风洞壁的堵塞效应较大，说明风洞实验与自然风场测试有区别。

（4）200W 相似模型比实验模型Ⅲ面积比增大了 10%，收缩角增大了 200%，扩散角增大了 50%，风速提高倍数减小。需要对浓缩风能装置结构参数及其浓缩效果的影响和性价比进一步研究。

4.3 浓缩风能装置的流场车载实验

4.3.1 实验内容

用皮托管和多通道压力计对浓缩风能装置内轴向、径向的不同点进行总压（P_t）和静压（P_s）测试。通过对测试数据计算分析，得出浓缩风能装置内的流场分布规律。

4.3.2 实验测试仪器及其参数

测试仪器：毕托管、大气压计、温湿度计、多通道压力计和数据采集系统，配备测试采集数据软件及电脑，组成测试系统。车载实验测试系统框图如图 4-50 所示。

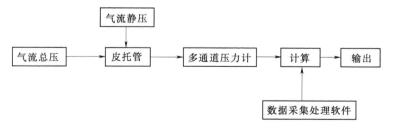

图 4-50 车载实验测试系统框图

（1）直线型皮托管。型号：0478，$\phi 6 \times 600$，修正系数：$K=100$；型号：0683，$\phi 6 \times 600$，修正系数：$K=0.99$。

（2）多通道压力计。型号：F308-32AD，测试通道 32 个；精度：1%FS；量程：$-1250 \sim 1250Pa$；使用温度：$5 \sim 35℃$；系统反应时间：0.1ms。

（3）温湿度计。型号：精密型；测量范围：−30～100℃，精度：0.5℃；测量范围：−50～0℃，精度：0.1℃；湿度测量范围：0～100%，精度：2%。

（4）大气压计。型号：UZ004；测量范围：700～1050hPa；精度：250Pa。

4.3.3　实验方法

采用车载法进行实验，实验时浓缩风能装置固定在客货车身中心线对称的位置上，浓缩风能装置中心线高出驾驶室顶面 2100mm；在距离浓缩风能装置收缩管入口断面前方 800mm 处设置皮托管，测量自然风场风速，车载实验测试系统如图 4 −51 所示。多通道压力计、电脑等放置在驾驶室内。

载有浓缩风能装置的客货车沿直线公路行驶时，调节汽车行驶速度产生 5～

图 4−51　车载实验测试系统图

16m/s 的不同相对流速。当车速稳定时就可以产生稳定的流场。

实验时自然风速小于 2m/s，风向与汽车行驶方向小于 10°，自然风速和风向对测试结果影响较小。

测试实验测点布置如下：

（1）根据汽车载有实验模型行驶产生自然流场的特征，进入浓缩风能装置前风速在竖直面内上下有一定不同，设计皮托管的测试点布置沿径向分布与水平面成 45°方向。

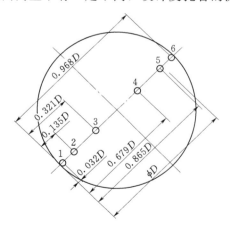

图 4−52　测试点距管道内壁的距离
1～6—测点

（2）通过对浓缩风能装置内流场雷诺数的计算，得出流场处于湍流状态的结论，采用湍流时流场测量流速的办法，利用对数线性规律测量直径上 6 个测点的流速。由前面所述皮托管测点位置采用对数线性分布规律沿 45°径向布设 6 个测点，从左下至右上分为测点 1～测点 6，测试点距管道内壁的距离如图 4−52 所示。测试点距壁面距离见表 4−21。收缩段和扩散段均为圆锥形状，自然风的流向随着壁面发生变化，很难准确测试。收缩段和扩散段径向测试点布置与中央圆筒布置相同，测点布置见图 4−52。测试共进行了 8 个断面测量，测量断面距入口断面距离见表 4−22。

表 4−21　测 试 点 距 壁 面 距 离

测　　点	1	2	3	4	5	6
距壁面距离/mm	28.8	121.5	288.9	611.1	778.5	871.2

表 4 - 22 测量断面距入口截面距离

断面号	1	2	3	4	5	6	7	8
距入口距离/mm	0	93	186	274.5	363	470	577	685

4.3.4 实验结果与分析

1. 测试时空气密度和流速计算

由于车载实验受外界环境影响较大,实验时每隔 10min 记录风速、气温、大气压力以及空气湿度,车载实验时空气环境随时间变化如图 4 - 53 所示。风向测定为东风,实验时沿东西走向公路行驶。

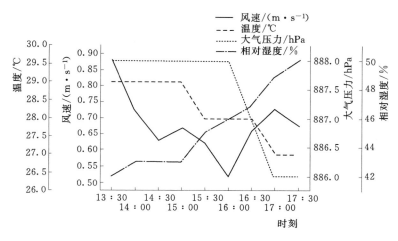

图 4 - 53 车载实验时空气环境随时间变化

实验时空气密度为

$$\rho_t = 1.2928 \times \frac{p_h}{101.325} \times \frac{273.15}{273.15 + t} \qquad (4-21)$$

式中 ρ_t——计算空气密度,kg/m³;

P_h——大气压力,Pa;

t——空气温度;℃。

空气流速为

$$u = \sqrt{\frac{2(p_t - p_s)}{\rho_t}} \qquad (4-22)$$

式中 u——空气流速,m/s;

p_t——总压,Pa;

p_s——静压,Pa。

空气湿度对空气密度影响较小,可忽略不计。

2. 测试结果分析

图 4 - 54 是浓缩风能装置模型在自然风场风速分别为 4.7m/s、7.23m/s、10.02m/s、11.66m/s、13.23m/s 和 15.61m/s 时,入口断面测点 1~测点 6 沿径向的速度分布。图

4-54显示断面1上的流速沿径向基本保持平行来流风速分布，有流速不均匀现象，表现为测试时位于下方的测点1和测点2的流速较其他测点流速高，究其原因是由于地面和汽车驾驶室的影响，使浓缩风能装置下方的流速偏高，来流风速越高这种趋势越明显。

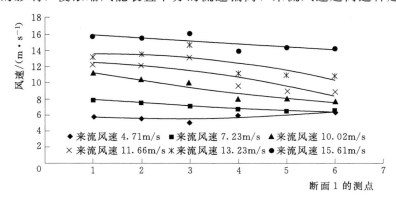

图 4-54　断面 1 测点的不同风速下风速分布

图 4-55 是浓缩风能装置模型在自然风场风速分别为 5.10m/s、8.71m/s、9.81m/s、12.82m/s、14.24m/s 和 16.04m/s 时，断面 2 的测点 1～测点 6 沿径向的速度分布。图 4-55显示断面 2 上的风速沿径向产生了速度梯度，表现为靠近中心处风速较远离中心处风速小，也就是测点 3 和测点 4 风速没有测点 1 和测点 6 风速高，并且风速梯度随风速的增加而增大，风速梯度值见表 4-23。风速梯度为

$$\frac{\mathrm{d}u}{\mathrm{d}r}=\frac{u_6-u_4}{r_6-r_4}\qquad(4-23)$$

式中　$\dfrac{\mathrm{d}u}{\mathrm{d}r}$——流速梯度，$\mathrm{s}^{-1}$；

u_4、u_6——测点 4 和 6 流速，m/s；

r_4、r_6——测点 4 和 6 距中心轴的半径，m。

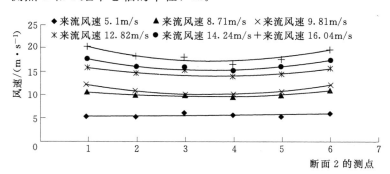

图 4-55　断面 2 测点的不同风速下风速分布

表 4-23　断面 2 不同来流风速下风速梯度值

来流风速/($\mathrm{m\cdot s^{-1}}$)	5.10	8.71	9.81	12.82	14.24	16.04
风速梯度/$\mathrm{s^{-1}}$	2.15	5.77	7.04	9.57	11.00	12.00
风速梯度均值/$\mathrm{s^{-1}}$	7.92					

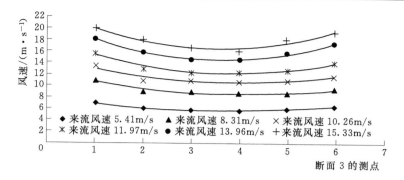

图 4-56 断面 3 测点的不同风速下风速分布

图 4-56 是浓缩风能装置模型在自然风场风速分别为 5.41m/s、8.31m/s、10.62m/s、11.97m/s、13.96m/s 和 15.33m/s 时，断面 3 的测点 1～测点 6 沿径向的速度分布。图 4-56 显示断面 3 上的风速沿径向产生了速度梯度，计算见式 (4-23)，表现为靠近中心处风速较远离中心处风速小，也就是测点 3 和测点 4 风速没有测点 1 和测点 6 风速高，并且风速梯度随风速的增加而增大，风速梯度值见表 4-24。

表 4-24 断面 3 不同来流风速下风速梯度值

来流风速/(m·s⁻¹)	5.41	8.31	10.26	11.97	13.96	15.33
风速梯度/s⁻¹	3.23	1.85	2.85	5.84	10.88	12.26
风速梯度均值/s⁻¹	6.15					

图 4-57 是浓缩风能装置模型在自然风场风速分别为 4.45m/s、6.62m/s、8.34m/s、10.74m/s、12.66m/s 和 15.27m/s 时，断面 4 测点 1～测点 6 沿径向的速度分布。图 4-57 显示断面 4 上的风速沿径向产生了速度梯度，计算见式 (4-23)。表现为靠近中心处风速较远离中心处风速小，也就是测点 3 和测点 4 风速没有测点 1 和测点 6 风速高，并且风速梯度随风速的增加而增大，风速梯度值见表 4-25。

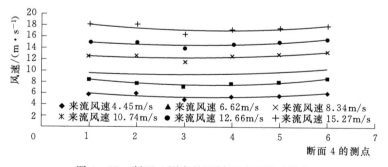

图 4-57 断面 4 测点的不同风速下风速分布

表 4-25 断面 4 不同来流风速下风速梯度值

来流风速/(m·s⁻¹)	4.45	6.62	8.34	10.74	12.66	15.27
风速梯度/s⁻¹	2.00	2.15	1.96	2.35	2.85	2.50
风速梯度均值/s⁻¹	2.30					

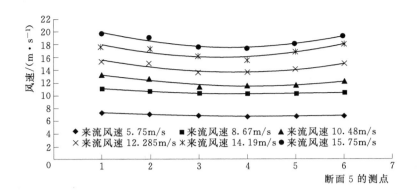

图 4 - 58　断面 5 测点的不同风速下风速分布

图 4 - 58 是浓缩风能装置模型在自然风场风速分别为 5.75m/s、8.67m/s、10.48m/s、12.28m/s、14.19m/s 和 15.75m/s 时，断面 5 测点 1～测点 6 沿径向的速度分布。图 4 - 58 显示断面 5 上的风速沿径向产生了速度梯度，计算见式（4 - 23），表现为靠近中心处风速较距离中心远处风速小，也就是测点 3 和测点 4 风速没有测点 1 和测点 6 风速高，并且风速梯度随风速的增加而增大，风速梯度值见表 4 - 26。

表 4 - 26　断面 5 不同来流风速下风速梯度值

来流风速/(m·s^{-1})	5.75	8.67	10.48	12.28	14.19	15.75
风速梯度/s^{-1}	0.15	1.08	2.81	5.92	10.35	8.27
风速梯度均值/s^{-1}	4.79					

图 4 - 59 是浓缩风能装置模型在自然风场风速分别为 4.26m/s、6.38m/s、8.44m/s、10.74m/s、13.12m/s 和 15.92m/s 时，断面 6 测点 1～测点 6 沿径向的速度分布。图 4 - 59 显示断面 6 上的风速沿径向产生了速度梯度，计算见式（4 - 23），表现为靠近中心处风速较远离中心处风速小，也就是测点 3 和测点 4 风速没有测点 1 和测点 6 风速高，并且风速梯度随风速的增加而增大，风速梯度值见表 4 - 27。

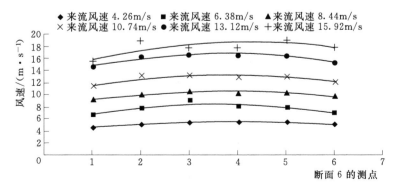

图 4 - 59　断面 6 测点的不同风速下风速分布

表 4-27　断面 6 不同来流风速下风速梯度值

来流风速/(m·s⁻¹)	4.26	6.38	8.44	10.74	13.12	15.92
风速梯度/s⁻¹	−0.88	−2.19	−1.65	−2.54	−4.04	−0.04
风速梯度均值/s⁻¹	−1.89					

图 4-60 是浓缩风能装置模型在自然风场风速分别为 4.94m/s、6.38m/s、8.81m/s、10.44m/s、14.22m/s 和 15.82m/s 时，断面 7 测点 1～测点 6 沿径向的速度分布。图 4-60 显示断面 7 上的风速沿径向产生了速度梯度，计算见式（4-23），表现为靠近中心处风速较远离中心处风速小，也就是测点 3 和测点 4 风速没有测点 1 和测点 6 风速高，并且风速梯度随风速的增加而增大，风速梯度值见表 4-28。

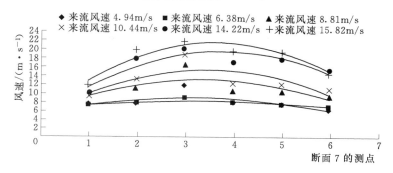

图 4-60　断面 7 测点的不同风速下风速分布

表 4-28　断面 7 不同来流风速下风速梯度值

来流风速/(m·s⁻¹)	4.94	6.38	8.81	10.44	14.22	15.82
风速梯度/s⁻¹	−2.15	−2.19	−3.96	−4.92	−7.07	−14.96
风速梯度均值/s⁻¹	−5.88					

图 4-61 是浓缩风能装置模型在自然风场风速分别为 4.26m/s、5.57m/s、8.05m/s、10.24m/s、14.36m/s 和 15.71m/s 时，断面 8 测点 1～测点 6 沿径向的速度分布。图 4-61 显示断面 8 上的风速沿径向产生了速度梯度，计算见式（4-23），表现为靠近中心处风速较远离中心处风速小，也就是测点 3 和测点 4 风速没有测点 1 和测点 6 风速高，并且

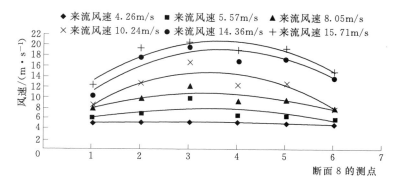

图 4-61　断面 8 测点的不同风速下风速分布

风速梯度随风速的增加而增大，风速梯度值见表 4 - 29。

表 4 - 29　断面 8 不同来流风速下风速梯度值

来流风速/(m·s⁻¹)	4.26	5.57	8.05	10.24	14.36	15.71
风速梯度/s⁻¹	−2.11	−2.46	−5.46	−10.15	−10.88	−15.15
风速梯度均值/s⁻¹	−7.70					

由于车载实验的局限性，每次实验的车速不一定完全相等，但可以判定浓缩风能装置内的流体流动趋势。可以看出在整个浓缩风能装置内，在收缩段边缘流速高，中央圆筒截面边缘流速高中间风速低，扩散段边缘流速低中间风速高，并且收缩段与扩散段流体流速梯度的模大于中央圆筒流体流速梯度的模。

以来流流速（10±0.8）m/s 为参考，将断面 1～断面 8 流速变化绘在图中，更能显示这一趋势。车载实验浓缩风能装置内不同断面流速变化如图 4 - 62 所示。

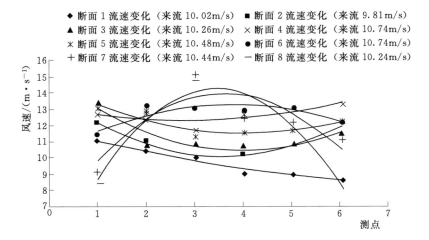

图 4 - 62　车载实验浓缩风能装置内不同截面流速变化

以来流（10±0.8）m/s 为参考，将测点 1 的断面 1～断面 8 风速做图，距中央圆筒壁面 28.8mm 处流速沿轴向变化如图 4 - 63 所示。从图 4 - 63 可以看出在距壁面 28.8mm 处

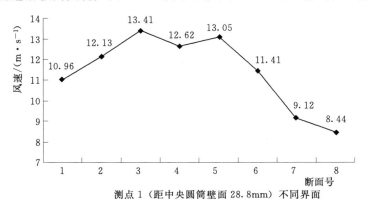

测点 1（距中央圆筒壁面 28.8mm）不同界面

图 4 - 63　距中央圆筒壁面 28.8 处流速沿轴向变化

轴向流速变化情况，在断面 3 和断面 5 出现波峰，在断面 4 处出现波谷，证明了模拟结果中的边界层效应的存在，模拟结果与实验相符。

3. 测试数据的统计分析

对来流（10±0.8）m/s 时中央圆筒中间断面各测点流速统计分析，计算了 500 个样本的均值、均值标准差、方差、最大值、最小值和 95％置信区间，结果见表 4-30。

表 4-30 来流（10±0.8）m/s 时中央圆筒中间断面各测点流速统计分析

样本数（500）	均值	均值标准差	方差	最大值	最小值	95％置信区间
测点 1	12.703	0.334	0.115	13.50	11.91	[12.674，12.733]
测点 2	12.884	0.376	0.141	13.74	12.00	[12.849，12.914]
测点 3	13.971	0.246	0.061	14.69	13.41	[13.951，13.992]
测点 4	13.038	0.293	0.085	13.77	12.36	[13.011，13.064]
测点 5	13.430	0.232	0.054	14.01	12.94	[13.410，13.449]
测点 6	13.836	0.197	0.039	14.41	13.33	[13.819，13.853]

从表 3-80 中可以看出测点 1、2 的方差、均值标准差和 95％置信区间均比其他测点值大，相对不稳定，主要是因为地面和汽车驾驶室影响所致。总体上浓缩风能装置中央圆筒中间断面均值标准差小于 0.35，方差小于 0.15，95％置信区间宽度小于 0.06m/s，满足工程实际设计要求。

4.3.5 实验误差分析

1. 由温度变化引起的误差分析

由图 3-205 试验时空气环境随时间变化知实验过程中温度在 27～29.5℃之间变化，大气压力在 886～888hPa 之间变化。在数据处理中按照平均温度 28℃，平均大气压为 887hPa，计算得出统一空气密度为 1.026kg/m³。表 4-31 中列出了由于温度变化引起的误差分析，理论密度误差由式（4-19）计算得出，理论速度误差由式（4-20）计算得出。浓缩风能装置车载实验误差与理论误差比较见表 4-31。由表 4-31 得出，由温度变化引起密度相对误差为 -0.05％～0.03％，用统一空气密度进行数据处理时风速速度相对误差为 -0.15％～0.15％。

表 4-31 浓缩风能装置车载实验误差与理论误差比较

温度/℃	大气压力/hPa	密度/(kg·m⁻³)	理论密度相对误差/%	理论速度相对误差/%	与统一密度相对误差/%	实际速度相对误差/%
27	886	1.029	0.03	-0.15	0.03	-0.15
28	887	1.026	0	0	0	0
29.5	888	1.023	-0.05	0.15	-0.03	0.15

2. 由多通道压力计分辨率引起的误差分析

当实验温度为 28℃，大气压为 88700Pa 时，计算得出空气密度为 1.026kg/m³，当自

然风速为 6m/s、8m/s、10m/s、12m/s、14m/s 时，可计算出压力差为

$$P_t - P_s = \Delta P = \frac{1}{2}\rho u^2 = P_d \qquad (4-24)$$

不同风速下的压力差见表 4-32。

表 4-32　不同风速下的压力差

自然风速/(m·s⁻¹)	6	8	10	12	14
动压 P_d/Pa	18.5	32.8	51.3	73.9	100.5

实验时当偏离（18.5±1）Pa、（32.8±1）Pa、（51.3±1）Pa、（73.9±1）Pa、（100.5±1）Pa 时，引起风速相对误差范围分别在 −2.74%～2.70%，−1.54%～1.51%，−0.98%～0.97%，−0.68%～0.67%，−0.50%～0.50%。

4.3.6　结论

（1）从测试结果可以看出，流体流过浓缩风能装置首先靠近壁面流体被加速；在中间断面前，近壁面流速超过中心轴流体流速，而后在中央圆筒附近达到最高值，之后随着轴向距离增加，逐渐形成中间流体流速大于近壁面流体流速的流场。

（2）在距中央圆筒壁面 50mm 附近出现边界层效应，波峰 1 出现在中间断面前 0.11m 处，波峰 2 出现在中间断面后 0.07m 处，波谷出现在中间断面后 0.02m 处。

（3）浓缩风能装置内中央圆筒流速以中心轴为圆心在半径方向上具有随半径增加流速加大的流速梯度。当来流流速为 10.74m/s 时，中间断面径向流速梯度为 2.35L/s。

（4）浓缩风能装置中央圆筒中间断面的实验数据在总体上均值标准差小于 0.35，方差小于 0.15，95% 置信区间宽度小于 0.06m/s，满足工程实际设计要求。

第 5 章　浓缩风能型风电机组
系统建模仿真研究

5.1　浓缩风能装置流场风切变特性实验研究

5.1.1　浓缩风能装置的流场仿真与实验

浓缩风能型风电机组工作时是将浓缩风能装置放在无限大的流场中，流体流过浓缩风能装置内安装的叶片，驱动叶片，风能被吸收、转化为机械能，之后通过发电机转化为电能。这其中浓缩风能装置是整流流场的关键设备，其整流作用将影响到风力发电的效率与安全。为全面了解浓缩风能装置的流场情况，首先进行数值计算，然后进行实验。

1. 浓缩风能装置模型建立

（1）几何模型确定。浓缩风能型风电机组以 200W 机型应用最为广泛，已经在我国和日本多个地区应用。考虑实际应用与车载实验等研究的易于实现性，几何模型以 200W 机组为原型，进行比例缩小，具体参数为工作段直径 900mm中央圆筒，收缩段直径从 1272mm 变化到 900mm，扩散段直径从 900mm 变化到 1272mm，收缩段与工作段通过圆弧过渡的浓缩风能装置几何模型如图 5-1 所示。

（2）物理模型确定。在实际的风力发电中，浓缩风能装置处于自然界的温度、压力和风速下，浓缩风能装置壁面厚度和热量传递可忽略不计。

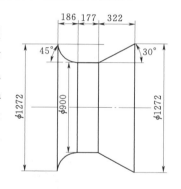

图 5-1　浓缩风能装置几何
模型（单位：mm）

因此，物理模型简化为常温常压下的流体低速流动，不考虑浓缩风能装置壁面厚度和温度传热等影响，只考虑均匀来流时浓缩风能装置的内部流场，即简化为非传热稳态不可压缩流体问题。

数学模型的简化：根据物理模型的简化，基本控制方程为连续性方程、Navier-stokes 方程，湍流模型为标准 k-ε 模型。

连续性方程为

$$\nabla u = 0$$

Navier-stokes 方程为

$$f_i - \frac{1}{\rho}\frac{\partial p}{\partial x_i} + \frac{\mu}{\rho}\nabla^2 u_i = \frac{\partial u_i}{\partial t} + u_j\frac{\partial u_i}{\partial x_j} \tag{5-1}$$

式中　∇^2——拉普拉斯算子 $\nabla^2 = \dfrac{\partial^2}{\partial x^2} + \dfrac{\partial^2}{\partial y^2} + \dfrac{\partial^2}{\partial z^2}$；

ρ——流体密度，kg/m^3；

u——流体流速，m/s；

p——压强，Pa；

μ——动力黏性系数（假定为常数，温度变化较小时成立），$Pa \cdot s$；

f——单位质量力，N。

标准 $k - \varepsilon$ 湍流模型为

$$\begin{cases} \dfrac{\partial(\rho k)}{\partial t} + \dfrac{\partial(\rho u_i k)}{\partial x_i} = \dfrac{\partial}{\partial x_i}\left[\left(\mu + \dfrac{\mu_t}{\sigma_k}\right)\dfrac{\partial k}{\partial x_i}\right] + P_k - \rho\varepsilon \\ \dfrac{\partial(\rho\varepsilon)}{\partial t} + \dfrac{\partial(\rho u_i\varepsilon)}{\partial x_i} = \dfrac{\partial}{\partial x_i}\left[\left(\mu + \dfrac{\mu_t}{\sigma_\varepsilon}\right)\dfrac{\partial\varepsilon}{\partial x_i}\right] + C_{\varepsilon1}P_k\dfrac{\varepsilon}{k} - C_{\varepsilon2}\dfrac{\varepsilon^2}{k} \end{cases} \tag{5-2}$$

$$P_k = \frac{1}{2}\left[\mu_t\left(\frac{\partial u_i}{\partial x_j} + \frac{\partial u_j}{\partial x_i}\right) - \frac{2}{3}u_t\frac{\partial u_j}{\partial x_i}\delta_{ij} - \frac{2}{3}\rho k\delta_{ij}\right]\left(\frac{\partial u_i}{\partial x_j} + \frac{\partial u_j}{\partial x_i}\right) \tag{5-3}$$

式中　　　　　u_t——湍流黏性系数，$u_t = \rho C_\mu\dfrac{k^2}{\varepsilon}$；

k、ε——湍动能和湍流耗散率；

P_k——湍动能生成项；

σ_k、σ_ε、$C_{\varepsilon1}$、$C_{\varepsilon2}$、C_μ——模型常数，$\sigma_k = 1$，$\sigma_\varepsilon = 1.3$，$C_{\varepsilon1} = 1.44$，$C_{\varepsilon2} = 1.92$，$C_\mu = 0.09$。

2. 计算域的确定

考虑计算机的配置以及计算速度，同时减少计算边界对结果的影响，计算区域尺寸为 $L \times B \times H = 7.2m \times 7.2m \times 7.2m$，计算模型尺寸为 $L \times \phi = 0.685m \times 1.272m$，计算模型中心位置为（0，0，0）。同时保证出口边界处流体不产生回流。

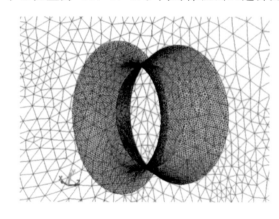

图 5-2　中央圆筒直径 900mm 浓缩风能
装置计算区域网格划分

3. 模型网格划分

网格划分软件较多，采用 ICEM 进行网格划分，网格质量在 0.38 以上。对浓缩风能装置内部流场网格划分地比较密，考虑到壁面的边界层效应，靠近壁面的网格更加细化。由于非结构化网格具有计算效率好、建立网格性能好等优点，网格划分尽量全部采用质量较高的非结构网格。网格体积最小 $5.794 \times 10^{-8}m^3$，最大 $1.4861 \times 10^{-2}m^3$，网格划分如图 5-2 所示。网格数量 1261645 个。

4. 边界条件确定

根据实际与模拟情况，边界条件采用速度入口边界条件，均匀平行来流 10m/s 流速；出口边界条件为压力出口，自由出流，相对静压为 0；计算域其他边界均为对称边界；壁面为无滑移边界条件。

5. 模拟结果与分析

根据上述模型，在均匀平行来流风速 10m/s，风向沿 Z 轴正方向的初始条件下，运用 CFD 软件进行计算，得到流场计算结果。将计算区域沿中心线剖开得到矢量云图和流体速度变化图。

仿真区域整体矢量云图如图 5-3 所示，由图 5-3 可以看出，在整个计算区域内，流体的速度变化集中在浓缩风能装置附近。在浓缩风能装置外部迎风面流速降低，静压升高；在浓缩风能装置内出现较高流速，尾流出现流速低于来流风速情况；之后流过浓缩风能装置的流体逐渐与外界流体成为一体。

流速/(m·s⁻¹)

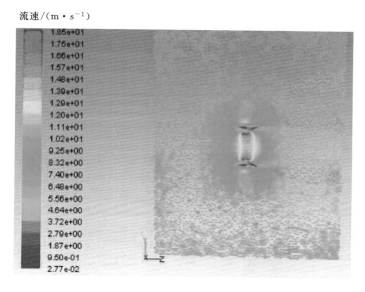

图 5-3　仿真区域整体矢量云图

中央圆筒直径 900mm 浓缩风能装置内矢量云图如图 5-4 所示，由图 5-4 可以看出，浓缩风能装置内外出现两种不同的风速分布。在浓缩风能装置内部入口处流体顺利进入，没有出现旋涡而产生能量损失。在整个浓缩风能装置内，中央圆筒处风速最大，并且速度分布沿径向朝壁面方向逐渐增大，在中央圆筒处靠近壁面处风速较大达到高峰值。从轴心

流速/(m·s⁻¹)

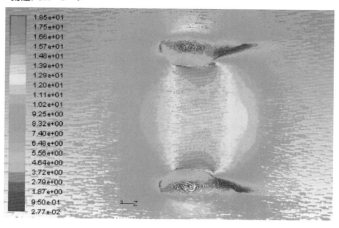

图 5-4　中央圆筒直径 900mm 浓缩风能装置内矢量云图

向壁面层层推进，所以离壁面近的流体速度要大于轴心的流体速度。在浓缩风能装置内部出现负压，造成压差，产生抽吸作用，从而使浓缩风能装置内风速增加，达到发电功率增加的目的。

来流风速 10m/s 风能装置竖断面流速等值线如图 5-5 所示。由图 5-5 可以看出，浓缩风能装置内外出现两种不同的流速分布。在浓缩风能装置内部入口处流体顺利进入，没有出现漩涡而产生能量损失。在整个浓缩风能装置内，收缩段边缘流速高，中央圆筒断面边缘流速高中间风速低，扩散段边缘流速低中间风速高。中央圆筒流速最大，达到 14m/s，并且流速分布沿径向朝壁面方向逐渐增大，达 16m/s。浓缩风能装置的壁面上流体无滑移，在壁面附近形成薄薄的边界层，边界层内速度陡然下降，直至壁面处的速度为零。在扩散段的尾部靠近壁面处风速较低，出现低风速值，但没有出现漩涡；在浓缩风能装置外部壁面处出现漩涡，有大量的能量损失。在浓缩风能装置的迎流边缘点出现速度为零的滞止点，静压最高。

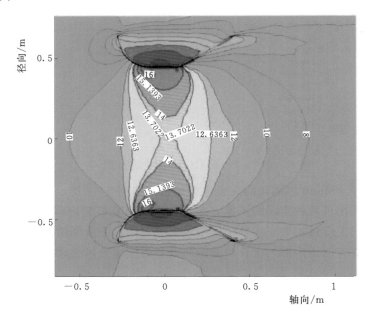

图 5-5　来流风速 10m/s 浓缩风能装置竖断面流速等值线
注：图中横坐标 0 点为中间断面，纵坐标 0 点为浓缩风能装置中心。

中央圆筒直径 900mm 浓缩风能装置各个特征横断面流速分布如图 5-6 所示。由图 5-6 可以看出，在中央圆筒的三个横断面上流速变化规律基本相近，在圆筒壁面处流速从零迅速增加到最大 16m/s，然后逐渐降低至中心处流速 14m/s，并以中央圆筒中心为对称分布。浓缩风能装置入口断面有速度为 0 的点，即在浓缩风能装置的迎流边缘点出现速度为零的滞止点，静压最高。

中央圆筒直径 900mm 浓缩风能装置内轴向流速变化如图 5-7 所示。图 5-7 可以看出，在距中心不同半径处轴向流速变化不同。中心轴处沿轴向流速变化幅度相对较小，随着距中心半径加大，流速沿轴向变化幅度逐渐加大；在入口断面上，随距中心轴半径减

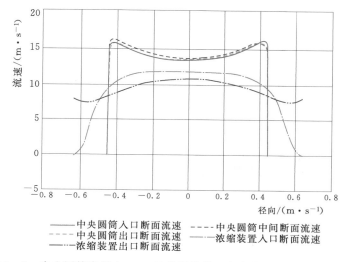

图 5-6 中央圆筒直径 900mm 浓缩风能装置各个特征横截面流速分布

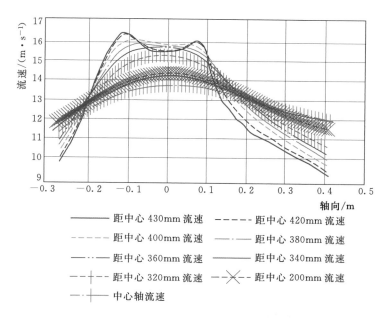

图 5-7 中央圆筒直径 900mm 浓缩风能装置内轴向流速变化

注：横坐标 0 点为中间断面。

小，流速从 10m/s 逐渐加大到 11.5m/s；流体进入浓缩风能装置后，边缘流速逐渐加大，在中间截面前 0.22m 处，边缘流速超过中心轴流速，之后在中央圆筒附近达到最高值，最后随着轴向距离加大流速逐渐降低，呈现中心轴处流速高边缘处流速低的现象。

在距中央圆筒边缘 50mm 附近出现边界层效应，中间断面前 0.11m 处出现 1 个流速波峰，中间断面后 0.07m 出现 1 个流速波峰，2 个波峰之间中间断面后 0.02m 处出现流速降低的波谷，波谷即是边界层效应的表现。

通过仿真分析得出如下结论：

（1）从仿真结果可以看出，流体流过浓缩风能装置首先靠近壁面的流体被加速；在中间断面前 0.22m 处，近壁面流速超过中心轴流体流速，随后在中央圆筒附近达到最高值，之后随着轴向距离增加，逐渐形成中间流体流速大于近壁面流体流速的流场。

（2）在距中央圆筒壁面 50mm 附近出现边界层效应，波峰 1 出现在中间断面前 0.11m 处断面，波峰 2 出现在中间断面后 0.07m 处断面，波谷出现在中间断面后 0.02m 处断面。

（3）浓缩风能装置内中央圆筒流速以中心轴为圆心在半径方向上具有随半径增加流速加大的流速梯度。

5.1.2　风切变下传统浓缩风能装置的流场仿真

1. 风切变理论

自然界中，空气相对于地球表面的运动形成风。根据风电机组的结构特征，该方面风特性的研究主要针对距地面 200m 以内的大气层。在大气边界层中，自然风在高度方向上呈现一定速度梯度，其速度梯度规律称为风切变或风速廓线，风速廓线有指数分布规律和对数分布规律。

（1）指数规律。自然界的平均风可用指数函数描述风速沿高度变化的规律，风速计算常用指数模型比如

$$\frac{v(H)}{v(H_0)} = \left(\frac{H}{H_0}\right)^\alpha \qquad (5-4)$$

式中　$v(H)$——距地面 H 高度处的平均风速，m/s；

　　　　H_0——标准参考高度，m，我国标准参考高度取距地面 10m；

　　　　$v(H_0)$——标准参考高度处的平均风速，m/s；

　　　　H——任一垂直高度，m；

　　　　α——地面粗糙度指数，其取值与地表植被、土壤、大气等许多因素相关。地形越光滑，地表对气流的阻滞作用越小，α 也越小，否则相反。

地面粗糙度常用取值见表 5-1。

表 5-1　地面粗糙度常用取值

植被	近海海面、海岛、海岸、湖岸及沙漠	空旷田野、乡村、丛林、丘陵及房屋比较稀疏的中小城镇和大城市郊区	有密集建筑群的城市市区	有密集建筑物且有大量高层建筑的大城市市区
粗糙度指数	0.12	0.16	0.22	0.3

（2）对数规律。在距地面为 100m 高度内的表面层中，风速随高度的变化可以采用普郎特对数律分布公式表示为

$$v(H) = \frac{v^*}{k} \ln \frac{H}{h_0} \qquad (5-5)$$

式中　v^*——摩擦速度，m/s，一般取值为 0.1～0.3m/s；

　　　　k——卡门常数，一般近似取 0.4；

　　　　h_0——地表面粗糙长度，其值与不同地表面状况有关。

若 v^* 不随高度变化，式（5-5）可简化为

$$\frac{v(H)}{v(H_0)} = \frac{\ln \dfrac{H}{h_0}}{\ln \dfrac{H_0}{h_0}} \qquad\qquad (5-6)$$

由式（5-6）可以看出在相同的地貌和湍流边界层（中性）条件下，指数规律和对数规律不可能完全一致，但在一定高度范围内，指数规律能够较好地拟合风速剖面。对工程应用而言，以单一的指数描述一定高度范围内的风速剖面能够满足要求。

2. 风切变下浓缩风能型风电机组传统浓缩装置的流场仿真

（1）模型建立。

1）几何模型确定。几何模型具体参数：工作段直径为 300mm 的中央圆筒，收缩段直径从 400mm 变化到 300mm，扩散段直径从 300mm 变化到 400mm，传统浓缩风能装置模拟用几何模型如图 5-8 所示。

2）物理、数学模型确定。

在实际的风力发电中，浓缩风能装置处于自然界的温度、压力和风速下，浓缩风能装置壁面厚度和热量传递可忽略不计。

因此物理模型可简化为常温常压下的流体低速流动，不考虑浓缩风能装置壁面厚度和温度传热等影响，只考虑均匀来流时浓缩风能装置的内部流场，即非传热稳态不可压缩流体问题。

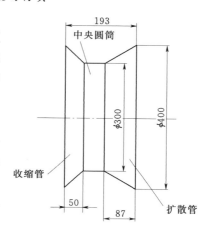

图 5-8 传统浓缩风能装置模拟用几何模型（单位：mm）

数学模型的简化：根据物理模型的简化，基本控制方程为连续性方程、Navier-stokes 方程，湍流模型为标准 $k-\varepsilon$ 模型。

（2）计算域的确定。考虑计算机的配置和减少计算边界的影响，计算模型尺寸为 $\phi400\text{mm}\times193\text{mm}$，计算域尺寸为 $2\text{m}\times2\text{m}\times1.6\text{m}$，计算模型中心位置为（0.028，0，0）。同时保证出口边界处流体不产生回流。

（3）网格划分。网格划分的好坏直接影响到求解的精度与速度，合理区分区域进行网格划分，能够有效提高计算速度并满足精度。研究人员采用 ICEM 对模拟的计算区域进行分区域网格划分，对浓缩风能装置的外部，网格相对疏一些，对浓缩风能装置的内部流场的网格控制比较密，考虑到壁面的边界层效应，靠近壁面的网格更细化，并尽量全部采用质量较高的非结构网格，质量在 0.38 以上。计算区域包含 3737557 个单元，611153 个节点，网格体积最小 $2.461\times10^{-10}\ \text{m}^3$，最大 $2.509\times10^{-5}\ \text{m}^3$。网格划分如图 5-9 所示。

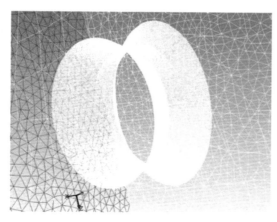

图 5-9 传统浓缩风能装置计算区域网格划分

（4）边界条件。入口边界条件：速度

入口，采用来流风速 $u=12.075h^{0.2385}\,\mathrm{m/s}$。出口边界条件：压力出口，自由发展出流，参考压力 0Pa。

（5）模拟结果与分析。根据上述模型，在来流风速 $u=12.075h^{0.2385}\,\mathrm{m/s}$，风向沿 X 轴正方向的初始条件下，运用 CFD 软件进行计算，得到流场计算结果。将计算区域沿中心线剖开得到矢量云图和流体速度变化图。

流速/(m·s⁻¹)

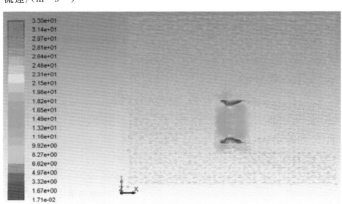

图 5-10　计算区域整体矢量云图

计算区域整体矢量云图如图 5-10 所示。由图 5-10 可以看出，在整个计算区域内，流体的速度变化集中在浓缩风能装置附近。在浓缩风能装置外部迎风面流速降低，静压升高；在浓缩风能装置内出现较高流速，尾流出现流速低于来流风速的情况；之后流过浓缩风能装置的流体逐渐与外界流体成为一体。

传统浓缩风能装置内矢量云图如图 5-11 所示。由图 5-11 可以看出，浓缩风能装置

流速/(m·s⁻¹)

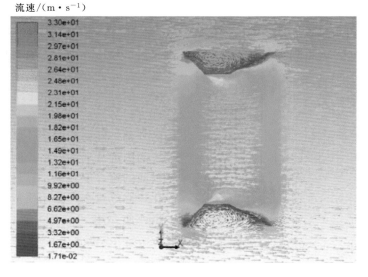

图 5-11　传统浓缩风能装置内矢量云图

内外出现两种不同的风速分布。在浓缩风能装置内部入口处流体顺利进入，没有出现漩涡而产生能量损失。在整个浓缩风能装置内，中央圆筒处风速最大，并且速度分布沿径向朝壁面方向逐渐增大，在中央圆筒靠近壁面处风速较大，达到高峰值；由于交接处的尖角所致，浓缩风能装置的收缩段与工作段交接处流速方向偏离 X 轴方向；在扩散段的尾部靠近壁面处风速较低，浓缩风能装置外部风速较小，出现低风速值，但没有出现漩涡。流速从轴心向壁面层层推进，所以靠近壁面处的流体速度要大于轴心的流体速度。在浓缩风能装置内部出现负压，造成压差，产生抽吸作用，从而使浓缩风能装置内风速增加，达到发电功率增加的目的。

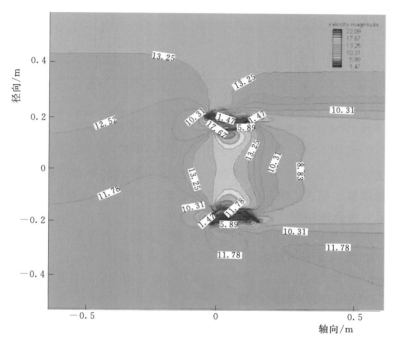

图 5-12　来流风速下传统浓缩风能装置竖断面流速等值线

注：图中横坐标 0 点为收缩段与中央圆筒交接断面，纵坐标 0 点为浓缩风能装置中心。

来流风速下传统浓缩风能装置竖断面流速等值线如图 5-12 所示。由图 5-12 可以看出，浓缩风能装置内外出现两种不同的流速分布。来流风速具有 $u=12.075h^{0.2385}$ m/s 速度梯度，在浓缩风能装置内部入口处流体顺利进入，没有出现旋涡而产生能量损失。在整个浓缩风能装置内，浓缩风能装置收缩段边缘流速高，中央圆筒断面边缘流速高、中间风速低，扩散段边缘流速低、中间风速高。中央圆筒流速最大，达到 14m/s，并且流速分布沿径向朝壁面方向逐渐增大，达到 16m/s。浓缩风能装置的壁面上流体无滑移，在壁面附近形成薄薄的边界层，边界层内速度陡然下降，直至壁面的速度为零；在扩散段的尾部靠近壁面处风速较低，出现低风速值，但没有出现漩涡。

在浓缩风能装置外部壁面处出现漩涡，有大量的能量损失。浓缩风能装置迎流边缘点出现速度为零的滞止点，静压最高。

传统浓缩风能装置各个特征横断面流速分布如图 5-13 所示。由图 5-13 可以看出，

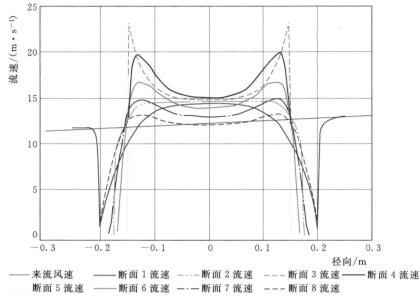

图5-13　传统浓缩风能装置各个特征横断面流速分布

在来流速度梯度 $u=12.075h^{0.2385}$ m/s 情况下，在中央圆筒的断面3~断面5三个横断面上，流速变化规律基本相近。浓缩风能装置中心轴上下两部分流速不是完全相等，下部流速较上部流速低，但低的幅度比来流风速的幅度小。

断面1从竖直 Y 方向−0.25m 至+0.25m 处的流速，表现为−0.25m 处为来流风速值，随着 Y 值的增大，逐渐靠近浓缩风能装置，流速开始降低，在−0.2m 处流速急剧降低为0；随后 Y 值增大，流速也逐渐增大，到中心轴 Y 值为0时流速达到最大，之后流速下降到0，然后急剧恢复到来流风速值。

断面3出现流速峰值的尖角是由于收缩段与中央圆筒结合处为尖角。

断面6~断面8流速变化规律基本接近。

传统浓缩风能装置内距中心轴不同半径处沿轴向流速变化如图5-14所示。由图5-14可以看出，来流风速具有 $u=12.075h^{0.2385}$ m/s 速度梯度，在不同高度上来流风速具有不同值，−0.125m 高度和0.125m 高度是浓缩风能装置中心轴对称的位置，在 X 轴坐标为−0.6m 时，来流风速具有不同风速，0.125m 高度的风速大于−0.125m 高度的风速；随着流动不断进行，两者流速差距不断减小，在中央圆筒处差距达到最小，仿真表明风切变下传统浓缩风能装置具有提高风力发电质量和载荷均匀度的作用。

另外，可以看出0.135m 高度上（距中央圆筒壁面15mm 处），在中央圆筒处出现流速的波动，进入中央圆筒时有一波峰，流出中央圆筒时有一波峰，两波峰中间为波谷，也就是在浓缩风能装置中央圆筒壁面处出现边界层效应。

3. 小结

通过仿真分析得出如下结论：

（1）建立了浓缩风能装置的风切变模拟模型，以 $u=12.075h^{0.2385}$ m/s 风速梯度为来流风速进行了风切变数值计算，模拟显示浓缩风能装置具有减轻风切变的作用。

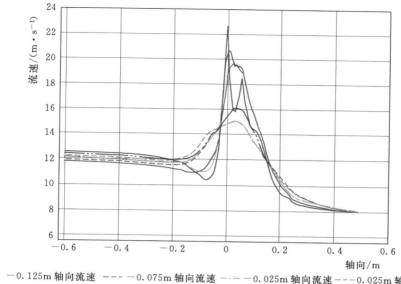

图 5-14 传统浓缩风能装置内距中心轴不同半径处沿轴向流速变化

（2）在距中央圆筒壁面15mm附近出现边界层效应。

（3）仿真表明风切变下传统浓缩风能装置具有提高风力发电质量和载荷均匀度作用。

5.1.3 风切变下浓缩风能装置改进模型Ⅰ的流场仿真

1. 浓缩风能装置改进设计

由前面研究发现，传统浓缩风能装置具有整流风切变的作用，可以在一定程度上降低风切变带来的叶片动载荷问题，进一步改进浓缩风能装置的结构，可以进一步使浓缩风能装置降低风切变对风能吸收系统的冲击，使风力发电系统稳定运行。本试验对浓缩风能装置的结构进行了改进，设计了2种改进的浓缩风能装置模型，即改进模型Ⅰ和改进模型Ⅱ。改进模型Ⅰ如图5-15所示。

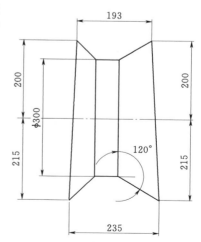

2. 风切变下浓缩风能装置改进模型Ⅰ的流场仿真

（1）模型建立。

1）几何模型确定。如图5-15所示，几何模型为非对称结构，具体参数：工作段直径为300mm的中央圆筒，收缩段直径从400mm变化到300mm，扩散段直径从300mm变化到400mm。

2）物理模型确定。在实际的风力发电中，浓缩风能装置处于自然界的温度、压力和风速下，浓缩风能装置壁面厚度和热量传递可忽略不计。

图 5-15 浓缩风能装置改进
模型Ⅰ（单位：mm）

物理模型的简化：常温常压下的流体低速流动，不考虑浓缩风能装置壁面厚度和温度传热等影响，只考虑均匀来流时浓缩风能装置的内部流场，则可简化为非传热稳态不可压缩流体问题。

数学模型的简化：根据物理模型的简化，基本控制方程为连续性方程、Navier - stokes 方程，湍流模型为标准 $k - \varepsilon$ 模型。

（2）计算域的确定。考虑计算机的配置和减少计算边界的影响，计算模型尺寸为 $\phi 400\text{mm} \times 235\text{mm}$，计算域尺寸为 $2.1\text{m} \times 1.8\text{m} \times 2.4\text{m}$，计算模型中心位置为（0.028，0，0）。同时保证出口边界处流体不产生回流。

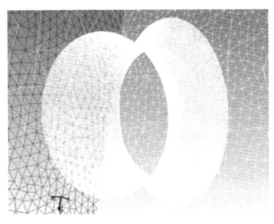

图 5 - 16　改进模型 I 计算区域网格划分

（3）网格划分。网格划分的好坏直接影响到求解的精度与速度，合理区分区域进行网格划分，能够有效提高计算速度并满足精度。因此，对模拟的计算区域进行分区域网格划分，浓缩风能装置的外部流场网格相对疏一些，浓缩风能装置内部流场的网格控制比较密，考虑到壁面的边界层效应，靠近壁面的网格更细化，并尽量全部应用非结构化网格。计算区域包含 4267281 个单元，698376 个节点，网格体积最小 $3.4485 \times 10^{-10}\,\text{m}^3$，最大 $2.772 \times 10^{-5}\,\text{m}^3$，网格划分如图 5 - 16 所示。

（4）边界条件确定。边界条件：入口边界条件，采用速度来流风速 $u = 12.075h^{0.2385}\,\text{m/s}$；出口边界条件：压力出口，自由发展出流，参考压力 0Pa；计算域其他边界均为对称边界。

（5）模拟结果与分析。根据上述模型，在来流风速 $u = 12.075h^{0.2385}\,\text{m/s}$，风向沿 X 轴正方向的初始条件下，运用 CFD 软件进行计算，得到流场计算结果。将计算区域沿中心线剖开得到矢量云图和流体速度变化图。

改进模型 I 计算区域整体矢量云图如图 5 - 17 所示。由图 5 - 17 可以看出，在整个计

流速/$(\text{m} \cdot \text{s}^{-1})$

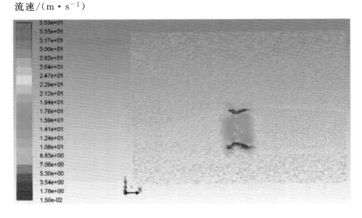

图 5 - 17　改进模型 I 计算区域整体矢量云图

算区域内，流体的速度变化集中在浓缩风能装置附近。在浓缩风能装置外部迎风面流速降低，静压升高；在浓缩风能装置内出现较高流速，尾流出现流速低于来流风速情况；而后流过浓缩风能装置的流体逐渐与外界流体成为一体。

浓缩风能装置改进模型Ⅰ内矢量云图如图 5-18 所示。由图 5-18 可以看出，浓缩风能装置内外出现两种不同的风速分布。在浓缩风能装置内部入口处流体顺利进入，没有出现漩涡而产生能量损失。在整个浓缩风能装置内，中央圆筒处风速最大，并且速度分布沿径向朝壁面方向逐渐增大，在中央圆筒靠近壁面处风速较大，达到高峰值；由于交接处的尖角所致，浓缩风能装置的收缩段与工作段交接处流速方向偏离 X 轴方向，在扩散段的尾部靠近壁面处风速较低。浓缩风能装置外部风速较小，出现低风速值，但没有出现漩涡。流速从轴心向壁面层层推进，所以靠近壁面处的流体速度要大于轴心的流体速度。在浓缩风能装置内部出现负压，造成压差，产生抽吸作用，从而使浓缩风能装置内风速增加，达到发电功率增加的目的。

流速/(m·s⁻¹)

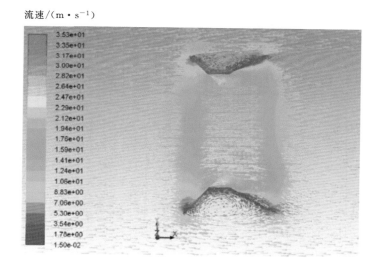

图 5-18　浓缩风能装置改进模型Ⅰ内矢量云图

来流风速下浓缩风能装置改进模型Ⅰ竖断面流速等值线如图 5-19 所示。由图 5-19 可以看出，浓缩风能装置内外出现两种不同的流速分布。来流具有 $u=12.075h^{0.2385}$ m/s 风速梯度，在浓缩风能装置内部入口处流体顺利进入，没有出现漩涡而产生能量损失。在整个浓缩风能装置内，浓缩风能装置收缩段边缘流速高，中央圆筒断面边缘流速高、中间风速低，扩散段边缘流速低、中间风速高。中央圆筒流速最大，达到 14.76m/s，并且流速分布沿径向朝壁面方向逐渐增大，达到 16m/s。浓缩风能装置的壁面上流体无滑移，在壁面附近形成薄薄的边界层，边界层内速度陡然下降，直至壁面的速度为零。

在浓缩风能装置内部距中心轴同样半径的位置有下部流速大于上部流速的趋势。在浓缩风能装置外部壁面处出现漩涡，有大量的能量损失。浓缩风能装置迎流边缘点出现速度为零的滞止点，静压最高。

浓缩风能装置改进模型Ⅰ各个特征横断面流速分布如图 5-20 所示。由图 5-20 可以

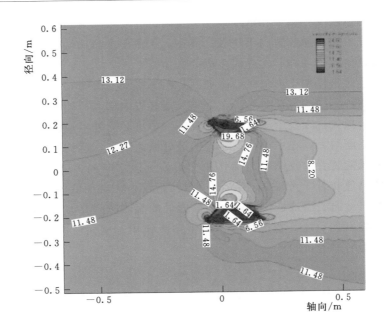

图 5 - 19　来流风速下浓缩风能装置改进模型 Ⅰ 竖断面流速等值线

注：图中横坐标 0 点为收缩段与中央圆筒交接断面，纵坐标 0 点为浓缩风能装置中心。

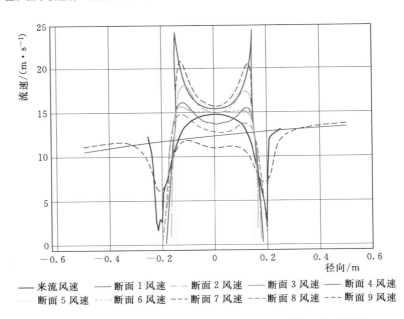

图 5 - 20　浓缩风能装置改进模型 Ⅰ 各个特征横断面流速分布

看出，在来流风速梯度 $u = 12.075h^{0.2385}$ m/s 情况下，中央圆筒的断面 3～断面 5 三个横断面上流速变化规律基本相近，浓缩风能装置中心轴上下两部分流速基本相等，消除风切变带来的流速梯度。断面 1 从竖直 Y 方向 －0.25m 至 ＋0.25m 处的流速变化，表现为 －0.25m 处为来流风速值，随着 Y 值的增大，逐渐靠近浓缩风能装置，流速开始降低，在-0.2m处流速急剧降低为0；随后Y值增大，流速也逐渐增大，到中心轴Y值为0时流速达到最大，之后流速下降到0，然后急剧恢复到来流风速值。

断面3出现流速峰值的尖角是由于收缩段与中央圆筒结合处为尖角。断面6～断面8流速变化规律基本接近。

断面9为浓缩风能装置后0.2m断面位置，总体流速低于来流风速，原因是浓缩风能装置的影响使尾部流场小于来流风速。

浓缩风能装置改进模型Ⅰ内距中心轴不同半径处沿轴向流速变化如图5-21所示。图5-21中可以看出来流风速呈现$u=12.075h^{0.2385}$m/s速度梯度，在不同高度上来流风速具有不同值。-0.125m高度和0.125m高度是浓缩风能装置中心轴对称的位置，在X轴坐标为-0.6m时，来流具有不同风速，0.125m高度处流速大于-0.125m高度处流速；随着流动不断进行，两者流速差距不断减小，在X轴坐标为-0.04m时，-0.125m高度处流速开始大于0.125m高度处流速，在中央圆筒处差距达到最大，之后逐渐接近来流风速。仿真结果表明风切变下浓缩风能装置改进模型Ⅰ具有提高风力发电质量和载荷均匀度作用。

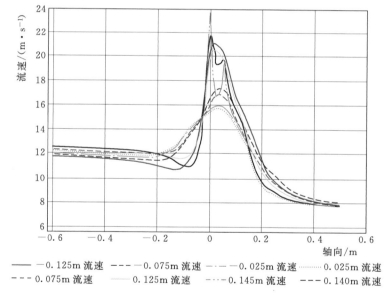

图5-21　浓缩风能装置改进模型Ⅰ内距中心轴不同半径处沿轴向流速变化

另外，可以看出0.135m高度上（距中央圆筒壁面15mm处），在中央圆筒处出现流速的波动，进入中央圆筒时有一波峰，流出中央圆筒时有一波峰，两波峰中间为波谷，也就是在浓缩风能装置中央圆筒壁面处出现边界层效应。

从模拟结果看，浓缩风能装置改进模型Ⅰ进一步提高了减轻风切变作用的能力。

通过仿真分析得出如下结论：

1）从仿真结果可以看出，改进模型Ⅰ具有浓缩风能装置的特性，在不消耗其他能源的情况下，使自然风加速，从而达到提高发电量的作用。

2）建立了浓缩风能装置的风切变模拟模型，以风洞测试的风速梯度为来流风速进行了风切变数值计算，模拟显示浓缩风能装置改进模型Ⅰ具有减轻风切变的作用。

3）在距中央圆筒壁面15mm附近出现边界层效应，进入中央圆筒时有一波峰，流出中央圆筒时有一波峰，两波峰中间为波谷，也就是在浓缩风能装置中央圆筒壁面处出现边界层效应。

4）仿真表明风切变下浓缩风能装置改进模型Ⅰ具有提高风力发电质量和载荷均匀度的作用。

3. 传统浓缩风能装置模型与浓缩风能装置改进模型Ⅰ结果对比

通过对传统浓缩风能装置模型与浓缩风能装置改进模型Ⅰ仿真分析表明：

（1）改进模型Ⅰ具有浓缩风能装置的特性，在不消耗其他能源的情况下，使自然风加速，从而达到提高发电量的作用。

（2）建立了浓缩风能装置的风切变模拟模型，以 $u=12.075h^{0.2385}$ m/s 风速梯度为来流风速进行了风切变数值计算，模拟结果显示传统浓缩风能装置模型与浓缩风能装置改进模型Ⅰ均具有减轻风切变的作用，浓缩风能装置改进模型Ⅰ较传统浓缩风能装置模型作用明显。

（3）模拟结果显示，传统浓缩风能装置模型与浓缩风能装置改进模型Ⅰ在距中央圆筒壁面15mm附近出现边界层效应。

（4）仿真结果表明风切变下传统浓缩风能装置和改进模型Ⅰ均具有提高风力发电质量和载荷均匀度作用。

5.1.4　风切变下浓缩风能装置改进模型Ⅱ的流场仿真与实验

1. 浓缩风能装置改进设计

由前面研究发现，传统浓缩风能装置具有整流风切变作用，可以一定程度降低风切变带来的叶片动载荷问题。浓缩风能装置改进模型Ⅰ削弱风切变作用的能力得到加强。浓缩风能装置改进模型Ⅱ如图5-22所示。

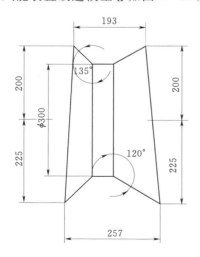

图5-22　浓缩风能装置改进模型Ⅱ（单位：mm）

2. 风切变下浓缩风能装置改进模型Ⅱ的流场仿真

（1）模型建立。

1）几何模型确定。如图5-22所示，几何模型为非对称结构，具体参数：工作段直径为300mm的中央圆筒，收缩段直径从400mm变化到300mm，扩散段直径从300mm变化到400mm。

2）物理模型确定。在实际的风力发电中，浓缩风能装置处于自然界的温度、压力和风速下，浓缩风能装置壁面厚度和热量传递可忽略不计。

物理模型的简化：常温常压下的流体低速流动，不考虑浓缩风能装置壁面厚度和温度传热等影响，只考虑均匀来流时浓缩风能装置的内部流场，则可简化为非传热稳态不可压缩流体问题。

数学模型的简化：根据物理模型的简化，基本控制方程为连续性方程、Navier-stokes方程，湍流模型为标准 $k-\varepsilon$ 模型。

（2）计算域的确定。考虑计算机的配置和减少计算边界的影响，计算模型尺寸为 $\phi400mm \times 257mm$，计算域尺寸为 $2.2m \times 1.7m \times 2.6m$，计算模型中心位置为（0.028，0，0）。同时保证出口边界处流体不产生回流。

（3）网格划分。网格划分的好坏直接影响到求解的精度与速度，合理区分区域进行网格划分，能够有效提高计算速度并满足精度。因此，对模拟的计算区域进行分区域网格划分，浓缩风能装置的外部流场网格相对疏一些，浓缩风能装置内部流场的网格控制比较密，考虑到壁面的边界层效应，靠近壁面的网格更细化，并尽量全部应用结构化网格。计算区域包含4725205个单元，772927个节点，网格体积最小 2.4138×10^{-10} m³，最大 2.5317×10^{-5} m³，网格划分如图5-23所示。

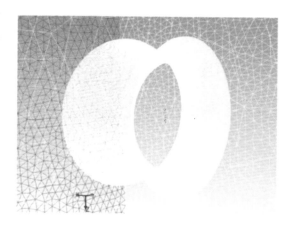

图5-23 改进模型Ⅱ计算区域网格划分

（4）边界条件确定。边界条件：入口边界条件，采用速度来流风速 $u=12.075h^{0.2385}$ m/s；出口边界条件：压力出口，自由发展出流，参考压力0Pa；计算域其他边界均为对称边界；壁面为无滑移边界条件。

（5）模拟结果与分析。根据上述模型，在来流风速 $u=12.075h^{0.2385}$ m/s，风向沿 X 轴正方向的初始条件下，运用CFD软件进行计算，得到流场计算结果。将计算区域沿中心线剖开得到矢量云图和流体速度变化图。

改进模型Ⅱ计算区域整体矢量云图如图5-24所示。由图5-24中可以看出，在整个计算区域内，流体的速度变化集中在浓缩风能装置附近。在浓缩风能装置外部迎风面流速降低，静压升高；在浓缩风能装置内出现较高流速，尾流出现流速低于来流风速的情况；之后流过浓缩风能装置的流体逐渐与外界流体成为一体。

流速/(m·s⁻¹)

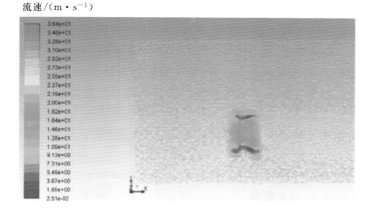

图5-24 改进模型Ⅱ计算区域整体矢量云图

流速/(m·s⁻¹)

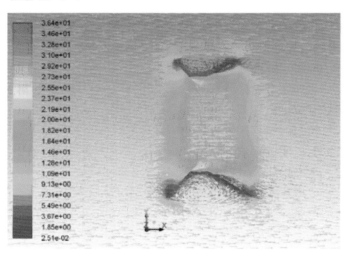

图 5 - 25　改进模型Ⅱ浓缩风能装置内矢量云图

改进模型Ⅱ浓缩风能装置内矢量云图如图 5 - 25 所示。由图 5 - 25 可以看出，浓缩风能装置内外出现两种不同的风速分布。在浓缩风能装置内部入口处流体顺利进入，没有出现漩涡而产生能量损失。在整个浓缩风能装置内，中央圆筒处风速最大，并且速度分布沿径向朝壁面方向逐渐增大，在中央圆筒靠近壁面处风速较大，达到高峰值；由于交接处的尖角所致，浓缩风能装置的收缩段与工作段交接处流速方向偏离 X 轴方向，并且下部偏离程度大于上部偏离程度；在扩散段的尾部靠近壁面处风速较低。浓缩风能装置外部风速较小，出现低风速值，但没有出现漩涡。流速从轴心向壁面层层推进，所以靠近壁面处的流体速度要大于轴心的流体速度。在浓缩风能装置内部出现负压，造成压差，产生抽吸作用，从而使浓缩风能装置内风速增加，达到发电功率增加的目的。

来流风速下浓缩风能装置改进模型Ⅱ竖截面流速等值线如图 5 - 26 所示。由图 5 - 26 可以看出，浓缩风能装置内外出现两种不同的流速分布。来流具有一定的速度梯度风速，在浓缩风能装置内部入口处流体顺利进入，没有出现漩涡而产生能量损失，在整个浓缩风能装置内，在浓缩风能装置收缩段边缘流速高，中央圆筒断面边缘流速高、中间风速低，扩散段边缘流速低、中间风速高。中央圆筒流速最大，达到 14m/s，并且流速分布沿径向朝壁面方向逐渐增大，达到 17.49m/s。浓缩风能装置的壁面上流体无滑移，在壁面附近形成薄薄的边界层，边界层内速度陡然下降，直至壁面的速度为零。

在浓缩风能装置内部距中心轴同样半径的位置有下部流速大于上部流速的趋势。

在浓缩风能装置外部壁面处出现漩涡，有大量的能量损失。浓缩风能装置迎流边缘点出现速度为零的滞止点，静压最高。

改进模型Ⅱ浓缩风能装置各个特征横截面流速分布如图 5 - 27 所示。由图 5 - 27 可以看出，在来流风速梯度 $u = 12.075h^{0.2385}$ m/s 情况下，在中央圆筒的截面 3～截面 5 三个横截面上流速变化规律基本相近，浓缩风能装置中心轴上下两部分流速不是完全相等，由于浓缩风能装置改进模型Ⅱ作用，下部流速较上部流速高，与来流呈现相反的流速梯度。

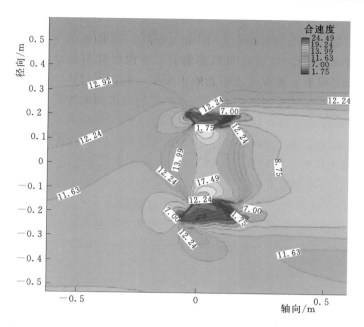

图 5-26 来流风速下浓缩风能装置改进模型 Ⅱ 竖断面流速等值线

注：图中横坐标 0 点为收缩段与中央圆筒交接断面，纵坐标 0 点为浓缩风能装置中心。

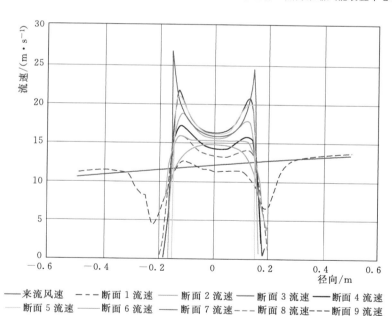

图 5-27 改进模型 Ⅱ 浓缩风能装置各个特征横断面流速分布

断面 1 从竖直 Y 方向 −0.25m～+0.25m 处的流速变化，表现为 −0.25m 处为来流风速值，随着 Y 值的增大，逐渐靠近浓缩风能装置，流速开始降低，在 −0.2m 处流速急剧降低为 0；随后 Y 值增大，流速也逐渐增大，到中心轴 Y 值为 0 时流速达到最大，之后流速下降到 0，然后急剧恢复到来流风速值。

断面 3 出现流速峰值的尖角是由于收缩段与中央圆筒结合处为尖角。断面 6～断面 8 流速变化规律基本接近。

断面 9 为浓缩风能装置后 0.2m 断面位置，总体流速低于来流风速，原因是浓缩风能装置的影响使尾部流场小于来流风速。

浓缩风能装置改进模型Ⅱ内距中心轴不同半径处沿轴向流速变化如图 5－28 所示。图 5－28 中可以看出来流风速具有速度梯度 $u=12.075h^{0.2385}$ m/s，在不同高度上来流风速具有不同值。-0.125m 高度和 0.125m 高度是浓缩风能装置的中心轴对称的位置，在 X 轴坐标为 -0.6m 时，来流具有不同风速，0.125m 高度处流速大于 -0.125m 高度处流速；随着流动不断进行，两者流速差距不断减小，在 X 轴坐标为 -0.03m 时，-0.125m 高度处流速开始大于 0.125m 高度处流速，在中央圆筒处差距达到最大，之后逐渐接近来流风速。仿真结果表明风切变下浓缩风能装置改进模型Ⅱ具有提高风力发电质量和载荷均匀度作用。

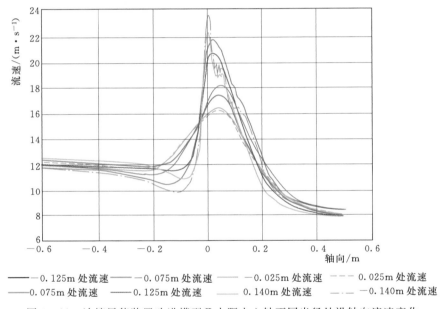

图 5－28　浓缩风能装置改进模型Ⅱ内距中心轴不同半径处沿轴向流速变化

另外，可以看出 0.135m 高度上（距中央圆筒壁面 15mm 处），在中央圆筒处出现流速的波动，进入中央圆筒时有一波峰，流出中央圆筒时有一波峰，两波峰中间为波谷，也就是在浓缩风能装置中央圆筒壁面处出现边界层效应。

从模拟结果看，改进的模型Ⅱ减轻风切变作用的能力进一步提高，出现与来流风速梯度反向的流速梯度。

通过仿真与实验对比分析得出如下结论：

1）从仿真结果可以看出，浓缩风能装置改进模型Ⅱ具有浓缩风能装置的特性，在不消耗其他能源的情况下，使自然风加速，从而达到提高发电量的作用。

2）建立了浓缩风能装置的风切变模拟模型，以风洞测试的风速梯度为来流风速进行了风切变数值计算，模拟显示浓缩风能装置具有减轻风切变的作用。

3）仿真和实验表明风切变下浓缩风能装置改进模型Ⅱ具有提高风力发电质量和载荷

均匀度作用。

4）在距中央圆筒壁面 15mm 附近出现边界层效应，进入中央圆筒时有一波峰，流出中央圆筒时有一波峰，两波峰中间为波谷，也就是在浓缩风能装置中央圆筒壁面处出现边界层效应。

3．浓缩风能装置改进模型Ⅱ与浓缩风能装置改进模型Ⅰ结果对比

通过对浓缩风能装置改进模型Ⅱ与浓缩风能装置改进模型Ⅰ仿真与实验对比分析表明：

（1）改进模型Ⅱ和改进模型Ⅰ均具有浓缩风能装置的特性，在不消耗其他能源的情况下，使自然风加速，从而达到提高发电量的作用。

（2）建立浓缩风能装置的风切变模拟模型，以 $u = 12.075h^{0.2385}$ m/s 风速梯度为来流风速进行了风切变数值计算，模拟结果显示浓缩风能装置改进模型Ⅱ与浓缩风能装置改进模型Ⅰ均具有减轻风切变的作用，浓缩风能装置改进模型Ⅱ比浓缩风能装置改进模型Ⅰ作用明显。

（3）模拟结果显示，浓缩风能装置改进模型Ⅱ和浓缩风能装置改进模型Ⅰ与传统浓缩风能装置模型在距中央圆筒壁面 15mm 附近出现边界层效应。

（4）仿真表明风切变下浓缩风能装置改进模型Ⅰ和改进模型Ⅱ均具有提高风力发电质量和载荷均匀度作用。

5.1.5 结论

通过仿真对比分析得出如下结论：

（1）从仿真结果可以看出，流体流过浓缩风能装置首先边缘流体被加速；在均匀平行来流时，在中间断面前 0.22m 断面，边缘流速超过中心轴流速，随后在中央圆筒附近达到最高值，之后随着轴向距离增加，逐渐形成中间流速小于边缘流速的流场。

（2）建立了浓缩风能装置的风切变模拟模型，以 $u = 12.075h^{0.2385}$ m/s 风速梯度为来流风速进行了风切变数值计算，模拟显示传统浓缩风能装置、浓缩风能装置改进模型Ⅰ与浓缩风能装置改进模型Ⅱ均具有减轻风切变的作用，改进模型Ⅱ比改进模型Ⅰ作用明显。

（3）仿真表明风切变下传统浓缩风能装置模型、改进模型Ⅰ和改进模型Ⅱ具有提高风力发电质量和载荷均匀度作用。

（4）对于中央圆筒直径 300mm 的浓缩风能装置，在均匀平行来流 10m/s 条件下，在距中央圆筒壁面 50mm 附近出现边界层效应，波峰 1 出现在中间断面前 0.11m 断面，波峰 2 出现在中间断面后 0.07m 断面，波谷出现在中间断面后 0.02m 断面；在来流速度梯度 $u = 12.075h^{0.2385}$ m/s 条件下，在距中央圆筒壁面 15mm 附近出现边界层效应，进入中央圆筒时有一波峰，流出中央圆筒时有一波峰，两波峰中间为波谷，也就是在浓缩风能装置中央圆筒壁面处出现边界层效应。

5.2 浓缩风能装置流场仿真与结构优化

5.2.1 湍流模型对浓缩风能装置流场的影响

为了得到更适合于浓缩风能装置内部流场特性的湍流模型，首先对浓缩风能装置进行

几何模型和网格模型建立，其次对浓缩风能装置流场数值模拟采用的仿真方法进行可行性验证，然后计算不同湍流模型下其内部流场的分布情况，最后对计算结果进行后处理来分析得到更适合的湍流模型。

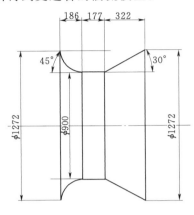

图 5 - 29　浓缩风能装置几何
模型（单位：mm）

1. 几何模型

几何模型以 200W 浓缩风能型风电机组作为原型，200W 机组具体的几何参数为：收缩段入口直径与出口直径分别为 1272mm 和 900mm；中央圆筒为工作段，也为风轮安装段，其直径为 900mm；扩散段入口直径和出口直径分别为 900mm 和 1272mm。另外，收缩角（收缩段圆弧的弦与中心轴夹角的 2 倍）为 90°，扩散角（扩散管壁面与中心轴夹角的 2 倍）为 60°。收缩段的圆弧面与中央圆筒的筒壁相切，两者连接光滑。浓缩风能装置几何模型如图 5 - 29 所示。

2. 物理模型和数学模型

（1）物理模型。在风力发电中，浓缩风能装置被安装在自然界中，其外部风场可看作无限大。在自然风速、温度和压力下，浓缩风能装置的壁面厚度和传递的热量可忽略不计，因此流体流动可看作是常温常压情况下较低流速的流动。由于仅研究均匀入流流体在浓缩风能装置的作用下，流体在其内部的流动情况，所以可以忽略装置的壁厚与热传递等的影响，则研究的问题可以简化为不可压缩流体的稳态非传热问题。

（2）数学模型。

1）基本控制方程。根据确定的物理模型，基本控制方程如下。

连续性方程：
$$\frac{\partial u}{\partial x} + \frac{\partial v}{\partial y} = 0$$

在下面的研究中计算域是三维的，但是流体流动是二维的，且流场在沿轴向的中心轴截面两侧是对称的，所以所有变量在 Z 方向的偏导数都为零，因而方程是二维的，计算域是三维的。

Navier - stokes 方程：$f_i - \dfrac{1}{\rho}\dfrac{\partial p}{\partial x_i} + \dfrac{\mu}{\rho}\nabla^2 u_i = \dfrac{\partial u_i}{\partial t} + u_j \dfrac{\partial u_i}{\partial x_j}$

2）湍流模型。在研究中主要用 Spalart - Allmaras 模型、标准 $k - \varepsilon$ 模型、标准 $k - \omega$ 模型和雷诺应力模型（Reynolds Stress Model，RSM）这四种湍流模型对浓缩风能装置内部流场的影响进行计算分析。

3）压力—速度耦合。压力—速度耦合采用典型的 SIMPLE 算法。

3. 计算域的确定

考虑计算机的配置及减少计算边界对结果的影响，整个计算区域取浓缩风能装置尺寸的 5 倍以上。在研究中计算域的长为 12.4 倍浓缩风能装置长度，宽与高均为 6.7 倍浓缩风能装置入口直径，所以计算区域尺寸为 $L \times B \times H = 8.5\text{m} \times 8\text{m} \times 8\text{m}$，计算模型尺寸为 $L \times \Phi = 0.685\text{m} \times 1.272\text{m}$，计算模型的坐标原点位于中心轴上，中央圆筒中心点坐标为

（−0.068，0，0）。同时保证出口边界处流体不产生回流。

4. 模型网格划分

由于研究对象为浓缩风能装置的内部流场，为了得到更精确的计算结果，需要将内部的网格划分加密。在划分网格时，采用非结构化网格，网格模型如 5−30 所示。

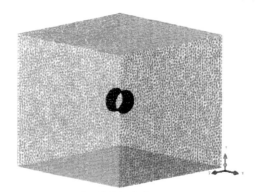
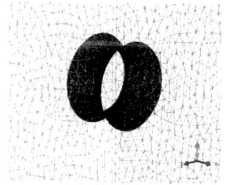

（a）整体网格模型　　　　　　　　　　　　（b）局部网格模型

图 5−30　浓缩风能装置流场仿真的网格模型

5. 边界条件确定

在数值计算中模型采用的边界条件为：速度入口（velocity−inlet），入流速度为 10m/s；压力出口（pressure−outlet），相对静压 0；计算域其他边界采用固定、无滑移的壁面条件。

6. 网格无关性

为了降低浓缩风能装置网格模型对仿真结果的影响，对网格进行无关性验证。网格太密或太疏都可能产生误差过大的计算结果，只有网格数控制在一定范围内的计算结果才更加可靠。

由于主要研究的是浓缩装置内部的流场，所以浓缩装置周围的网格需要划分比较细，在进行网格无关性验证时，仅改变浓缩装置表面及附近网格尺寸的最大值，而不改变计算域网格尺寸的最大值。不同的网格数对应的计算结果见表 5−2，不同网格数对应的流速如图 5−31 所示。

表 5−2　不同的网格数对应的计算结果

计算域网格最大值	浓缩装置及周围网格最大值	总单元数	总结点数	最大流速/(m·s⁻¹)	最大流速误差	沿 X 轴最大流速矢量值/(m·s⁻¹)	沿 X 轴最大流速矢量值误差
0.3	0.05	329252	57550	16.75	—	19.16	—
0.3	0.03	736053	122981	17.43	0.04	19.64	0.02
0.3	0.01	3389967	559259	18.58	0.07	21.04	0.07
0.3	0.007	3712982	602673	19.79	0.06	22.02	0.05
0.3	0.006	5153900	836603	19.52	0.01	21.72	0.01
0.3	0.005	7715019	1253191	19.75	0.01	21.93	0.01
0.3	0.004	9483527	1526458	20.02	0.01	22.29	0.02

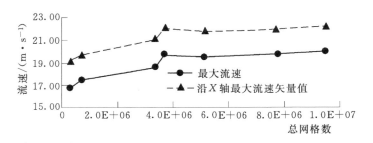

图 5-31　不同网格数对应的流速

由表 5-2、图 5-31 可知，当浓缩装置网格尺寸的最大值从 0.05 到 0.007 逐渐减小时，最大流速值和沿 X 轴的流速值上升趋势明显，说明网格的大小对计算结果影响较大。当网格尺寸最大值从 0.007 到 0.004 逐渐减小时，最大流速值和沿 X 轴的流速变化缓慢，可近似的看作一条水平线，且计算结果之间的差值变化很小，不同网格数之间的流速误差分布如图 5-32 所示，由此可以说最大网格尺寸值小于 0.007 时计算结果具有网格无关性。但是当浓缩装置网格尺寸的最大值为 0.004 时，沿 X 轴的流速值与上一个计算结果的差值增大，产生这种结果可能是由于网格变密时离散点的数量增多，使舍入误差增大所致，由此说明了并不是网格划分的越密越好。

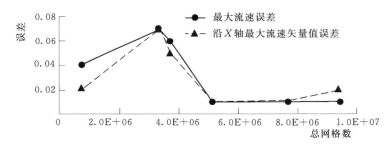

图 5-32　不同网格数之间的流速误差分布

从表 5-2、图 5-32 可知，当网格数在 [5 153 900，7 715 019] 区间内时，最大流速误差和沿 X 轴最大流速矢量值误差的差值最小，变化率均为 0.01。增加网格数，会增加计算规模，进而增加计算时间，所以考虑到计算机的配置和计算精度，在后面的计算中浓缩装置网格尺寸的最大值设为 0.006。

7. 仿真结果可靠性分析

不同网格尺寸下最大值对应的沿中心轴流速分布如图 5-33 所示。

由图 5-33 可知，在不同网格尺寸下，浓缩风能装置水平方向沿中心轴流速的变化趋势基本相同。

8. 不同湍流模型下的流场仿真与结果分析

虽然目前已经提出了多种湍流模型，但是还没有适用于各种流动现象的湍流模型。湍流模型的选择，取决于流动包含的物理问题、精确性要求、计算资源的限制、模拟求解时间的限制。通过对不同湍流模型下的浓缩风能装置内部流场进行仿真，可以得到不同湍流模型对其内部流场分布的影响。

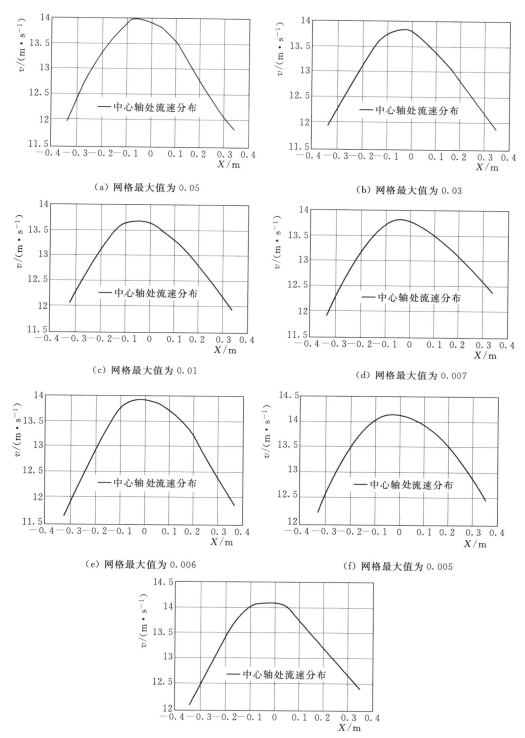

图 5-33 不同网格尺寸最大值对应的沿中心轴流速分布

根据浓缩风能装置的几何模型和网格模型，以 10m/s 的入流风速沿 X 轴正方向流动为初始条件，采用计算流体力学软件对不同湍流模型下的浓缩风能装置内部流场进行仿真。

　　不同湍流模型沿 X 方向的速度云图如图 5 - 34 所示。由图 5 - 34 可知，在计算域内，流体的流速主要在浓缩风能装置内部及其附近发生变化。在浓缩风能装置迎风面的前方流速降低，静压增大；当流体进入浓缩风能装置，在其内部有较高的流速；在浓缩风能装置后方外部，流体的流速低于来流风速，随着流动的进行，最终与周围流体成为一体。

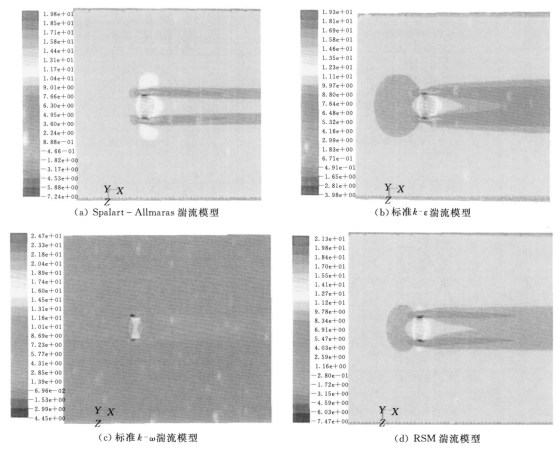

(a) Spalart - Allmaras 湍流模型　　　　　　(b) 标准 k-ε 湍流模型

(c) 标准 k-ω 湍流模型　　　　　　　　(d) RSM 湍流模型

图 5 - 34　不同湍流模型沿 X 方向的速度云图

　　不同湍流模型沿 X 方向的矢量图如图 5 - 35 所示。通过图 5 - 35 可知，当流体流入浓缩风能装置内部时，无漩涡产生，所以没有漩涡引起的能量损失。在浓缩风能装置内部，中央圆筒段的风速最大。在中央圆筒段，流速在中心轴处最小，从中心轴处向壁面处逐渐增大，在靠近壁面处达到最大值。在浓缩风能装置内部，静压为负，内外压差较大，形成抽吸现象，使浓缩风能装置内的流体流速升高。在浓缩风能装置轮廓的外部，有漩涡产生，引起了能量的损失。

　　在得到仿真结果云图和矢量图后，对仿真结果进行结果后处理，处理后得到的结果如

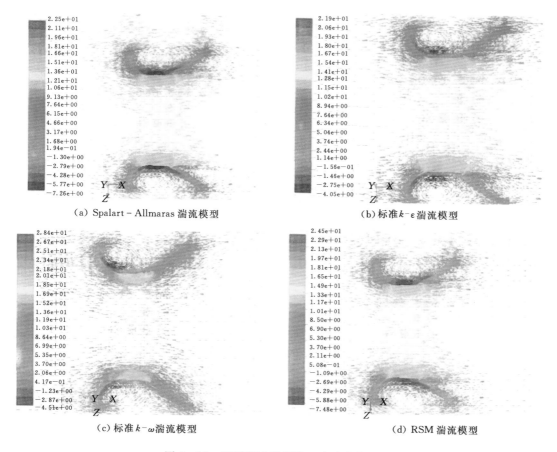

图 3-35　不同湍流模型沿 X 方向的矢量图

图 5-36 和图 5-37 所示。浓缩风能装置内纵向特征断面流速分布如图 5-36 所示，从图 5-36 中可以看出中央圆筒三个断面上的流速变化规律基本相似，在中央圆筒壁面处流速均从 0 迅速变化到 16m/s 左右，在每个断面中心处流速均减小到 13m/s 左右，并以断面中心呈现对称分布。

　　浓缩风能装置内部轴向流速分布如图 5-36 所示，分析对比可知，在 Spalart-Allmaras 湍流模型中，从 $-0.2 \sim 0.2$m 之间，浓缩风能装置入口与出口处速度曲线重合；在标准 $k-\varepsilon$ 湍流模型中，在 $-0.25 \sim -0.35$m 与 $0.25 \sim 0.35$m 之间，浓缩风能装置入口与出口处速度曲线重合，且在 $-0.25 \sim 0.25$m 之间，浓缩风能装置入口与出口处速度曲线非常接近，说明两者速度基本相等。但根据实验数据可知，浓缩风能装置入口与出口的速度并不相等，且在浓缩风能装置入口处流速迅速增大，由此判断 Spalart-Allmaras 模型和标准 $k-\varepsilon$ 模型不适用于浓缩风能装置内部流场的仿真计算。

　　从标准 $k-\omega$ 湍流模型和 RSM 湍流模型下的浓缩风能装置内纵向特征截面的流速分布图中可以看出，浓缩风能装置入口与出口处速度曲线不重合，说明两者速度不相同，而且标准 $k-\omega$ 湍流模型对应的装置入口与出口的速度曲线距离较大，说明两者的值相差较大。标准 $k-\omega$ 湍流模型和 RSM 湍流模型，在纵向特征截面流速的分布与前述实验结果

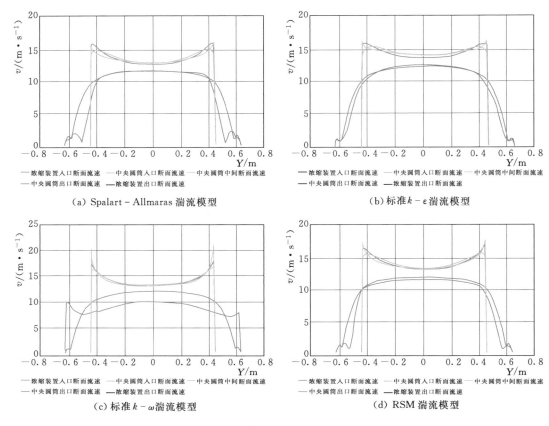

图 5-36　浓缩风能装置内纵向特征断面流速分布

相符，在此说明了标准 $k-\omega$ 湍流模型和 RSM 湍流模型适用于浓缩风能装置内部流场的仿真计算。

　　为了确定合适的端流模型，对浓缩风能装置内部的轴向流速分布进行分析，浓缩风能装置内部轴向流速分布如图 5-37 所示。

　　由图 5-37 可知，流速的变化趋势随着距中心轴距离不同而变化。在中心轴及其附近，沿轴向的流速变化趋势缓慢；在远离中心轴靠近壁面处的流速沿轴向变化趋势明显。在浓缩风能装置入口处，中心轴处流速最大，流速从中心轴处向壁面处逐渐减小，在靠近壁面处流速最小；当流体进入浓缩风能装置内部后，靠近壁面处的流速逐渐增大，大于中心轴处流速，之后在中央圆筒入口附近达到最大值；随着流体的流动，中心轴处流体的流速缓慢增加，而靠近壁面处的流体流速下降，但仍然大于中心轴处的流速。在中央圆筒的入口与出口附近，分别有一个流速波峰，在这两个波峰之间，有一个流速波谷，该波谷所处位置为圆筒中间截面附近，该波谷由边界层效应所致。

　　分析图 5-37（c）、（d）并对比可知，在 0.1m 后，也就是在扩散管内，RSM 模型靠近壁面处的流速不稳定，具有波动性，但是浓缩风能装置能够对流体进行加速、整流和均匀化，所以在浓缩风能装置内部流体的波动性很小，可简化为均匀流动，因而 RSM 模型不适用于浓缩风能装置的流场仿真；而在标准 $k-\omega$ 模型中，在扩散管中的速度变化平缓，

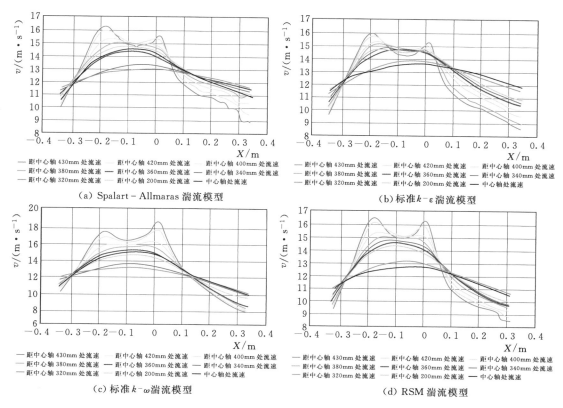

图 5-37 浓缩风能装置内部轴向流速分布

不具有波动性。由此推断标准 $k-\omega$ 模型更适用于浓缩风能装置内部流场的仿真计算。

综上所述，标准 $k-\omega$ 湍流模型更适用于浓缩风能装置内部流场的仿真计算。在以下的计算中，均选择标准 $k-\omega$ 模型进行计算。

通过对浓缩风能装置建立三维几何模型和网格模型，仿真分析了浓缩风能装置内部的流场分布情况。

（1）进行了网格无关性和仿真方法可行性验证。通过网格无关性验证，从计算机配置和计算精度考虑，在后续的计算中网格尺寸的最大值取 0.006。

（2）对浓缩风能装置在不同湍流模型下的流场进行了仿真分析。从浓缩风能装置在不同湍流模型下的流场仿真分析结果可知，标准 $k-\omega$ 湍流模型更适用于浓缩风能装置内部流场的仿真计算。

5.2.2 几何参数对浓缩风能装置流场的影响

浓缩风能装置是浓缩风能型风电机组的主要部件之一，它的结构直接影响着机组输出功率的大小。所以，提高浓缩风能装置的浓缩效率是改善浓缩风能型风电机组性能的关键。

本节通过研究浓缩风能装置的几何参数对装置内部流场的影响来进行结构优化。主要研究了收缩角、扩散角和中央圆筒长度对浓缩风能装置内部流场的影响，进而分析得到对内部流场特性影响较大的参数，为得到合理的浓缩风能装置结构提供依据。

1. 收缩角与扩散角对流场分布的影响

（1）收缩角对流场分布的影响。收缩管是一个过流截面逐渐缩小的管段，其阻力主要是沿程摩擦。如果收缩管角度过小，则收缩管过长，成本高且不易加工制造。考虑收缩管内流动稳定性及加工制造的方便性，收缩管的收缩角采用 $60°\sim90°$。

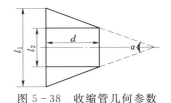

图 5-38　收缩管几何参数

在收缩角度变化时，需要考虑两种情况：一种情况是在收缩角度变化时，若要确保进入浓缩风能装置内部的流体质量相同，就要确保在角度变化时装置的入口截面直径不变，这就需要改变收缩管的长度；另一种情况是在改变进入浓缩风能装置入口的流体质量的情况下改变收缩角，这就需要保证收缩管长度不变，通过改变装置的入口直径来实现。

假设浓缩风能装置收缩管入口截面的直径为 l_1，收缩管出口截面的直径为 l_2（定值，为模型原始设计参数 900mm），收缩管长度为 d，收缩角为 α，收缩管几何参数如图 5-38 所示。

根据模型各参数间的几何关系可得出

$$\tan\frac{\alpha}{2}=\frac{\dfrac{l_1-l_2}{2}}{d} \tag{5-7}$$

式（5-7）经推导可得

$$d=\frac{l_1-l_2}{2}\cdot\frac{1}{\tan\dfrac{\alpha}{2}} \tag{5-8}$$

$$l_1=2d\cdot\tan\frac{\alpha}{2}+l_2 \tag{5-9}$$

由式（5-9）可得，若收缩管长度 d 为定值（取模型原始设计参数 186mm），当收缩角 α 增大时，l_1 增大；由式（5-8）可得，若收缩管入口直径 l_1 为定值（取模型原始设计参数 1272mm），当收缩角 α 增大时，则收缩管长度 d 减小。表 5-3 为收缩角度变化时，收缩管长度 d 不变与变化情况下，浓缩风能装置内部流场的最大流速，对应的变化趋势如图 5-39 所示。

表 5-3　不同收缩角度对应的流场最大流速

角　　度	60°	65°	70°	75°	80°	85°	90°
收缩管长度不变时的流速/(m·s^{-1})	22.08	22.13	22.59	23.04	24.06	25.33	23.95
收缩管长度变化时的流速/(m·s^{-1})	22.04	22.34	22.46	25.03	26.10	24.70	23.95

由表 5-3 和图 5-39 可知，当收缩管长度不变时，浓缩装置入口截面的半径随着收缩角 α 增大而增大，内部最大流速在 85°时达到最大值 25.33m/s，比原始收缩角 $\alpha=90°$时的最

大流速值 23.95m/s 增大了 1.38m/s；通过式（5－8）计算得到收缩管入口直径为 1240.86mm，比原来的 1272mm 减小了 31.14mm。

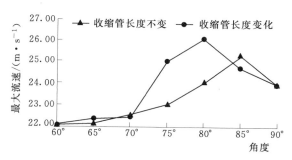

图 5－39　浓缩风能装置内部流场最大流速相对收缩角度变化趋势

由表 5－3 和图 5－39 可知，当收缩管长度变化时，保持浓缩装置入口断面的半径和面积不变，收缩管长度随着收缩角 α 增大而减小，内部最大流速在 80° 时达到最大值 26.10m/s，比原始收缩角为 90° 时的最大流速值 23.95m/s 增大了 2.15m/s；通过式（5－9）计算可得此时收缩管长度 $d=221.7$mm，比原来的 186mm 增大了 35.7mm。

以上两种情况之间的比较见表 5－4。

由表 5－4 可知，收缩管入口断面的直径 l_1 为定值 1272mm，d 变化为 221.7mm 时，浓缩装置内部流速达到 26.10m/s。

表 5－4　收缩管角度改变时收缩管长度变化与不变引起的参数变化比较

比较量	最大流速/$(m \cdot s^{-1})$	最大流速增加值/$(m \cdot s^{-1})$	l_1/mm	d/mm	α/(°)
d 变化	26.10	2.15	1272	221.7	80
d 不变	25.33	1.38	1240.86	186	85
原始参数	23.95	—	1272	186	90

综上所述，在收缩管入口断面直径不变时改变收缩角，当收缩角为 80° 时，浓缩风能装置内部流场的流速有最大值 26.10m/s。通过分析可知：当入口断面保持不变，同时各断面的流量也保持不变时，此时流场的不均匀性是反映浓缩风能装置性能的主要方面。根据流体力学中的连续性方程可知，各断面的流量与流体流速、流体密度以及断面积有关；在断面积一定时，流体流速与流体密度有关，所以此时流场流体的均匀性是反映浓缩装置的主要方面。

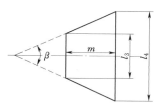

图 5－40　扩散管几何参数

（2）扩散角对流场分布的影响。扩散管是一个逐渐扩大的流路，考虑结构和制造的难易程度，扩散角采用 60°～90°。

扩散角度对流场分布影响的研究与收缩角的研究方法相同。假设浓缩风能装置扩散管入口断面的直径为 l_3（定值，为模型原始设计参数 900mm），扩散管出口断面的直径为 l_4，扩散管长度为 m，收缩角为 β，扩散管几何参数如图 5－40 所示。

则根据模型各参数间的几何关系可得

$$\tan \frac{\beta}{2} = \frac{\frac{l_4 - l_3}{2}}{m} \tag{5－10}$$

215

式（5-10）经推导可得

$$m = \frac{l_4 - l_3}{2} \cdot \frac{1}{\tan \dfrac{\beta}{2}} \qquad (5-11)$$

$$l_4 = 2m \cdot \tan \frac{\beta}{2} + l_3 \qquad (5-12)$$

由式（5-12）可得，若扩散管长度 m 为定值（取模型原始设计参数 322mm），当扩散角 β 增大时，则 l_4 增大；由式（5-11）可得，若扩散管出口断面直径 l_4 为定值（取模型原始设计参数 1272mm），当扩散角 β 增大时，则扩散管长度 m 减小。表 5-5 为扩散角度变化时，扩散管长度 m 不变与变化情况下，浓缩风能装置内部流场的最大流速，对应的变化趋势如图 5-41 所示。

表 5-5　不同扩散角角度下的流场最大流速

角　度	60°	65°	70°	75°	80°	85°	90°
长度不变时的流速/(m·s⁻¹)	23.95	24.52	25.26	25.53	26.16	25.74	23.28
长度变化时的流速/(m·s⁻¹)	23.95	24.49	24.76	25.24	25.36	23.14	20.92

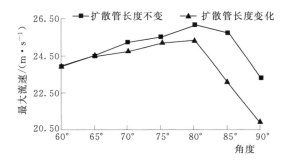

图 5-41　浓缩风能装置内部流场最大流速相对扩散角度变化趋势

由表 5-5 和图 5-41 可知，当扩散管长度 m 变化时，保持浓缩装置出口断面直径不变，收缩管长度随着扩散角 β 增大而减小，内部最大流速在 80° 时达到最大值 25.36m/s，比原始扩散角 β 为 60° 时的最大流速值 23.95m/s 增大了 1.41m/s；通过式（5-11）计算得到扩散管长度 m 为 221.7mm，比原来的 322mm 减小了 100.3mm。

由表 5-5 和图 5-41 可知，当扩散管长度 m 不变时，浓缩装置出口（扩散管出口）断面直径随着扩散角 β 增大而增大，内部最大流速在 80° 时达到最大值 26.16m/s，比原始扩散角 β 为 60° 时的最大流速值 23.95m/s 增大了 2.21m/s；通过式（5-12）计算得到扩散管出口直径 l_4 为 1440.38mm，比原来的 1272mm 增加了 168.38mm。

以上两种情况之间的比较见表 5-6。

表 5-6　扩散角改变时扩散管长度变化与不变引起的参数变化比较

比较量	最大流速/(m·s⁻¹)	最大流速增加值/(m·s⁻¹)	l_4/mm	m/mm	β/(°)
m 变化	25.36	1.41	1272	221.7	80
m 不变	26.16	2.21	1440.38	322	80
原始参数	23.95	—	1272	322	60

由表5-6可知，当扩散管长度 m 不变时，出口断面直径 l_4 变为1440.38mm，此时浓缩装置内部流速达到该种情况的最大值26.16m/s。

综上所述，在扩散角变化时，扩散管出口断面直径改变，扩散角为80°时浓缩风能装置内部流场的流速有最大值，为26.16m/s。

（3）结果分析。综合上述的计算结果对比分析，得到收缩角和扩散角在两种不同情况下进行改变时所得最大流速的情形，角度对浓缩风能装置的影响趋势如图5-42所示。

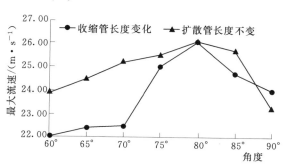

图5-42 角度对浓缩风能装置的影响趋势

由图5-42可知，在60°~85°范围内，相同角度时扩散角对应的最大流速高于收缩角的，且在60°~80°范围内，两者的流速变化均为上升趋势，但扩散角的变换趋势缓慢，收缩角的变化趋势比扩散角明显；在80°~90°范围内，两者的流速变化均为下降趋势。角度对浓缩风能装置的影响见表5-7。

表5-7 角度对浓缩风能装置的影响

类型	［原始角度/(°)］/［最大流速/(m·s⁻¹)］	［最大流速/(m·s⁻¹)］/［对应角度/(°)］	差值	变化率%
收缩角	90/23.95	26.10/80	2.15	8.98
扩散角	60/23.95	26.16/80	2.21	9.23

由表5-7可知，改变角度后得到的最大流速与原始参数下流速的最大值相比，扩散角对应的流速变化率略大于收缩角，但两者相差不大。

2. 中央圆筒长度对流场分布的影响

浓缩风能装置有三个重要的长度参数：收缩管长度、中央圆筒长度、扩散管长度。各段长度对浓缩风能装置的增速、整流和均匀化效果有不同程度的影响。由于收缩管长度与收缩角有一定的几何关系，扩散管长度与扩散角有一定的几何关系，所以仅仅研究中央圆筒长度对浓缩装置内部流场的影响。

不同中央圆筒长度对应的浓缩风能装置内部流场速度的最大值见表5-8，最大流速相对中央圆筒长度变化趋势如图5-43所示。

表5-8 不同中央圆筒长度下的流场最大流速

中央圆筒长度/mm	177	207	237	267	297	327
流速/(m·s⁻¹)	23.95	24.30	24.15	24.43	24.91	24.62

由表5-8和图5-43可知，中央圆筒长度在177~297mm范围内，速度变化总体呈现上升趋势，在207mm和在297mm时分别出现峰值；在297mm时流场最大流速达到最

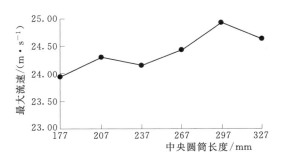

图 5-43　浓缩风能装置内部流场最大流速
相对中央圆筒长度变化趋势

（1）收缩管长度改变，收缩角为 80°。
（2）扩散管长度不变，扩散角为 80°。
（3）中央圆筒长度为 207mm。
（4）中央圆筒长度为 297mm。

大值 24.91m/s，与中央圆筒原始设计长度为 177mm 时的最大流速 23.95m/s 相比，增大了 0.96m/s，增长率为 4%。

综上所述，考虑角度和长度得到的最大流速值，可以得出对浓缩风能装置内部流场特性的影响因素大小分别为扩散角度、收缩角度、中央圆筒长度。

3. 算例分析

根据上述计算分析结果，将下列情况进行组合，然后建模计算，计算结果见表 5-9。

表 5-9　各种组合情况下的计算结果

组合情况	(1)(3)	(1)(2)(3)	(2)(3)	(1)(4)	(1)(2)(4)	(1)(2)	(2)(4)
最大流速/(m·s⁻¹)	25.15	25.50	25.73	24.04	24.60	24.84	26.05

由表 5-9 可知，在上各种情况下，得到的浓缩风能装置内部流场流速的最大值为 26.05m/s，这个值小于扩散角为 80°且扩散管长度不变时流速的最大值 26.16m/s。

从结构优化的目的来考虑，选择扩散角为 80°且扩散管长度不变的结构为优化后的结构，并用该结构对不同来流风速下浓缩风能装置内部流场的流场特性进行仿真分析，仿真所得内部流场特性仿真云图如图 5-44 所示。

由图 5-44 可知，浓缩风能装置在不同来流风速下其内部及附近的流场不同，随着来流风速的变化，流场在缓慢地发生变化。但是无论流场如何变化，中央圆筒段的流速始终最大，并且呈现出靠近壁面处流速高而中心轴及其附近流速低的现象。不同来流风速下浓缩风能装置内部流场的最大流速见表 5-10，浓缩风能装置内部流场的最大流速随来流风速值的变化趋势如图 5-44 所示。

表 5-10　不同来流风速下浓缩风能装置内部流场的最大流速

来流风速/(m·s⁻¹)	3	4	5	6	7	8	9	10
最大流速/(m·s⁻¹)	9.06	11.37	13.96	16.73	18.69	21.60	23.66	26.16

从图 5-45 可知，当来流风速为 3m/s 时，浓缩风能装置内流速的最大值为 9.06m/s，浓缩风能装置内的最大流速与来流风速的大小呈线性关系，由此说明了浓缩风能装置具有较高的浓缩效率。

4. 小结

主要对浓缩风能装置在不同几何参数下的流场进行了仿真，通过对仿真结果的分析

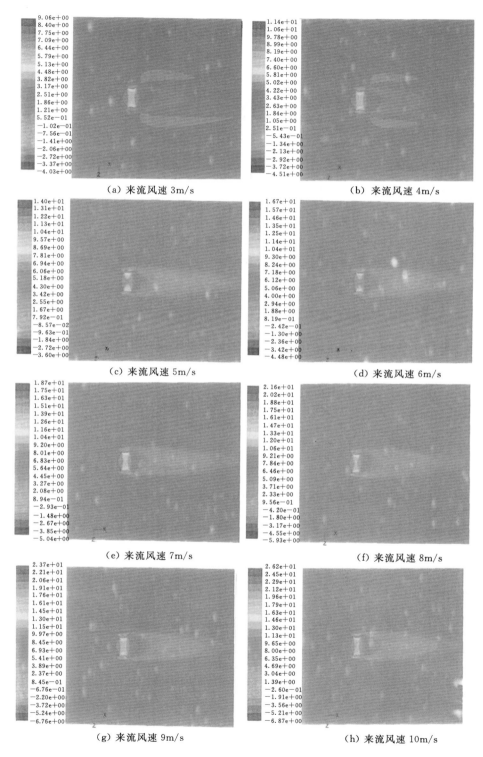

（a）来流风速 3m/s

（b）来流风速 4m/s

（c）来流风速 5m/s

（d）来流风速 6m/s

（e）来流风速 7m/s

（f）来流风速 8m/s

（g）来流风速 9m/s

（h）来流风速 10m/s

图 5-44　不同来流风速对应的浓缩风能装置内部的流场特性仿真云图

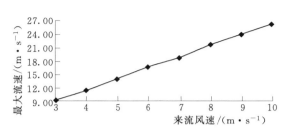

图 5 - 45　浓缩风能装置内部流场的最大流速
随来流风速值的变化趋势

可得：

（1）当收缩角变化，收缩角为 80°且收缩管长度改变时，浓缩风能装置内部流场的流速有最大值，为 26.10m/s。

（2）当扩散角变化，扩散角为 80°且扩散管长度不变时，浓缩风能装置内部流场的流速有最大值，为 26.16m/s。

（3）当改变中央圆筒长度，中央圆筒长度为 297mm 时，浓缩风能装置内部流场的流速有最大值，为 24.91m/s。

（4）对浓缩风能装置内部流场特性的影响因素大小分别为扩散角角度、收缩角角度、中央圆筒长度。

（5）通过对不同风速下浓缩风能装置内部流场的仿真分析可得，浓缩风能装置有较高的浓缩效率，它不仅可以提高流经风轮处的风速，还可以提高发电量。

5.2.3　扩散管母线形状对浓缩风能装置流场的影响

本节在浓缩风能装置收缩管、中央圆筒、扩散管最大截面直径不变的条件下，将扩散管母线形状由直线型改进为与中央圆筒相切的曲线型。基于所建立的模型，应用数值模拟的方法，对两种模型的内部流场特性进行仿真分析，得出结论：改进的浓缩风能装置内部流场风能品质更高。基于改进的浓缩风能装置模型，分别对具有不同弧度扩散管的浓缩风能装置模型的内部流场特性进行了仿真分析，得到内部流场特性最佳的扩散管弧度，该扩散管弧度的浓缩风能结构能明显提高风能品质和风电机组发电功率。

在数值仿真过程中，选用"5.2.1 湍流模型对浓缩风能装置流场的影响"相同的物理模型、数学模型。

1. 湍流模型

为使模拟过程更加接近实际情况，计算中使用能量方程，考虑热交换。湍流模型选用 $SST\kappa-\omega$ 湍流模型（剪切应力输运 $\kappa-\omega$ 湍流模型）。原因是：空气在浓缩风能装置内部流动属于壁面约束流动，存在边界层分离；而 $SST\kappa-\omega$ 湍流模型可以较好地应用于壁面约束流动，且在近壁面区有较好的精度和算法稳定性。而且，$SST\kappa-\omega$ 湍流模型已在此前的浓缩风能装置研究中得到了充分应用，并通过风洞实验证实其计算结果的可靠性。

2. 数值模拟计算条件

流体介质为空气，温度为 296.75K，密度为 1.044kg/m³。为得到较高的计算精度，离散格式采用二阶迎风格式，并在浓缩风能装置附近进行区域自适应，以使浓缩风能装置附近的网格更密。浓缩风能装置模型图如图 5 - 46 所示。流体场网格划分如图 5 - 47 所示。

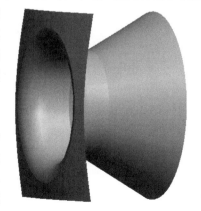

图 5 - 46　浓缩风能装置模型图

3. 边界条件

由于将空气视为不可压缩流体，因此进口边界条件采用速度入口（velocity-inlet），平行来流流速方向垂直于进口边界面，大小为 $u = 12.075h^{0.2385}$ m/s，环境温度取 296.75K，相对压力值为 0。

出口边界条件采用压力出口（Pressure-outlet），相对静压为 0，温度设为 296.75K，自由出流。

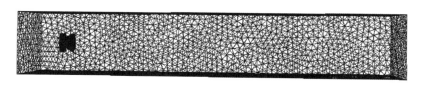

图 5-47　流体场网格划分

计算域其他边界和浓缩风能装置表面均采用固定、无滑移的壁面条件，温度值设为 296.75K。

4. 扩散管的改进对流场的影响

浓缩风能装置的扩散管是一个逐渐扩大的流路，为提高浓缩风能装置内部流场的最大流速，对浓缩风能装置扩散管进行了改进，改进的浓缩风能装置如图 5-48 所示。为减少浓缩风能装置中央圆筒和扩散管衔接处的能量损失，将扩散管与中央圆筒设计为相切连接；扩散管弧度为 60°。

经网格无关性分析，将计算域网格最大值设为 0.5，浓缩风能装置及周围网格最大值设为 0.007。以 $u = 12.075h^{0.2385}$ m/s 为入口来流风速进行计算，可得浓缩风能装置内部流场最大流速和沿 X 轴方向速度矢量值，原始与改进的浓缩风能装置内部流场流速比较见表5-11。

图 5-48　改进的浓缩风能装置

表 5-11　原始与改进的浓缩风能装置内部流场流速比较

对比参量	原始装置/(m·s⁻¹)	改进装置/(m·s⁻¹)	变化率/%
最大流速	34.91	38.86	11.3
沿 X 轴流速矢量值	34.34	38.27	11.4

由表 5-11 可知，扩散管改进后的浓缩风能装置内部流场最大流速增加了 11.3%，沿 X 轴方向流速矢量值增加了 11.4%，因此，扩散管改进后的浓缩风能装置内部流场的最大流速以及沿 X 轴方向流速矢量值均有所提高。

5. 扩散管弧度对浓缩风能装置流场的影响

如果扩散管弧度过小，则扩散管过长，成本高且不易制造。考虑到扩散管的结构和制造难易程度，扩散管弧度设为 $60°\sim90°$。

在考虑扩散管弧度变化时，需要考虑两种情况：①在扩散管弧度变化时，若保持浓缩风能装置出口截面直径不变，就需要改变扩散管的长度；②若保持扩散管长度不变，就需要通过改变浓缩风能装置出口截面直径来实现扩散管弧度的变化。

假设浓缩风能装置扩散管入口截面直径为 l_1（为定值），扩散管出口截面直径为 l_2，扩散管长度为 d，扩散管弧度为 α，扩散管几何参数如图 5-49 所示。

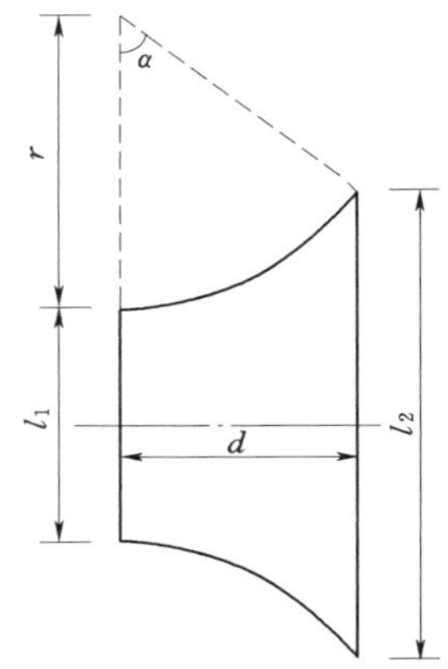

若扩散管的弧度半径用 r 表示，则根据模型各参数间的几何关系

图 5-49　扩散管几何参数

$$l_2 - l_1 = 2(r - r\cos\alpha) \qquad (5-13)$$
$$d = r\sin\alpha \qquad (5-14)$$

经推导可得

$$d = \frac{l_2 - l_1}{2\tan\dfrac{\alpha}{2}} \qquad (5-15)$$

$$l_2 = 2d\tan\frac{\alpha}{2} + l_1 \qquad (5-16)$$

由式（5-13）～式（5-16）可得，若扩散管出口截面直径 l_2 为定值，而扩散管弧度 α 增大时，则扩散管长度 d 减小；若扩散管长度 d 为定值，扩散管弧度 α 增大时，则 l_2 增大。在扩散管长度 d 不变和出口截面直径 l_2 不变的两种情况下，扩散管弧度 α 变化时浓缩风能装置内部流场最大流速见表 5-12，其变化趋势如图 5-50 所示。

表 5-12　不同扩散管弧度下的流场最大流速

角　　　度	60°	65°	70°	75°	80°	85°	90°
d 不变时的流速/$(m \cdot s^{-1})$	38.86	38.55	38.61	40.10	41.37	43.19	44.38
l_2 不变时的流速/$(m \cdot s^{-1})$	38.86	38.78	38.80	38.71	38.50	38.66	39.05

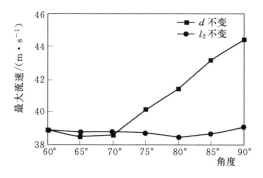

图 5-50　浓缩风能装置内部流场最大流速相对扩散管弧度的变化趋势

由表 5-12 和图 5-50 可知，当保持扩散管长度 d 不变时，浓缩风能装置出口截面直径 l_2 随扩散管弧度的增大而增大，内部最大流速在 90° 时达到最大值 44.38m/s，比原始扩散管弧度为 60° 时的最大流速值 38.86m/s 增大了 14.2%；当保持浓缩风能装置出口截面直径 l_2 不变时，扩散管长度随扩散管弧度的增大而减小，内部流场的最大流速在 90° 时达到最大值 39.05m/s，比原始扩散管弧度为 60° 时的最大流速值

38.86m/s增大了0.5%。

表5-13为在扩散管长度 d 不变和出口截面直径 l_2 不变的两种情况下，扩散管弧度 α 变化时，浓缩风能装置内部流场沿 X 轴流速矢量最大值，其变化趋势如图5-51所示。

表5-13　不同扩散管弧度下的流场沿 X 轴流速矢量最大值

角　度	60°	65°	70°	75°	80°	85°	90°
d 不变时的流速/$(\text{m} \cdot \text{s}^{-1})$	38.27	37.95	38.02	39.48	40.73	42.52	43.74
l_2 不变时的流速/$(\text{m} \cdot \text{s}^{-1})$	38.27	38.21	38.23	38.13	37.93	38.10	38.47

由表5-13和图5-51可知，当保持扩散管长度 d 不变时，浓缩风能装置出口截面直径 l_2 随扩散管弧度的增大而增大，流场内部沿 X 轴流速矢量最大值在90°时达到最大值43.74m/s，比原始扩散管弧度为60°时的最大流速值38.27m/s增大了14.3%；当保持浓缩风能装置出口截面直径 l_2 不变时，扩散管长度随扩散管弧度的增大而减小，流场内部沿 X 轴流速矢量最大值在90°时达到最大值38.47m/s，比原始扩散管弧度为60°时的最大流速值38.27m/s增大了0.5%。

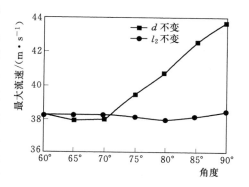

图5-51　沿 X 轴流速矢量最大值相对扩散管弧度的变化趋势

分别取平面 A：$y = 0.4\text{m}$ 和平面 B：$y = 0.3\text{m}$，令平面 A 的流体合速度平均值为 u_a，平面 B 的流体合速度平均值为 u_b，则速度梯度为 $\dfrac{\mathrm{d}u}{\mathrm{d}h} = \dfrac{u_b - u_a}{0.4 - 0.3}$。表5-14、表5-15分别为在扩散管在长度 d 不变和出口断面直径 l_2 不变的两种情况下，扩散管弧度 α 变化时浓缩风能装置内部流场的速度梯度。速度梯度随扩散管弧度的变化趋势如图5-52所示。

表5-14　d 不变时不同扩散管弧度下的速度梯度

角　度	60°	65°	70°	75°	80°	85°	90°
u_a/$(\text{m} \cdot \text{s}^{-1})$	14.885	14.746	14.731	14.883	15.456	15.773	15.827
u_b/$(\text{m} \cdot \text{s}^{-1})$	13.516	13.348	13.482	13.762	13.716	13.809	14.017
速度梯度/s	13.69	13.98	12.49	11.21	17.40	19.64	18.10

表5-15　l_2 不变时不同扩散管弧度下的速度梯度

角　度	60°	65°	70°	75°	80°	85°	90°
u_a/$(\text{m} \cdot \text{s}^{-1})$	14.885	14.749	14.582	14.021	13.630	13.548	13.363
u_b/$(\text{m} \cdot \text{s}^{-1})$	13.516	13.505	13.371	12.901	12.388	12.363	12.497
速度梯度/s	13.69	12.44	12.11	11.20	12.42	11.85	8.66

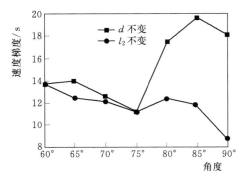

图 5-52　速度梯度随扩散管
弧度的变化趋势

由表 5-14、表 5-15 和图 5-52 可知，当保持扩散管长度 d 不变时，浓缩风能装置内部流场速度梯度在 75°时达到最小值 11.21/s，比原始扩散管弧度为 60°时的速度梯度值 13.69/s 减小了 18.1%；当保持浓缩风能装置出口断面直径 l_2 不变时，浓缩风能装置内部流场的速度梯度在 90°时达到最小值 8.66/s，比原始扩散管弧度为 60°时的速度梯度值 13.69/s 减小了 36.7%。

6. 小结

（1）扩散管改进后的浓缩风能装置内部流场最大流速增加了 11.3%，沿 X 轴方向流速矢量值增加了 11.4%。

（2）扩散管弧度变化有两种情况：①保持扩散管长度 d 不变，浓缩风能装置出口截面直径 l_2 随扩散管弧度 α 的增大而增大，内部的最大流速和沿 X 轴流速矢量最大值均在 90°时达到，分别为 44.38m/s 和 43.74m/s，分别比原始扩散管弧度为 60°时的对应参量增大了 14.2% 和 14.3%；②保持 l_2 不变，d 随 α 的增大而减小，内部流场的最大流速和沿 X 轴流速矢量最大值均在 90°时达到，分别为 39.05m/s 和 38.47m/s，均比原始扩散管弧度为 60°时的对应参量增大了 0.5%。

（3）保持 d 不变时，浓缩风能装置内部流场速度梯度在 75°时达到最小值 11.21/s，比原始扩散管弧度为 60°时的速度梯度减小了 18.1%；当保持 l_2 不变时，速度梯度在 90°时达到最小值 8.66/s，比原始扩散管弧度为 60°时的速度梯度减小了 36.7%。

5.2.4　不同浓缩风能装置模型对内部流场的影响

以浓缩风能装置为研究对象，设计了 8 种改进模型，其中包括 5 种非对称模型。通过数值模拟的方法，在具有风切变来流条件下对改进模型的内部流场特性进行了仿真分析。

1. 数值仿真模型与条件设置

从实际应用和研究条件考虑，以 200W 机组的几何模型为原型进行仿真研究。浓缩风能装置的几何模型选用参数为：收缩段入口直径与出口直径分别为 1272mm 和 900mm；中央圆筒为工作段，即为风轮安装段，其直径为 900mm；扩散段入口直径和出口直径分别为 900mm 和 1272mm。其中，收缩角（收缩段壁面与中心轴夹角的 2 倍）为 90°，扩散角（扩散管壁面与中心轴夹角的 2 倍）为 60°，浓缩风能装置几何模型如图 5-1 所示。

在本节中，流体场为风场，较大的流域划分能够保证风的入口速度、出口背压以及开口压力不会受到浓缩风能装置模型的影响，因此建立简单规则的长方体区域，该流体场区域长 30m，宽 5m，高 5m，浓缩风能装置模型入口与流体场区域入口间距为 3m。由于浓缩风能装置的内部流场是主要研究对象，因此为了得到更精确的仿真结果，浓缩风能装置内部划分出较密的网格。在兼顾精度和速度的情况下，采用四面体/混合非结构化网格。

在数值仿真过程中，选用与"5.2.3 扩散管母线形状对浓缩风能装置流场的影响"相同的物理模型、数学模型、湍流模型、计算条件和边界条件。

2. 不同改进模型对流场流速的影响

为了使浓缩风能装置降低风切变对风能吸收系统的冲击，提高装置的浓缩效率，实现风力发电系统更加稳定高效的运行，基于研究经验对浓缩风能装置的结构进行一系列改进，设计了8种改进的浓缩风能装置模型，即改进模型Ⅰ、Ⅱ、Ⅲ、Ⅳ、Ⅴ、Ⅵ、Ⅶ、Ⅷ，浓缩风能装置改进模型如图5-53所示。

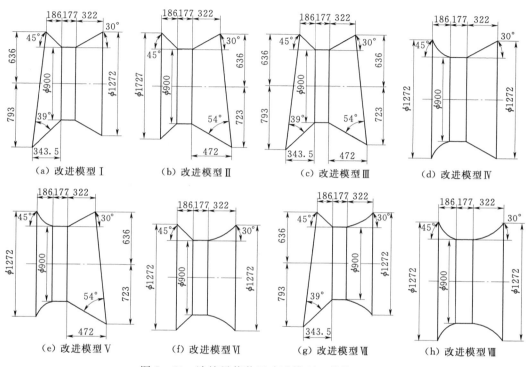

图5-53 浓缩风能装置改进模型（单位：mm）

以 $u=12.075h^{0.2385}$ m/s 为入口来流风速进行计算，可得浓缩风能装置内部流场最大流速和沿 X 轴流速矢量值及增长率，原始与改进模型内部流场流速比较见表5-16，浓缩风能装置改进模型内部流场流速变化如图5-54所示。

表5-16 原始与改进模型内部流场流速比较

模型名称	最大流速 /(m·s⁻¹)	最大流速 增长率/%	沿 X 轴流速矢量值 /(m·s⁻¹)	沿 X 轴流速矢量值 增长率/%
原始模型 O	28.4873	—	26.2628	—
改进模型Ⅰ	28.7773	1.018	25.4016	−3.279
改进模型Ⅱ	30.9511	8.649	27.2363	3.707
改进模型Ⅲ	27.7256	−2.674	24.7433	−5.786
改进模型Ⅳ	34.6972	21.799	33.7523	28.517
改进模型Ⅴ	35.7344	25.440	35.1818	33.960
改进模型Ⅵ	29.5080	3.583	26.6406	1.438
改进模型Ⅶ	30.4666	6.948	27.3295	4.062
改进模型Ⅷ	36.6320	28.591	36.1424	37.618

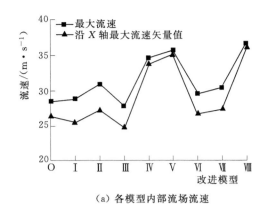

（a）各模型内部流场流速

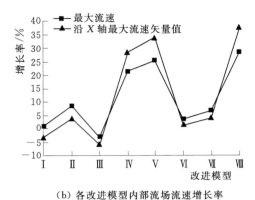

（b）各改进模型内部流场流速增长率

图 5-54　浓缩风能装置改进模型内部流场流速变化

由表 5-16 和图 5-54 可知，除改进模型Ⅲ外的其他 7 种改进模型内部流场的最大流速均比原始模型有所提高，其中改进模型Ⅷ的最大流速值最高，达到 36.6320m/s，比原始模型提高 28.591%；其次是改进模型Ⅴ，最大流速值为 35.7344m/s，比原始模型提高 25.440%。除改进模型Ⅰ和Ⅲ，其他 6 种改进模型内部流场的沿 X 轴流速矢量值也均高于原始模型，其中改进模型Ⅷ的沿 X 轴流速矢量值最高，达到 36.1424m/s，比原始模型提高 37.618%；其次是改进模型Ⅴ，沿 X 轴流速矢量值为 35.1818m/s，比原始模型提高 33.960%。

因此，通过研究改进模型对流场流速的影响可知：8 种改进模型中，改进模型Ⅷ和Ⅴ的内部流场最大流速值和沿 X 轴流速矢量值较高。

3. 不同改进模型对流场风切变的影响

在计算流场中分别取平面 A：$y=0.3m$ 和平面 B：$y=0.4m$，令平面 A 的流体合速度平均值为 u_a，平面 B 的流体合速度平均值为 u_b，则速度梯度为 $\dfrac{du}{dh}=\dfrac{u_b-u_a}{0.4-0.3}$。浓缩风能装置原始模型与改进模型内部流场风速梯度比较见表 5-17，浓缩风能装置改进模型内部流场流速梯度变化如图 5-55 所示。

表 5-17　原始模型与改进模型内部流场风速梯度比较

模型名称	$u_a/(\mathrm{m \cdot s^{-1}})$	$u_b/(\mathrm{m \cdot s^{-1}})$	速度梯度/s	速度梯度减少率/%
原始模型 O	15.303993	17.761156	24.570	—
改进模型Ⅰ	17.749340	19.222544	14.740	40.01
改进模型Ⅱ	18.640408	19.120815	4.804	80.45
改进模型Ⅲ	17.498520	18.759380	12.609	48.68
改进模型Ⅳ	22.447567	23.878056	14.305	41.78
改进模型Ⅴ	23.093199	24.522278	14.291	41.84
改进模型Ⅵ	18.685379	20.019661	13.343	45.69
改进模型Ⅶ	19.523228	21.814470	22.913	6.74
改进模型Ⅷ	30.216183	32.396122	21.800	11.27

由表 5-17 和图 5-55 可知，8 种改进模型内部流场的速度梯度与原始模型相比均有所减小。改进模型 Ⅱ 内部流场的速度梯度最小，为 $4.804s^{-1}$，与原始模型相比速度梯度减少率高达 80.45%；其次是改进模型 Ⅰ、改进模型 Ⅲ、改进模型 Ⅳ、改进模型 Ⅴ、改进模型 Ⅵ 5 种改进模型内部流场的速度梯度值较为接近，均在 $12.609 \sim 14.740s^{-1}$ 范围内，速度梯度减少率则在 $40.01\% \sim 48.68\%$ 之间。

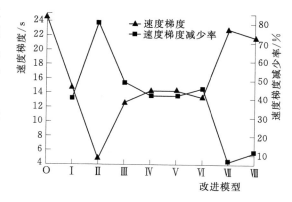

图 5-55 浓缩风能装置改进模型
内部流场流速梯度变化

因此，通过研究改进模型对流场风切变的影响可知：8 种改进模型中，改进模型 Ⅱ 的内部流场流速梯度最小；其次是改进模型 Ⅰ、改进模型 Ⅲ、改进模型 Ⅳ、改进模型 Ⅴ、改进模型 Ⅵ，其中改进模型 Ⅰ、改进模型 Ⅱ、改进模型 Ⅲ、改进模型 Ⅴ 改进模型均为非对称结构，说明非对称的浓缩风能装置结构具有较好的减轻风切变的作用。

综上所述，改进模型 Ⅷ 内部流场流速最高，但流场速度梯度较大，说明其对流场风切变的减弱能力相对较差；改进模型 Ⅱ 的内部流场速度梯度较小，说明其具有较佳的减轻风切变的作用，但改进模型 Ⅱ 内部流场的最大流速和沿 X 轴方向速度矢量值均较低；而改进模型 Ⅴ 不仅内部流场流速较高，流速梯度也相对较小，说明改进模型 Ⅴ 同时具有较好的聚风加速和减轻风切变的作用。因此，在 8 种改进模型中改进模型 Ⅴ 是较佳的浓缩风能装置结构。

4. 小结

（1）8 种改进模型中改进模型 Ⅷ 所对应的浓缩风能装置结构具有较好的聚风加速作用，其内部流场最大流速和沿 X 轴方向速度矢量值比原始模型分别提高 28.591% 和 37.618%。

（2）非对称的浓缩风能装置结构具有较好的减轻风切变作用；其中改进模型 Ⅱ 的内部流场速度梯度较小，比原始模型降低 80.45%，是 8 种改进模型中减轻风切变幅度较大的浓缩风能装置结构。

（3）综合分析改进模型的内部流场流速和风速梯度，改进模型 Ⅴ 同时具有较好的聚风加速和减轻风切变作用。因此，8 种改进模型中改进模型 Ⅴ 是较佳的浓缩风能装置结构。

5.2.5 不同增压板结构对浓缩风能装置内部流场的影响

本小节以浓缩风能装置为研究对象，通过数值模拟的方法，对所设计的六种改进模型在具有风切变来流条件下的内部流场特性进行仿真分析。

1. 数值仿真模型与条件设置

在数值仿真过程中，选用与"5.2.4 不同浓缩风能装置模型对内部流场的影响"相同的浓缩风能装置模型、物理模型、数学模型、湍流模型、计算条件和边界条件。

2. 不同增压板对流场流速的影响

为了使浓缩风能装置降低风切变对风能吸收系统的冲击，提高装置的浓缩效率，实现风力发电系统更加稳定高效的运行，在原始浓缩风能装置（如图 5-1 所示）的基础上增设了增压板，并对其结构进行了一系列的改进，设计了 6 种改进的浓缩风能装置模型，即改进模型 I、改进模型 II、改进模型 III、改进模型 IV、改进模型 V 和改进模型 VI，分别带有形状为正方形、正六边形、正八边形、正十二边形、正十八边形和圆形的增压板，浓缩风能装置改进模型如图 5-56 所示。

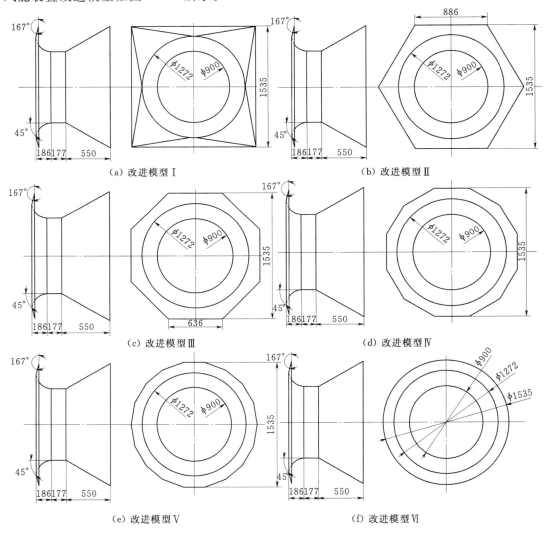

图 5-56　浓缩风能装置改进模型（单位：mm）

以 $u = 12.075h^{0.2385}$ m/s 为入口来流风速进行计算，可得浓缩风能装置内部流场最大流速和沿 X 轴流速矢量值及增长率，原始与改进模型内部流速比较见表 5-18，浓缩风能装置改进模型内部流场流速变化如图 5-57 所示。

表 5-18 原始与改进模型内部流场流速比较

模型名称	最大流速 /(m·s⁻¹)	最大流速增长率 /%	沿 X 轴流速矢量值 /(m·s⁻¹)	沿 X 轴流速矢量值 增长率/%
原始模型 O	28.71	—	25.87	—
改进模型 I	32.90	14.59	32.29	24.82
改进模型 II	32.86	14.45	31.99	23.66
改进模型 III	35.58	23.93	34.55	33.55
改进模型 IV	33.75	17.55	33.32	28.80
改进模型 V	35.08	22.18	33.92	31.12
改进模型 VI	33.99	18.39	33.48	29.42

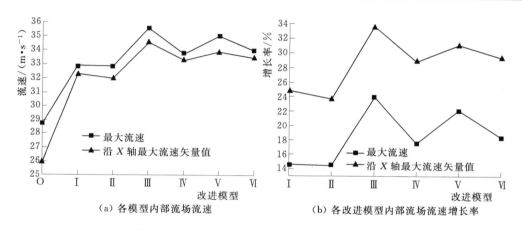

（a）各模型内部流场流速　　　　　（b）各改进模型内部流场流速增长率

图 5-57　浓缩风能装置改进模型内部流场流速变化

由表 5-18 和图 5-57 可知，6 种改进模型内部流场的最大流速均比原始模型有所提高，其中改进模型 III 的最大流速值最高，达到了 35.58m/s，比原始模型提高了 23.93%；其次是改进模型 V 和改进模型 VI，最大流速值分别为 35.08m/s 和 33.99m/s，分别比原始模型提高了 22.18% 和 18.39%。6 种改进模型内部流场的沿 X 轴流速矢量值也都高于原始模型，其中改进模型 III 的沿 X 轴流速矢量值最高，达到了 34.55m/s，比原始模型提高了 33.55%；其次是改进模型 V 和改进模型 VI，沿 X 轴流速矢量值分别为 33.92m/s 和 33.48m/s，分别比原始模型提高了 31.12% 和 29.42%。

因此，通过研究改进模型对流场流速的影响可知：带有增压板结构的浓缩风能装置内部流场流速有所提高；6 种改进模型中，改进模型 III、改进模型 V 和改进模型 VI 的内部流场最大流速值和沿 X 轴流速矢量值较高。

3. 不同增压板结构对流场风切变的影响

在计算流场中分别取平面 A：$y=0.4$m 和平面 B：$y=0.3$m，令平面 A 的流体合速度平均值为 u_a，平面 B 的流体合速度平均值为 u_b，则速度梯度为 $\dfrac{du}{dh}=\dfrac{u_a-u_b}{0.4-0.3}$。浓缩风能装置原始模型与各增压板改进模型内部流场风速梯度比较见表 5-19，浓缩风能装置改进模型内部流场流速梯度变化如图 5-58 所示。

表 5 - 19　原始模型与各增压板改进模型内部流场风速梯度比较

模型名称	$u_a/(m \cdot s^{-1})$	$u_b/(m \cdot s^{-1})$	速度梯度/s	速度梯度减少率/%
原始模型 O	17.761	15.304	24.57	—
改进模型 I	23.862	22.379	14.83	39.64
改进模型 II	23.422	22.041	13.81	43.79
改进模型 III	25.405	23.500	19.05	22.47
改进模型 IV	24.098	22.859	12.39	49.57
改进模型 V	24.940	23.238	17.02	30.73
改进模型 VI	24.653	23.067	15.86	35.45

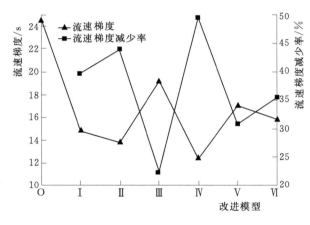

图 5 - 58　浓缩风能装置改进模型内部
流场流速梯度变化

由表 5 - 19 和图 5 - 58 可知，6 种改进模型内部流场的流速梯度与原始模型相比均有所减小。改进模型 IV 内部流场的流速梯度最小，为 12.39s^{-1}，与原始模型相比流速梯度减少率高达 49.57%；其次是改进模型 I、改进模型 II 和改进模型 VI，三种改进模型内部流场的流速梯度值较为接近，均在 13.81～15.86s^{-1} 范围内，流速梯度减少率则在 35.45%～43.79% 之间。

因此，通过研究改进模型对流场风切变的影响可知：6 种改进模型中，改进模型 IV 的内部流场流速梯度最小；其次是改进模型 I、改进模型 II 和改进模型 VI；6 种带有增压板的改进模型内部流场的流速梯度与原始模型相比均有所减小，说明带有增压板的浓缩风能装置结构具有较好的减小风切变的作用。

综上所述，改进模型 III 内部流场流速较高，但流场流速梯度较大，说明其对减小流场风切变的能力相对较差；改进模型 IV 的内部流场流速梯度较小，说明其具有较佳的减小风切变的作用，但改进模型 IV 的内部流场最大流速和沿 X 轴方向速度矢量值均较低；而改进模型 VI 不仅内部流场流速较高，流速梯度也相对较小，说明改进模型 VI 同时具有较好的聚风加速和减小风切变的作用。因此，在 6 种改进模型中改进模型 VI 是流场性能较佳的浓缩风能装置结构。

4. 小结

（1）带有增压板结构的浓缩风能装置对聚风加速具有较好的作用；6 种改进模型中改进模型 III 所对应的浓缩风能装置结构具有较好的聚风加速作用，其内部流场最大流速和沿 X 轴方向速度矢量值比原始模型分别提高了 23.93% 和 33.55%。

（2）带有增压板的浓缩风能装置结构具有较好的减小风切变的作用；6 种改进模型中改进模型 IV 的内部流场流速梯度较小，比原始模型降低了 49.57%，是 6 种改进模型中减小风切变幅度较大的浓缩风能装置结构。

（3）综合分析改进模型的内部流场流速和流速梯度，改进模型Ⅵ同时具有较好的聚风加速和减小风切变作用。因此，6 种改进模型中改进模型Ⅵ是流场性能较佳的浓缩风能装置结构。

5.2.6 结论

以小型浓缩风能型风电机组的浓缩风能装置为研究对象，基于计算流体力学软件，仿真分析了不同湍流模型、不同结构参数、扩散管母线对其浓缩风能装置内部流场特性的影响。通过计算分析可知：

（1）通过采用 Spalart-Allmaras 模型、标准 $k\text{-}\varepsilon$ 模型、标准 $k\text{-}\omega$ 模型和 RSM 湍流模型，对浓缩风能装置内部流场进行数值模拟和结果分析，可知标准 $k\text{-}\omega$ 湍流模型更适用于浓缩风能装置内部流场的仿真分析。

（2）当收缩角变化，收缩角为 80°且收缩管长度改变时，浓缩风能装置内部流场的流速有最大值，为 26.10m/s；当扩散角变化，扩散角为 80°且扩散管长度不变时，浓缩风能装置内部流场的流速有最大值，为 26.16m/s；当改变中央圆筒长度，中央圆筒长度为297mm 时，浓缩风能装置内部流场的流速有最大值，为 24.91m/s。

（3）对浓缩风能装置内部流场特性的影响因素由大到小排列，分别为扩散角角度、收缩角角度、中央圆筒长度。

（4）通过对不同风速下浓缩风能装置内部流场的仿真分析可得，浓缩装置有较高的浓缩效率，它不仅可以提高流经风轮处的风速，还可以提高发电量。

（5）扩散管母线形状由直线型改为曲线型后，浓缩风能装置内部流场最大流速增加了11.3%，沿 X 轴方向流速矢量值增加了 11.4%。

扩散管弧度变化有两种情况：①保持扩散管长度 d 不变，浓缩风能装置出口截面直径 l_2 随扩散管弧度 α 的增大而增大，内部流场的最大流速和沿 X 轴流速矢量最大值均在 90°时达到最大值，分别比原始扩散管弧度为 60°时的对应参量增大了 14.2%和 14.3%；②保持 l_2 不变，d 随 α 的增大而减小，内部流场的最大流速和沿 X 轴流速矢量最大值均在 90°时达到最大值，均比原始扩散管弧度为 60°时的对应参量增大了 0.5%。

保持 d 不变时，浓缩风能装置内部流场速度梯度在 75°时达到最小值，比原始扩散管弧度为 60°时的速度梯度减小了 18.1%；当保持 l_2 不变时，速度梯度在 90°时达到最小值，比原始扩散管弧度为 60°时的速度梯度减小了 36.7%。

（6）非对称的浓缩风能装置结构具有较好的减轻风切变作用；综合分析改进模型内部流场流速和风速梯度，图 5-53 中的改进模型Ⅴ同时具有较好的聚风加速和减轻风切变作用，是 8 种改进模型中较佳的浓缩风能装置结构。

（7）带有增压板结构的浓缩风能装置具有较好的聚风加速和减小风切变作用；综合分析改进模型的内部流场流速和风速梯度，图 5-56 中的改进模型Ⅵ同时具有较好的聚风加速和减小风切变作用，是 6 种改进模型中流场性能较佳的浓缩风能装置结构。

第6章　浓缩风能型风电机组技术应用示范

6.1　浓缩风能型风电机组的应用

6.1.1　安装维护

6.1.1.1　安装调试

一般小型风电机组应安装在年平均风速大于3m/s、风向较稳定的地区，安装地点应尽量避开主风向前300m、后150m内高于6m的障碍物，尽量安装在地势较高的位置上，以避开湍流对风电机组的不良影响。

安装前用混凝土浇筑地脚架和地锚，将发电机的主体部分、回转体与塔架组装在一起。用吊装方式将组装好的风电机组总成吊起，将安装孔对准地脚架的螺栓，用螺母锁紧，再用拉索将塔架上端与地锚连接并调整好拉索的紧度。

1. 装机前的准备工作

（1）浓缩风能型风电机组安装在较高的地面处，在主风向前300m、后160m的场地内，不能有较高的障碍物，以避免湍流风对风电机组造成不良影响。

（2）采用混凝土地基，地脚螺栓及钎杆预埋入混凝土中。待混凝土凝固后，再进行安装。

（3）清扫场地，在安装地点周围5m之内不得有妨碍安装和影响安全的障碍物体。

（4）观察风向变化情况，尽量选择在风速小于3m/s的时间里安装。

（5）要制定周密的安装计划，确定人力及其分工、安装步骤和注意事项。

（6）要清楚的了解风电机组的每一部分，准备和熟悉所使用的工具及安全防护用具，以确保安装中的安全和效率。

（7）拆开包箱，按装箱清单检查机组的零部件数目和完好性，特别注意检查发电机轴及回转体转动的灵活性和叶片是否损坏。

2. 安装浓缩风能型风电机组时注意事项

（1）应特别注意绳索、滑轮和其他辅助安装设备的强度。通常，一根直径为10mm粗的尼龙绳可以承受1.8×10^4N的拉力，一根直径为10mm粗的白棕绳可以承受1.17×10^4N的拉力。如果绳子打了一个结，那么其强度会降低40%；如果绳子紧绕着一个坚硬物体拉，那么绳子的强度就会降低20%。

（2）每个安装人员的工作都要听从指挥者安排。

（3）把叶轮风轮用绳子系住或锁定，不让其自由转动，以免伤人。

（4）必须戴上硬壳的安全帽，将工具、螺栓等零部件放在工具箱里，防止从空中掉落，这样既方便又安全。

（5）在高空中作业时必须系上安全带，因为空中风大，有掉落的危险。

（6）最好是在无风时安装，早晨开始动工，尽量避免天黑后在高空中作业。

3. 安装顺序和方法

（1）浓缩风能型风电机组的组装。浓缩风能型风电机组运输到位后，就地组装：

1）把发电机用螺栓固定在发电机架上，拧紧螺母，接好发电机输电电线。

2）组装风轮，叶片与轮毂应按原来标定的记号，对应安装。风轮安装到发电机轴前端，并把轴头螺母拧紧，拧紧螺母扭矩应达到 $118 \sim 138 N \cdot m$。

3）尾翼安装到浓缩装置上，拧紧螺栓。

4）用螺栓把浓缩风能装置、回转体和塔架固定在一起，然后穿好输电电缆。

5）拉好拉绳，绳夹要夹紧，螺旋扣要放到最松位置。

（2）浓缩风能型风电机组总成的安装：

1）用吊车把风电机组总成吊起，保证塔架底部向下，然后缓慢下放，直到塔架底板上的螺栓孔和地脚螺栓相吻合，拧紧螺栓。

2）调节拉绳上的螺旋扣松紧，保证风电机组垂直。

4. 浓缩风能型风电机组的试运转

浓缩风能型风电机组安装后，应在 $2 \sim 3$ 级风速下进行空转调试，并观察：

（1）风轮运转是否平稳，风轮及发电机内部有无异常声音。

（2）风向变化时，浓缩风能装置转动是否灵活平稳，风轮是否迎风向旋转。

（3）发电机是否发电，用万用表测量发电机端电压。

6.1.1.2 使用与维护

浓缩风能型风电机组在使用与维护保养时注意以下事项：

（1）发电机一定要按照说明书使用，不得任意敲打、拆卸或长期存放在潮湿的地方。

（2）蓄电池的使用与维护：

1）应经常保持蓄电池表面清洁，定期擦拭，防止极板间自放电和接线柱腐蚀。

2）蓄电池接线必须固定牢实、可靠，蓄电池底部应放减震垫；加液孔盖要拧紧，而且还要经常检查盖子上的通气孔，以保证其畅通。

3）定期检查、调整电解液的相对密度和液面高度，保持各单格电解液相对密度相差不超过 0.005，各单格电解液应高出极板 $10 \sim 15 mm$，当液面降低时应及时补充。

4）应根据季节变化，及时调节电解液的相对密度，在寒冷地区应保持蓄电池经常处于充足电状态，避免蓄电池因结冰而损坏。

5）短时间不用时，将蓄电池取下、放回室内，并充足电，液面高度调到正常值，拧紧盖子；消除电极桩上的氧化物并涂上凡士林；每月进行一次补充充电。

（3）叶片是易损件，应经常检查是否有裂纹等破损现象，如发现破裂，应立即修复或更换新叶片。不得任意损坏表面漆，最好每两年修补一次表面油漆。

（4）输电线不得随意增减长度（国家标准规定为 25m），用电器不得超过要求功率和电压。

（5）要经常检查拉绳紧度，不得过松，钎子松动时，应及时更换位置或采取其他措施。

（6）每次大风前后，回转体处要加注黄油润滑，检查各连接螺栓是否有松动。

（7）浓缩风能型风电机组故障未排除时，不得继续工作。每次检修后，必须进行空载运转试验。

6.1.2 应用产品试点示范

从理论和技术层面来看，浓缩风能型风电机组能从根本上改善风能的能量密度低、不稳定性等弱点，降低风力发电度电成本，有效地提高风能利用的经济性。浓缩风能型风电机组的理论核心是将稀薄的、呈湍流运动特征的自然风进行加速、整流后驱动风轮旋转发电，提高风能品质，改善能流密度低和不稳定性等弱点，从而降低了风力发电度电成本和机组噪音，提高了机组安全性和风能利用率，提高了风力发电的商业竞争力。

浓缩风能型风电机组可独立运行、风光互补运行、多机联网运行。研究所已研制开发的系列产品有单机容量 200W、300W、600W、1kW、2kW 等风电机组，部分风电机组已在内蒙古自治区、河北省、山西省、云南省、北京市应用。

6.1.2.1 国内应用产品试点示范

200W 浓缩风能型风电机组以其独特的优势深受中外用户欢迎。2000 年，国内已在内蒙古自治区应用 4 台机组，在河北省三河市应用 6 台机组，在山西省应用 1 台机组。

1997 年 7 月，200W 机组在内蒙古锡林郭勒盟苏尼特右旗草原牧民家安装应用，如图 6-1 所示。主要用电设备：2 个 40W 灯泡、电视机（14 英寸彩电）、录音机（30W）。运行情况一直十分稳定，没有出现任何故障。除了电缆外，没有更换过其他部件，受到了牧民的好评。

图 6-1 200W 浓缩风能型风力发电系统在锡林郭勒盟苏尼特右旗草原牧民家应用示范

图 6-2 200W 机组在河北省三河市美丽乡村现代化农业区安装应用

1998 年 10 月，200W 机组在河北省三河市美丽乡村现代化农业区安装应用，如图 6-2 所示，主要用电设备为 8 个灯泡、电视机（21 英寸彩电）、录音机（25W）、水泵（100W）、节水灌溉控制器（60W）。

1999 年 8 月，600W 风光互补发电系统在内蒙古锡林郭勒盟苏尼特右旗草原牧民家安装应用，如图 6-3 所示。主要用电设备：4 个 25W 灯泡、电视机（17 英寸彩电）、录音机（30W）、电冰柜、小型水泵（60W）。

图 6-3　600W 浓缩风能型风力发电系统在
锡林郭勒盟苏尼特右旗草原牧民家应用示范

图 6-4　600W 机组在内蒙古农业大学东
附楼楼顶试验运行

600W 浓缩风能型风电机组在内蒙古农业大学东附楼楼顶试验运行，如图 6-4 所示。该机组风轮采用了新的专用风轮，直径为 2.2m，当风速达到 10m/s 时，输出功率为 600W。主要用于试运行、实验数据测定和性能测试。

2001 年，2kW 浓缩风能型风光互补发电系统在内蒙古农业大学职业技术学院应用示范，如图 6-5 所示。该系统选用 2kW 逆变控制器，主要用电设备有 12 个 15W 节能灯、抽油烟机（200W）、小型水泵（750W），解决了生活用电问题，可以与城市低压电网切换供电。当风力充足时，用风力发电供电；当风力发电不足时，用城市低压电网供电。试运行期间，无任何故障，多次接待日本专家、国内专家视察，受到一致好评，增加了出口日本的和在内蒙古自治区内外的应用趋势。

图 6-5　浓缩风能型风光互补发电系统在
内蒙古农业大学职业技术学院应用示范

图 6-6　200W 浓缩风能型风力发电系统在
云南师范大学太阳能研究所实验楼应用示范

2003 年 11 月，200W 浓缩风能型风力发电系统在云南师范大学太阳能研究所实验楼 7 层楼顶上的应用试点示范，如图 6-6 所示，运行近两年无一次故障。

2004—2005 年，项目组与内蒙古国飞新能源有限公司合作，研制了 5kW 浓缩风能型

图6-7　5kW浓缩风能型风力发电系统在
锡林郭勒盟苏尼特左旗应用示范

风电机组泵水系统，于2005年6月在锡林郭勒盟苏尼特左旗（东苏旗，其年平均风速为4.1m/s）的草原生态建设示范区试点示范，主要用于青贮饲料的灌溉和牧草种植地的泵水供电。如图6-7所示。

6.1.2.2　国际应用产品试点示范

浓缩风能型风电机组由日本岩谷产业公司和因幡电机制作所代理向日本推广出口应用，已销往日本岛根县、群马县、茨城县、石川县。

2000年5月，开始在日本岛根县出云市建立畜产试验场应用。200W浓缩风能型风光互补发电机组在日本岛根县畜产试验场运行试验如图6-8所示。该系统为风光互补发电系统，为岛根县畜产试验场的电围栏供电。

2001年1月，第二次签约向日本出口，在群马县进行应用；2001年3月第三次签约向日本出口，在岛根县岛根大学农学部楼顶安装应用。

图6-8　200W浓缩风能型风光互补发电机组在
日本国岛根县畜产试验场运行试验

图6-9　200W浓缩风能型风电机组在
日本国茨城县取手小学应用

2002年3月，200W浓缩风能型风电机组在日本国茨城县取手小学应用，如图6-9所示，主要用于校园网设备用电。2003年在日本经历两次台风袭击无损坏。

2003年1月，300W浓缩风能型风电机组在日本石川县鹿西町的应用试点示范，如图6-10所示。该项目与日方合作，采用了日本的电刷滑环机构技术，较好地解决了电缆缠绕问题，电刷滑环机构如图6-11所示。经过日本的应用验证，该型机组独具发电量大、噪声低、安全性高的特色和优势，日本用户对浓缩风能型风电机组的产品十分满意，认为其是当时国际上技术性能先进的小型风电机组。日本合作单位于2005年4月又订购了2台300W浓缩风能型风电机组，在日本进行应用试点示范。

图 6-10　300W 浓缩风能型风电机组在日本
石川县鹿西町的应用试点示范

图 6-11　300W 浓缩风能型风电机组采用
日本的电刷滑环机构

6.2　典型浓缩风能型风电机组

6.2.1　200W 浓缩风能型风电机组

6.2.1.1　结构与特点

　　200W 浓缩风能型风电机组由浓缩风能装置、发电机、风轮、尾翼、回转体、塔架等部件组成。装有风轮的发电机置于浓缩风能装置内，同尾翼一起构成风电机组的主体，由于增压圆弧板和尾翼的共同作用，该机组可自动迎风导向。

　　200W 浓缩风能型风电机组结构简图如图 6-12 所示，其主要由 4 部分组成。前方设收缩管和增压圆弧板，中间设中央流路圆筒，后方设扩散管。当自然风流经该装置时，被加速、整流和均匀化，从而提高了风能利用率。从空气流入口（断面 A）至中央圆筒入口（断面 B），收缩管（C）的收缩面积比设计为 $F_1 : F_2$，收缩角设计为 α；风轮和发电机设

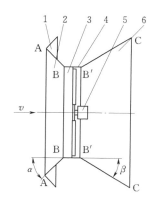

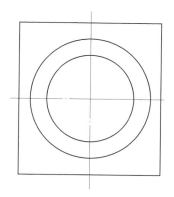

图 6-12　200W 浓缩风能型风电机组结构简图
1—增压圆弧；2—收缩管；3—中央圆筒；4—风轮；
5—发电机；6—扩散管

置在中间圆筒流路中；从风轮的后方（断面 B'）至空气流出口（断面 C），扩散管出口（断面 C）和入口（断面 B'）的面积比设计为 F_3：F_2，扩散角设计为 β。空气流入口（断面 A）的两侧迎风面设计为圆弧板，既有利于浓缩风能装置前后形成压差，又有利于风电机组导向。

6.2.1.2　运行及控制系统

风电机组与控制系统及其他电气设备的线路连接如图 6-13 所示，风电机组发出的低压交流电接入充电逆变控制器，经逆变控制器整流后，向蓄电池充电，当采用"风光互补"发电系统时，太阳能电池也接入逆变器并向蓄电池充电。风电机组、太阳能电池、蓄电池和负载在逆变器内构成直流并联充电放电网络。当风电机组和太阳能电池不向蓄电池充电时，蓄电池采用直流并联充放电网络。

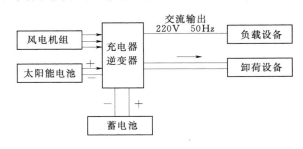

图 6-13　风电机组与控制系统及其他
电气设备的线路连接

浓缩风能型风电机组的三相交流电接入充电控制逆变器，在逆变器内经整流后，向蓄电池充电。在逆变器中，逆变装置将直流电转换为 220V、50Hz 的单相交流电，逆变电源由逆变开关选择使用。在工作结束后，应关掉逆变开关，可节省电能，而直流并联充放电网络仍然能正常工作。交流输出为 220V 的电压，在使用中要注意安全用电。为防止蓄电池过充电，在直流并联充放电网络中设置卸荷负载，当充电电压达到 30.5V 时，卸荷负载自动接通，防止电器设备超载运行；当充电电压降到 28.5V 时，自动切断卸荷负载。

小型风电机组风轮采用定桨距和变桨距两种，定桨距失速控制居多；叶片数为 2～6，3 叶片居多，多叶片限速较好；发电机多为低转速永磁同步电机，永磁材料选用稀土材料，使发电机的效率达到 75% 以上；调向装置大部分是上风向尾翼调向；调速装置采用风轮偏置和尾翼铰接轴倾斜式调速、变桨距调速机构或风轮上仰式调速；功率较大的机组还装有手动刹车机构，以确保风电机组在大风或台风情况下的安全；风电机组配套的逆变控制器，除可以将蓄电池的直流电转换成交流电外，还具有蓄电池的过充、过放、交流泄荷、过载保护和短路保护等功能，以延长蓄电池的使用寿命。

6.2.2　600W 浓缩风能型风电机组

6.2.2.1　结构与特点

600W 浓缩风能型风电机组是在 200W 浓缩风能型风电机组的基础上，采用类比的方法开发而来的新机型，主要由浓缩风能装置、发电机、风轮、尾翼、塔架等组成，整机模型如图 6-14 所示。将风轮和发电机安装在浓缩风能装置中，风轮的前方设有收缩流路，后方设有扩散流路，风轮工作区是均匀的近似圆筒形流路，扩散流路上方设置了可导向的尾翼。当自然风流经该机组时，浓缩风能装置前方形成高压区，后方形成低压区，自然风通过收缩流路、中央均匀流路抵达风轮处，驱动风轮旋转使发电机发电。此时，驱动风轮的气流已不再是自然风，而是经过加速、整流、均匀化，湍流度下降的高速均匀气流。气流经过风轮后，从风轮后方的扩散流路流向大气中。

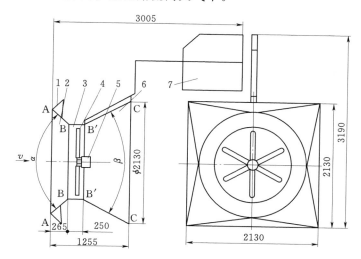

图 6-14　600W 浓缩风能型风电机组的整机模型（单位：mm）
1—增压圆弧板；2—收缩管；3—中央圆筒；4—风轮；
5—发电机；6—扩散管；7—尾翼

6.2.2.2　运行及控制系统

　　风电机组与配套设备的连接线路如图 6-15 所示，由风电机组输出的交流电，经过控制器整流后，一路向蓄电池充电，另一路经逆变器后接入负载设备。当太阳能电池并入该发电系统形成"风光互补"系统时，太阳能电池输出的直流电，需接入控制器控制整个系统的工作状态，并对蓄电池起到过充电和过放电保护的作用，再经过逆变器，向负载设备供电。当太阳能电池和风电机组不向蓄电池充电时，蓄电池以直流向并联网络供电。

6.2.2.3　结构优化

　　1. 模型Ⅰ

　　模型Ⅰ是 600W 机组浓缩风能装置，其结构简图Ⅰ如图 6-16 所示。

　　2. 模型Ⅱ

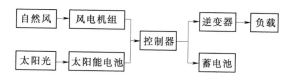

图 6-15　风电机组与配套设备的连接线路

　　模型Ⅱ是通过改造模型Ⅰ的中央圆筒和收缩管得到的，改造后的 600W 机组浓缩风能装置结构简图Ⅱ如图 6-17 所示，阴影部分为改造材料的位置。改造材料采用聚苯板（泡沫板）。改造的结果是将中央圆筒截面由正八角形变为圆形，并通过在收缩管的八个棱角镶嵌聚苯板，使收缩管与中央圆筒平滑连接。

　　3. 模型Ⅲ

　　模型Ⅲ是浓缩风能型风电机组的相似模型，是参照 200W 浓缩风能型风电机组按比例缩小的实验模型，改造后的 600W 机组浓缩风能装置结构简图Ⅲ如图 6-18 所示。

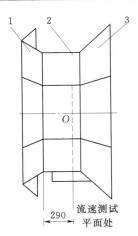 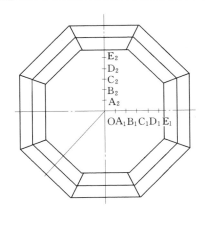

图 6 - 16　600W 机组浓缩风能装置结构简图 I（单位：mm）
1—增压收缩管；2—中央管；3—扩散管

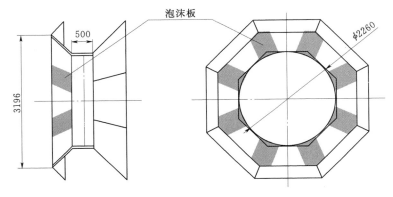

图 6 - 17　改造后的 600W 机组浓缩风能装置结构简图 II（单位：mm）

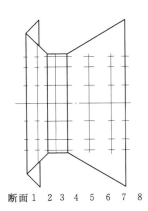 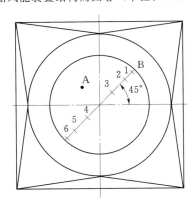

图 6 - 18　改造后的 600W 机组浓缩风能装置结构简图 III

4．模型 IV

将模型 III 中母线为直线的收缩管改为母线为圆弧线的收缩管，其他尺寸不变，得到模型 IV，改造后的 600W 机组浓缩风能装置结构简图 IV 如图 6 - 19 所示。

对比模型 I 和模型 II 可知，模型 II 的风速增速倍数提高。即将浓缩风能装置的收缩管、中央圆筒和扩散管的截面形状设计为圆形，并且使它们之间平滑连接，可以提高风速增速倍数。对比模型Ⅲ和模型Ⅳ可知，模型Ⅳ风速增速倍数提高。即将浓缩风能装置的收缩管和扩散管的母线形状设计为圆弧线，可以提高风速增速倍数。

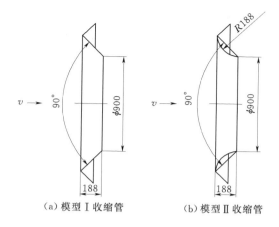

(a) 模型Ⅰ收缩管　(b) 模型Ⅱ收缩管

图 6-19　改造后的 600W 机组浓缩风能装置结构简图Ⅳ（单位：mm）

6.2.3　典型机组对比

6.2.3.1　200W 相似模型Ⅰ实验与实验模型 MCWET-4 风洞实验比较

浓缩风能型风电机组相似模型Ⅰ（图 6-12），是在浓缩风能型风电机组前期研究基础上，参照 200W 浓缩风能型风电机组按比例缩小得到的。

1. 结构比较

收缩管入口断面、中央圆筒面积和扩散管出口面积比 $F_1 : F_2 : F_3$，200W 相似模型Ⅰ比实验模型 MCWET-4 增大 10%；收缩角 α 增加了 150%，扩散角 β 增加了 300%；相似模型Ⅰ中央圆筒轴向长度与直径比降低了 19.7%。

2. 中央流路流速分布比较

200W 相似模型Ⅰ风轮安装处的流速是来流流速的 2.40 倍，是模型入口流速的 1.54 倍；实验模型 MCWET-4 的风轮安装处流速则是来流流速的 2.42 倍，是模型入口流速的 1.56 倍。

3. 能量转换比较

在自然风场风速为 10m/s、12m/s、14m/s 时，相似模型Ⅰ中央圆筒 3 个断面的能量增至相同面积来流风能的 2.49 倍、2.27 倍和 2.20 倍；与相似模型Ⅰ整体迎风面的能量之比平均值分别为 0.69、0.64、0.62。

6.2.3.2　200W 相似模型Ⅰ与相似模型Ⅱ比较

当相似模型Ⅰ不安装风轮、发电机时，用皮托管和数字压力计对内轴向、径向的不同点进行总压 P_t、静压 P_s 测试。通过对测试数据计算分析，得出相似模型Ⅱ内的流场特性。200W 相似模型Ⅱ结构简图如图 6-20 所示。

1. 结构比较

相似模型Ⅱ是由相似模型Ⅰ改进后的机型，相似模型Ⅱ的收缩管母线为圆弧线，相似模型Ⅰ收缩管母线为直线，其他尺寸相同。

2. 中央流路流速分布比较

实验模型沿 45° 方向剖视的流场测试断面布局如图 6-18 所示，相似模型Ⅰ在收缩管出口（断面 3）处流速增加快，出现模型内流速最大值，相似模型Ⅱ流速较缓和；相似模型Ⅰ各断面平均流速分布在断面 3 出现了模型内流速最大值；相似模型Ⅱ各断面平均流速逐渐增加，在中央圆筒出口（断面 5）出现模型内流速最大值，各断面流速分布均匀性较好。

相似模型Ⅱ风轮安装处的气流流速比相似模型Ⅰ提高了 5.3%；最高流速比相似模型

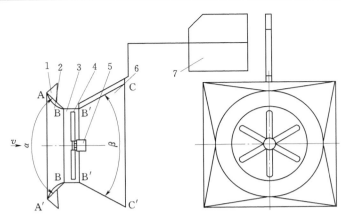

图 6-20　200W 相似模型 Ⅱ 结构简图

1—增压圆弧板；2—圆弧形收缩管；3—中央圆筒；4—风轮；

5—发电机；6—扩散管；7—尾翼

Ⅰ 收缩管后的最高流速提高了 4.5％，最高流速出现的位置从断面 6 移至断面 5；相似模型 Ⅱ 扩散管出口处流速比相似模型 Ⅰ 提高了 1.84％。

　　3. 能量转换比较

　　在自然风场风速为 10m/s、12m/s、14m/s 时，相似模型 Ⅱ 中央圆筒 3 个断面的能量增至相同面积来流风能的倍数，与模型 Ⅰ 比较，中央圆筒入口降低了 0.95％，风轮安装处、中央圆筒出口处分别提高了 16.90％ 和 24.09％。

6.2.3.3　200W 浓缩风能型风电机组与国内外其他类型机组对比

　　(1) 200W 浓缩风能型风电机组是浓缩风能理论多年研究的应用成果，在国际风力发电理论上具有独创性。

　　(2) 200W 浓缩风能型风电机组风轮直径小，为 1.24m；启动风速低，1.8m/s 即可启动；而普通型风电机组启动风速为 3.0m/s 以上。启动风速降低使全年发电时间加长，增大了发电量。

　　(3) 目前，国内领先水平的风电机组风能利用系数为 0.45；国际上最先进的风电机组风能利用系数为 0.47；本机组由于采用浓缩风能原理，风能利用系数为 0.52，达到了小型风电机组应用技术的国际领先水平。200W 浓缩风能型风电机组和国内外优秀机组的对比见表 6-1。

6.2.3.4　600W 浓缩风能型风电机组与国内外其他类型机组对比

　　(1) 600W 浓缩风能型风电机组是浓缩风能理论多年研究的应用成果，发电量大、噪声低、安全性高，在国际风力发电理论上具有独创性。

　　(2) 600W 浓缩风能型风电机组风轮直径小，为 2.26m；当自然风为 2.4m/s 时，风轮启动旋转，达到 3.8m/s 时，可建压充电；而普通型风电机组启动风速大多在 3.0m/s 以上。较低的启动风速，有利于增加 600W 浓缩风能型风电机组的年发电量。

　　(3) 600W 浓缩风能型风电机组由于采用浓缩风能装置，其风能综合利用系数达到 0.571，而目前国际上最先进的风电机组风能综合利用系数是 0.47，说明本机型达到了小型风电机组风能综合利用系数的国际先进水平。600W 浓缩风能型风电机组和国内外优秀机组的对比见表 6-2。

表 6-1　200W 浓缩风能型风电机组和国内外优秀机组的对比

机　型	风轮直径/m	启动风速/(m·s⁻¹)	额定风速/(m·s⁻¹)	额定功率/W	发电机效率	风能利用系数
200W 浓缩风能型风电机组	1.24	1.8	10	208.6	0.603	0.52
日本岩中电机制作所	1.05		10	50	0.700	0.15
商都牧机厂 FD100 型风电机组	2.00	3.5	6	100	0.700	0.38
汾西机器厂 FD-7-150（WVC）	2.00	3.0	7	150	0.700	0.32
日本水平轴风电机组						0.47
中国农科院草原研究所 FD2.1-0.2/8 型风电机组	2.0		8	201.6	0.631	0.33
呼市牧机所 FD2.5-0.2/7 型风电机组	2.50		7	274.06	0.704	0.43
水电部牧区水科所 FD2.48-0.2/7 型风电机组	2.48		7	310.38	0.810	0.45
法国爱尔兰 300W（300FD7B）	3.20	3.0	7	350（实测 385）	0.800	0.26 0.29（实测功率时风能利用系数）
瑞典 300W SVIHO	2.40	3.0	8	300（实测 250）	0.800	0.26
美国北风 200W	5.00	3.6	9	2200	0.800	0.31

表 6-2　600W 浓缩风能型风电机组和国内外优秀机组的对比

机　型	风轮直径/m	启动风速/(m·s⁻¹)	额定风速/(m·s⁻¹)	额定功率/W	发电机效率	风能利用系数
600W 浓缩风能型风电机组	0.32	0.28	0.30	0.29	0.31	0.571
青岛恒封 HF2.8-600W	2.8	3.0	8.0	600	0.681	0.31
哈尔滨九洲	2.8	2.5	8.5	600	0.701	0.29
淄博卡特 CAT-600W 风电机组	2.5	3.0	8.0	600	0.725	0.30
钰源 FD2.6-600W	2.6	2.5	8.0	600	0.694	0.28
青岛风之翼 600W 家用风电机组	2.5	3.0	8.0	600	0.718	0.32
南京欧陆 FD207-600	2.5	2.0	8.0	600	0.748	0.30
法国爱尔兰 300W（300FD7B）	3.20	3.0	7	350（实测 385）	0.800	0.26 0.29
瑞典 300W SVIHO	2.40	3.0	8	300（实测 250）	0.800	0.26
美国北风 200W	5.00	3.6	9	2200	0.800	0.31

第7章 浓缩风能型风电机组相关技术研究

7.1 噪声研究

7.1.1 噪声的特点和危害

噪声是发声体做无规则振动时发出的声音。从物理学观点讲，噪声就是各种不同频率和声强的声音无规律的杂乱组合，它的波形图是没有规律的非周期性曲线。从生理学观点讲，凡是使人烦躁的、讨厌的、不需要的声音都叫噪声。随着现代工业化程度的不断提高，噪声污染日益加剧，因此，噪声控制已成为环境保护的一项重要内容。

噪声污染、水污染和大气污染被认为是当今世界的三大污染。但同水污染、大气污染相比较，噪声污染有其特殊型。水污染和大气污染属于化学污染，他们对人体和环境的影响是长期的；噪声污染属于物理污染，主要来源于交通运输、车辆鸣笛、工业噪音、建筑施工以及社会噪音如音乐厅、高音喇叭、早市和人的大声说话等。它的显著特点是：①几乎没有后效性，只要噪声停止，噪声污染随即消失；②噪声污染的影响面广，公众反映也最多。如1994年美国纽约市民每月对噪声污染提出的控诉达1000多件；英国伦敦有76%的市民受到城市噪声的严重干扰；我国大城市噪声诉讼案件占环境诉讼案件的34.8%。

由于噪声污染的特殊型，它对人类的危害也是多方面的，主要表现在听觉和非听觉两个方面。一个人长期暴露在强噪声环境中，会逐渐导致耳聋，并且这种耳聋是无法挽救的。即使噪声的强度不足以致人耳聋，它也会妨碍人们的交流，影响睡眠和休息，打断思维，这些都是噪声直接作用于人的听觉造成的危害。非听觉的危害则是指噪声间接影响人的神经系统、消化系统、呼吸系统等，并产生危害。因此，噪声的控制应予以充分重视。

7.1.2 风力发电的噪声问题

风能作为一种清洁的可再生能源，日益受到世界各国的重视。随着风力发电装机总容量的增加，作为长期困扰风能资源利用研究人员的问题之———噪声问题尤显突出。

1979年秋，在美国研究开发的MOD-1型大型风电机组的运行实验中，周边3km范围内的居民经常提出对风电机组噪声的不满。这件事给当时从事风能资源开发的工作人员的打击是始料未及的。MOD-1的这一事例，可以说是风力发电系统的噪声问题被首次提出。

风力发电系统的噪声成为现实问题是在美国加利福尼亚州的SanGorgonio（圣高哥尼奥）集中建设的风电场。在这里虽然大部分的风电机组群建在平坦的沙漠地带，但还有一部分风电机组建在有分散居民住宅的丘陵地带。建设初期，周边居民提出申诉：最初的风电机组安装之后，机组运转使他们受到噪声的干扰，之后又增加了数百台风电机组，噪声更大。他们强烈要求制定严格的噪声限制规定。美国加利福尼亚州的噪声问题不仅在SanGorgonio，在其他两个地区 Altanmont（阿尔塔蒙特）、Tehachapi（泰哈查比）也存在。

在风力发电系统快速发展的欧洲，也存在噪声问题。有因周边居民受噪声影响抗议导致风电机组迁移的事例；有虽然已获批准建设风电场的地区，但因无法解决噪声问题，将面临机组拆除的事例。

目前，日本限制美国生产的小型风电机组在日本住宅区应用，其主要原因也是噪声问题。

我国关于声学的研究工作，是在 20 世纪 50 年代末期开始的，到 60 年代才有较大的发展，而到了 70 年代，已蓬勃发展起来，并取得了不少成果。但是关于风电机组噪声的研究起步比较晚，直到 1998 年 9 月，国际电工委员会（International Electrotechnicd Commission，IEC）才制定了风电机组噪声测试技术的标准，主要内容包括制订专业术语的解释、符号和单位；声学仪器和非声学仪器的规定；测量步骤的确定；数据修正步骤的确定；附录的确定（附录 A 风力发电系统噪声排放的其他可能性特征，附录 B 测量不确定性的评价）。为噪声的评价和噪声的控制提供了一个依据。

从三个方面说明，风电机组噪声方面的研究的紧迫性和可行性。首先，从科学性角度，风能利用专家十分重视风电机组的噪声问题，他们认为这是一个涉及风力发电理论和技术的专业问题，应该从风电机组的结构设计、传播途径的控制来降低风电机组的噪声；其次，从法制性角度，国家应该制定严格的噪声限制规定，对于噪声水平高于国际标准的风电机组生产厂家，应从法律上强制其改进设计方案，直到符合国际标准规定；再次，从需要性角度，用户需要使用风力发电这样无污染的清洁能源，并且无噪声影响。为了满足用户的要求，探讨浓缩风能型风电机组噪声机理方面的问题，推动储能理论和浓缩风能理论的科技进步，开发了一种国际上低噪声、高水平的风电机组。

7.1.3 风电机组噪声测试

7.1.3.1 测量仪器

1. 风速风向仪

型号：EY_1A 型；风速测量范围：$0 \sim 40m/s$；精度：$\pm(0.5 \pm 0.05 \times$ 实际风速）；分辨率：$0.2m/s$；启动风速：$<1.5m/s$；风向测量范围：$360°$；精度：$\pm5°$。

2. 声级计

型号：ND-2 型精密声级计；测量范围：$24 \sim 130dB$（A）。它是一种模件化的精密仪器，可应用于环境噪声、机械噪声、车辆噪声等的测量。其工作原理是：声压信号通过传声器被转换成电信号，馈入放大器成为一定功率的电信号，再通过具有一定频率响应的计权网络，经过检波则可推动以分贝定标的指示表头。

3. 磁带记录仪

型号：MR-30 型。MR-30 型磁带记录仪使用盒式磁带记录和回放 4 通道/7 通道模拟信号，采用微处理器，具有包括自诊断的各种控制功能，在室内和室外的应用中都能可靠地记录和回放测量数据。

4. 信号分析仪

型号：B&K-2034 双通道信号分析仪。这是一种具有 801 条分辨线的快速、灵便、易用且完整的双通道 FFT 分析系统，可用于测量机械系统、声学系统和电系统的输入-输出统计关系，能测量和显示 34 种不同的频域、时域统计函数。

5. 音响反射板

直径为 1m、厚度为 12mm 的木制圆板。保证声级计在不同地点测量时具有相同的表面粗糙度。

7.1.3.2　测量方案

在测试分析信号前，必须对测试系统做系统标定，具体的步骤是：使用与 BZ7110 模件和 4155 型传声器配用的 B&K-2231 模件化精密声级计，测取 4228 型活塞发声器发出的 94dB（A）、频率为 1000Hz 的单一正弦信号，录入 MR-30 型磁带记录仪，再输入 B&K-2034 双通道信号分析仪。将测量设置为自谱函数，调节标定场值，直到频率为 1000Hz 时，声压级为 94dB（A），标定场的值即为该系统灵敏度。此系统的灵敏度为 205mV/Pa。

7.1.3.3　测量系统

风电机组噪声测试分析系统框图如图 7-1 所示。测试与分析流程如下：

（1）用 B&K-2231 型精密声级计测取浓缩风能型风电机组在各种转速下的噪声信号。

（2）用 MR-30 型磁带记录仪记录测得的噪声信号。

（3）将磁带记录仪记录的信号输入 B&K-2313 双通道信号分析仪进行分析并采集数据。

（4）将信号分析仪中不需要进一步分析的结果输入 B&K-2313 打印机打印，需继续分析的，将采集到的数据输入计算机进行分析。

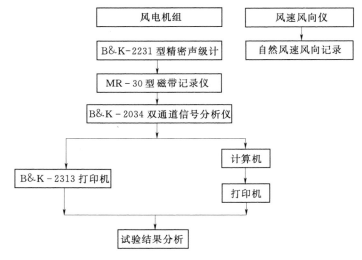

图 7-1　风电机组噪声测试分析系统框图

（5）应用相关信号分析理论对试验结果进行分析。

7.1.3.4 测量方法

根据国际电工委员会 1998 年制订的风力发电系统噪声测试技术的相关标准，确定噪声测量方法如图 7-2 和图 7-3 所示。

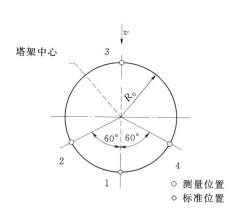

图 7-2 风电机组测量位置的标准模式

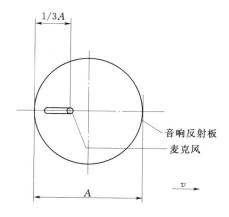

图 7-3 音响反射板

在测量前，首先确定 R_0 的值。对于水平轴风电机组，$R_0 = H + \dfrac{D}{2}$，其中 H 为风电机组风轮回转中心到地面的垂直距离，D 为风轮的旋转直径；对于垂直轴风电机组，$R_0 = H + D$，其中 H 和 D 的含义与水平轴风电机组中规定的相同；对于浓缩风能型风电机组，R_0 为浓缩风能装置上边缘距离地面的垂直距离。

其次是确定基准位置和测量位置，如图 7-2 所示；再次把图 7-3 所示的音响反射板（直径 $A = 1\text{m}$）放在基准位置 1 和测量位置 2～测量位置 4，ND-2 型精密声级计的麦克风放在如图 7-2 所示的位置。

最后把 ND-2 型精密声级计和 MR-30 型磁带记录仪连接起来，在基准位置 1 和测量位置 2、3、4，测量在不同风速下，风电机组的噪声级大小，并把它们记录下来。

7.1.4 浓缩风能型风电机组噪声机理的试验研究

浓缩风能型风电机组驱动风轮旋转的风能是将自然风浓缩、均匀化后的流体能。因此，相同功率输出时，风轮直径比普通型风电机组风轮直径小，风轮所受冲击载荷小，且无偏尾机构，浓缩风能装置也具有减振降噪的作用，故与其他类型机组相比，噪声显著降低。但是，风电机组在实际运行当中，浓缩风能型风电机组的噪声是多少，它与普通型风电机组的噪声差距是多少，以及它们的噪声水平是否符合国际环境噪声标准，能否进一步降低噪声，这些问题都有待详细的实验与研究。

7.1.4.1 风电机组噪声源的分析

1. 机械噪声

由机械振动引起，增速齿轮传递动力产生的噪声对环境的影响问题较多。这种噪声产生的过程是：由风轮产生的力矩通过增速齿轮传递到发电机时，在齿轮上产生了啮合力。

啮合力以啮合频率变动，这个力在轴承、支持台架上的反作用力成为对风电机组机体的激振力，激振机舱盖、塔架等作为固体传播音放射。这种噪声的水平随负荷变化而变化，通常认为高负荷时变大。在风电机组上，低负荷时有时噪声也较大。

2. 空气动力学噪声

空气动力学噪声进一步可分为风切噪声可听域的宽带域声和低频率声。

（1）宽带域声（风切声）。风轮在风中高速旋转时，由于叶片周围流动的涡流产生了宽带域声。它是几个不同发声机构的复合声，发声机构主要是：①前方涡流；②湍流边界和后缘干涉；③边界层剥离和失速；④后缘放出的涡流；⑤叶端放出的涡流。把对应这些机构的噪声模型和预测计算法应用于风电机组风轮上，可认为对于全体宽带域声，前方涡流噪声和后缘噪声是起主要作用的。但是，在欧洲地区注重叶尖部，探索低噪音的叶尖形状，是因为这种噪声的强度与风轮叶尖速度的 6 次方成正比，所以需要尽量把风轮叶尖速度设计得小一点。

（2）低频率声。下风式风电机组的低频声波主要发生原理是风轮在塔架周围通过时，由于叶片迎角的急剧变动，在叶片表面上冲击性负荷变动而放出声波，可以利用叶片通过周期为特点的声压变动来进行观测。上风式风电机组同样发生低频率声波，发生机构与下风式相似，这种情况可以认为低频声波是由风轮通过塔架前方来流的风速变化域而产生的。

3. 其他声音

在风力发电系统的运行中，还有许多其他噪声发生的可能性。例如即使是风力发电系统停止运行时，由于液压机构、变压器、方向控制机构等声响和机械性响声，也会发生各种各样的声波。另外，在切入前后风速产生的声波、风力发电系统启动时产生的声波、叶片在水平运动状态紧急调节时产生的声波，可能与空气动力学噪声不同。

7.1.4.2　风电机组噪声产生的机理分析

对于小型风电机组运转时产生的噪声，可分为固体噪声和空气动力学噪声。固体噪声又可以分为机械振动引起的噪声，发电机产生的噪声和调速、对风机构产生的噪声。在此仅对小型风电机组运转时产生噪声的机理进行分析。

1. 固体噪声

（1）机械噪声。风电机组的机械噪声包括自然风作用在尾翼、塔架和拉索上引起振动而产生的噪声。一般来说，风电机组的风轮要经过严格的平衡（静平衡和动平衡）实验才能投入使用。但在运转一段时间后，风轮磨损不均匀或零件变形都将引起噪声；安装不良及各部件联接松动将引起噪声；风轮高速旋转产生振动，导致机体某一部分共振也会引起噪声。对于浓缩风能型风电机组，还有自然风作用在浓缩风能装置上引起振动而产生的噪声。一般来说，对于正常运转的风电机组，排除设备非正常运转（故障）产生的噪声。机械噪声与空气动力学噪声相比占次要地位。

（2）发电机噪声。发电机噪声的来源有三个：①轴承之间的摩擦声；②转子切割磁力线的声音；③转子与定子之间的摩擦声。前两种为常态，后一种为病态。这些声音很轻，只有把耳朵贴在塔架上才能听得清。前两种为"嗡嗡"声，声音清晰；后一种为"喇喇"声，声音浑浊。一旦发现后一种噪声，应该立即停机检修，这种噪声多为转子扫膛所致，其原因有轴承损坏、转子变形、杂物进入、磁块脱落等。由于发电机在塔架顶端，这类故障平时用眼睛是难以观察到的。因此，经常监听发电机的噪声，可及时发现故障。另外，在大风中，发电机短路也会出现异常噪声。

（3）调速、对风机构噪声。在风电机组中，调速、对风机构属于低速转动机件，它包括塔架顶端的调向转轴和尾翼根部的调速转轴。在正常运行时，没有噪声，但在特定的条件下，往往出现无规则的噪声。产生这种无规则噪声的条件是：转轴内缺乏润滑油；气候环境干燥；由静止到开始转动的速度（启动速度）很缓慢。同时具备这三个条件就可能产生这种噪声。这种噪声来源于尾翼根部，它可以毫无阻挡地通过尾翼杆传到尾翼面上，尾翼面大多数是一块面积相当大的金属板，非常容易引起共振而发出噪声。这种噪声对机组无影响，发现后及时补充润滑油即可消除。

2. 空气动力学噪声

空气动力学噪声是指高速气流、不稳定气流以及由于气流与物体相互作用产生的噪声。按其产生机制和特性，又可分为喷射噪声、涡流噪声、旋转噪声和周期性进排气噪声等。当气流流经翼型时，其流动可看成两个流动组成：一个围绕翼型无升力的流动；一个环绕翼型表面的流动。流经翼型上表面的气流速度较高，流经翼型下表面的气流速度较低，由伯努利方程，上下表面存在压力差，将形成一个环绕翼型流动的环流。儒可夫斯基给出了升力与旋涡强度——环量之间的定量关系，没有旋涡就没有升力。当气流作用在风轮上，在叶片上形成环流，环流的存在导致了风轮的旋转工作。旋转的叶片不断对气流施加作用力，作用力的平均部分对应于维持气流运动的推力，而其交变部分则对应于产生气流噪声的激发力。风电机组的空气动力学噪声主要是指旋转噪声和涡流噪声。

（1）旋转噪声产生机理。旋转噪声是由于风轮上均匀分布的叶片打击周围的气体介质，引起周围气体压力脉动而产生的噪声。另外，当气流流过叶片时，在叶片表面形成附面层，特别是吸力边的附面层容易加厚，并产生许多涡。在叶片尾缘处，吸力边与压力边的附面层汇合形成所谓的尾迹区。在尾迹区内，气流的压力与速度都大大低于主气流区内的数值。因而，当风轮旋转时，叶片出口区内气流具有很大的不均匀性。这种不均匀气流周期地作用于周围介质，产生压力脉动而形成噪声。为了进一步探讨旋转噪声产生的机理，将对叶片在气流中

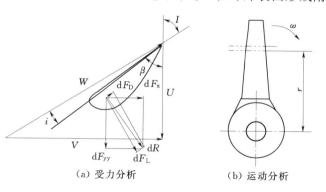

（a）受力分析　　（b）运动分析

图 7-4　叶片在气流中的受力分析与运动分析

的运动和受力进行分析。按照叶素理论将叶片沿展向分成几个微段（一般划分为十个微段），每个微段称为一个叶素。这里假设作用在每个叶素上的力相互之间没有干扰，叶素本身可以视为一个二元翼型。研究叶片的受力情况，一般以叶素为研究对象，分析叶素上所受的力和力矩，然后沿翼展方向上积分，即可求得叶片上所受的力和力矩。叶片在气流中的受力分析与运动分析如图 7-4 所示。

图 7 - 4 中，V 为风轮处的轴向风速，V 的方向如图 7 - 4 所示。由贝兹理论和旋涡理论可得

$$V=\frac{1}{2}(1+a)V_1$$

式中　a——轴向诱导因子。

U 为叶素微元体的线速度。U 的方向如图 7 - 4 所示。由贝兹理论和旋涡理论可得

$$U=\frac{1}{2}(1+a')\omega r$$

图 7 - 4 中，a' 为周向诱导因子。W 为气流对叶素的相对速度，$W=V-U$，方向如图 7 - 4 所示。dR 为翼型所受的作用力。dF_L 为翼型升力，方向与气流相对风轮的相对速度方向垂直。dF_D 为翼型阻力，方向与气流相对风轮的相对速度方向平行。dF_x 为 dF 沿风轮旋转面方向的投影。dF_y 为 dF 沿风轮回转轴方向的投影。i 为翼型攻角（冲角）。β 为叶片安装角。I 为气相角（进气角），$I=i+\beta$。

根据二元翼理论，作用在图 7 - 4 所示翼型上的升力和阻力为

$$dF_L=\frac{1}{2}\rho CW^2 C_L dr \tag{7-1}$$

$$dF_D=\frac{1}{2}\rho CW^2 C_d dr \tag{7-2}$$

式中　ρ——空气密度；

　　　C——距转轴 r 处的翼型弦长；

C_L、C_d——升力系数和阻力系数，C_L、C_d 值由所选翼型决定。

由于自然风场的风速不稳定，使得风轮处的轴向风速 V 在不断的变化。由图 7 - 4 叶片在气流中的运动分析及受力分析可知，叶素微元体的线速度 U 和气流对叶素的相对速度 W 随轴向风速 V 的变化而变化。由式（7 - 1）和式（7 - 2）可知，翼形上的升力 dF_L 和阻力 dF_D 也在不断变化，从而引起叶片升力的脉动现象，产生噪声。

当叶片绕轴旋转时，叶片相对于气流运动，迎风侧与背风侧所受压力不同。对于给定空间位置来说，每当一个叶片通过时，压力起伏变化一次。旋转着的叶片不断地逐个通过，相应逐个地产生脉冲，向周围辐射噪声，在给定空间位置产生的压力，并不按着正弦规律随时间变化，而是按脉冲形式。由傅里叶变换分析可知，旋转噪声除基频外还存在许多谐波成分，其频率为基频的整数倍。如果压力脉冲很尖锐，在声频范围内可以有许多谐波成分。在这种情况下若将叶片数加倍而保持转速不变时，由于基频加倍，原来的奇次谐波成分被取消，在一定程度上可以降低旋转噪声的强度。即使压力脉冲并非十分尖锐，叶片数的增多对降低噪声也是有利的。一般称单位时间内通过的叶片数叫为叶片的通过频率，它是旋转噪声的基频。旋转噪声的频率为

$$f_i=\frac{nZ}{60}i \tag{7-3}$$

式中　n——风电机组风轮每分钟转数，r/min；

　　　Z——叶片数；

　　　i——谐波序号，$i=1$、2、$\cdots$、n。

当 $i=1$ 为基频，当 $i>1$ 为高次谐波。从噪声强度来看，基频最强，其高次谐波总的趋势逐渐减弱。

叶片的宽度对旋转噪声也有一定的影响。叶片较宽时，谐波成分的强度将减弱。叶片的厚度对叶片在空间占据的体积有影响。当叶片旋转时，对于给定空间，由于叶片和气流交替出现，也会产生噪声，但这种噪声比由于叶片及叶片上的压力场随着风轮旋转对周围介质产生扰动的噪声小。旋转噪声的声压与风电机组的功率成正比，而与叶片半径成反比。所以当功率与风轮尖端的圆周速度给定时，从降低噪声的角度应尽量使风轮半径小一些。叶片尖端的圆周速度对旋转噪声的声压非常敏感，这种噪声的强度与风轮叶尖速度的 6 次方成正比，所以尽量把风轮的叶尖速度设计得小一点。随着圆周速度的提高，旋转噪声的声功率级迅速地增加，一般圆周速度增加一倍，其声功率级增加 15～20dB。

（2）涡流噪声产生机理。涡流噪声又称旋涡噪声，主要是由于气流流经叶片时，形成附面层及旋涡分裂脱落，引起叶片上压力的脉动所造成的。

涡流噪声的频率为

$$f_i = S_r L \frac{W}{L} i \tag{7-4}$$

式中　S_r——斯特劳哈尔数，取值在 0.14～0.20 之间，一般随雷诺数的增加而缓慢增加，通常取 0.185；

　　　　W——气流对叶片的相对速度；

　　　　L——叶片正表面的宽度在垂直于速度平面上的投影；

　　　　i——谐波序号，$i=1$、2、…、n。

由式（7-4）可知，涡流噪声的频率主要与气流对叶片的相对速度 W 有关。W 又与风轮的圆周速度 U 有关。U 是随着风轮上各点到转轴轴心距离而变化的，由内到外 U 是连续变化的，因此风电机组运转时所产生的涡流噪声是一种宽频带的连续谱。风电机组涡流噪声产生的机理，可以从以下方面分析：

1）叶片表面上的气流形成湍流附面层后，附面层中气流紊乱的压力脉动作用于叶片产生了噪声。湍流附面层发展愈严重，则所产生的噪声也愈强，因此可以认为湍流附面层是产生涡流噪声的来源之一。

2）气流流经风轮时，由于附面层发展到一定程度会产生涡流脱离，脱离涡流将造成较大的脉动。在低雷诺数下，周期性涡流的脱离将导致相应环量的改变，也使风轮上的气流作用力发生变化。当然，对于风电机组叶片来说，除非来流冲角很大，一般不会产生明显的涡流脱离区。但叶片尾缘无规律的涡流剥离，仍会引起升力的脉动而产生噪声。此外，离开叶片尾缘的涡流若被后面的叶片撞击，噪声将更增大。

3）来流的湍流度引起叶片作用力的脉动造成噪声。当具有一定湍流度的气流流向叶片时，叶片前缘各点冲角大小将取决于气流平均速度和瞬时扰动速度。在湍流情况下，后者是明显无规律的变化，因而也使冲角产生无规律的变化，导致升力的无规律脉动而产生噪声。

4）当气流流经风电机组风轮时，叶片上表面的气流压力大于下表面，形成压差，其大小随叶片负荷的增加而增大。由于压差的存在，使气流从叶片上表面流向下表面，形成涡流，并产生涡流噪声。

一般认为，上述四种产生涡流噪声的机理中，由附面层湍流压力脉动和由叶片上下表面压差产生的噪声功率相对小得多。此外，只要来流的湍流度不是特别大，由于冲角脉动形成的噪声也不太明显。于是可以认为，风电机组的涡流噪声主要是由于第二种原因，即涡流和涡流脱离引起叶片升力的脉动所造成的涡流噪声。

7.1.4.3　浓缩风能型风电机组与普通型风电机组噪声的对比

对于小型风电机组，已经分析了其噪声产生机理的两种情况。根据这两种情况对浓缩风能型风电机组与普通型风电机组工作时产生噪声情况进行对比。

1. 固体噪声情况

（1）机械噪声情况。对于机械噪声，浓缩风能型风电机组的风轮安装在浓缩风能装置内，其工作环境较普通型风电机组好，因此风轮磨损和零件变形程度较小，从而产生噪声小。至于其他原因引起的机械噪声，两种类型风电机组都存在，大小无明显差别。

（2）发电机噪声情况。浓缩风能型风电机组拟采用低额定转速的发电机，即发电机达到额定输出功率时，发电机转速较低。发电机长期在低转速下工作，轴承磨损和变形较小，使用寿命延长；浓缩风能型风电机组的浓缩风能装置为发电机部分提供了较好的工作环境，杂物不容易进入机体，可使发电机长期处于稳定的工作状态，因此产生的噪声较小。

（3）调速、对风机构噪声情况。浓缩风能型风电机组在自然风场中能够形成自动对向力矩，配合尾翼，导向灵敏度高；尾翼中心线与浓缩风能装置的对称中心线无偏心、无振动、过渡平滑；浓缩风能装置前方的增压板采用天方地圆结构，使低风速导向平稳；在高风速时，该型机组通过叶片失速而达到调速的目的。浓缩风能型风电机组并没有附加的调速和对风机构，也没有偏尾机构，因此产生的噪声较小。

2. 空气动力学噪声情况

空气动力学噪声主要是指风轮。它长期处于高速转动状态，由于结构和外形复杂，是最容易产生噪声的部位。事实证明，绝大部分噪声来自线速度最高的部位——叶尖。经风洞实验结果证明，在功率相同的前提下，浓缩风能型风电机组比普通型风电机组的风轮直径小。当两种类型风电机组在相同的转速下工作时，浓缩风能型风电机组的叶尖速度比普通型风电机组小，噪声的强度与风轮叶尖速度的 6 次方成正比，故其产生的噪声比普通型风电机组小。

浓缩风能型风电机组由于具有浓缩风能装置，可对不稳定的自然风进行加速、整流和均匀化，实现将稀薄风能浓缩后再利用的目的，提高了风能的能流密度并改善了风能的不稳定性。使得到达叶片处的风能较均匀、稳定，引起叶片的升力脉动较普通型风电机组小，从而产生的噪声小。

叶尖形状决定了风电机组噪声的频率和强度：不等宽（上窄下宽）叶片，噪声频率高，强度大；等宽叶片，噪声频率低，强度小；叶尖呈半圆形，噪声最小。浓缩风能型风电机组采用叶尖形状为半圆形的叶片，因此噪声较小。

叶片数对风电机组噪声有一定影响。浓缩风能型风电机组采用六个叶片，普通型风电机组采用三个叶片。在这种情况下若将叶片数加倍而保持转速不变时，由于基频加倍，原来的奇次谐波成分被抵消，在一定程度可以降低旋转噪声的强度。

7.1.5 风电机组噪声测试结果的分析

7.1.5.1 用傅里叶变换与小波变换对风电机组噪声的理论探讨

通过以上对风电机组噪声机理的分析，风电机组噪声可认为是平稳随机噪声和旋转噪声的合成。为了进一步分析每种谐波成分的幅值与相位，有必要用小波变换结合傅里叶变换对其进行理论分析和探讨。

1. 傅里叶变换和短时傅里叶变换

傅里叶变换一直是信号处理中最重要的工具，通过对一个时域信号 $f(t)$ 进行傅氏变换，就将这一信号从时域转到了频域，得到了信号的傅里叶级数 $F(\omega)$，即

$$F(\omega) = \int_{-\infty}^{+\infty} f(t) \mathrm{e}^{-\mathrm{j}\omega t} \mathrm{d}t \tag{7-5}$$

不同的 ω 代表不同的正弦信号，这就相当于将一个信号拆成了多个正弦信号之和，每个信号成分的多少由傅里叶级数表示。对噪声信号分析而言，各个频段的谱分量可以告诉我们噪声信号的各个组成部分，表征着不同的来源和不同的特征。但傅里叶变换存在一个弱点，当它将时域信号转到频域分析时，信号的时间信息全部丢失了。无法确定某一事件或某一频率信号发生的特定时刻。如果被分析的信号是一个静态信号，其波形不会出现快速变化，这一点影响不大。但如果被测信号是一个动态信号，且想知道信号的瞬态信息、变化趋势、某一事件发生的起始和终止时刻的话，傅里叶变换则不能满足要求。

为了弥补这一不足，曾有人对傅里叶变换进行了改进，在傅里叶变换中引入了时间窗，即在分析时域信号 $f(t)$ 时乘上一个限制时间段的函数 $g(t)$ 然后再分析，这就是所谓的短时傅里叶变换。其变换式为

$$S(\omega, \tau) = \int_{-\infty}^{+\infty} f(t) s(t - \tau) \mathrm{e}^{-\mathrm{j}\omega t} \mathrm{d}t \tag{7-6}$$

其中窗函数 $s(t-\tau)$ 中的 τ 是可以变动的，即窗可在时间轴上移动使 $f(t)$ 逐段进入被分析状态，这样就可以提供在某一局部时间内信号变化的特征。但这种加窗傅里叶变换仍然有它的局限性。因为窗的大小和形状一旦选定，就是固定的。对变化着的不同时间段的信号只能用这个选定的窗，所以它不能适应频率高低的不同要求。在实际信号中，通常对低频信号要求加宽时窗，对高频信号要求加窄时窗，以提高波形的分辨率，因而希望有一个可调的时间窗。对于变化激烈的高频信号，其频谱较宽，需要加宽频窗；反之低频信号要求加窄频窗，以提高谱线的分辨率。如果信号中同时有高频和低频信号，往往很难兼顾在时域、频域都有足够的分辨率。因此它仍不能满足对各种动态信号分析的要求。

2. 小波变换

小波分析是近代应用数学中一个迅速发展的新领域。小波分析具有伸缩、平移和放大功能，它在时域和频域上同时具有良好的局部化性质，能对不同的频率成分采用逐渐精细的采样步长，聚焦到信号的任意细节，这对于检测高频和低频信号以及信号的任意细节均很有效，还可以对信号进行多尺度分析，具有很强的特征提取功能，尤其是对突变信号的

处理优势非常明显。可大大提高信号检测和分析的准确性，被称为"数学显微镜"，是振动信号分析和处理的有力工具。

若 $\psi(t)$ 满足允许条件 $\int_{-\infty}^{+\infty}\psi(t)\mathrm{d}t=0$ 时，则称 $\psi(t)$ 为一个基小（或母小）波。将母函数 $\psi(t)$ 经伸缩和平移后，就可以得到一个小波序列。该序列可表示为

$$\psi_{a,b}(t)=\frac{1}{\sqrt{|a|}}\psi\left(\frac{t-b}{a}\right)\quad a,b\in R;a\neq 0 \tag{7-7}$$

其中 a,b 是两个可变动的参数。变动 a 或 b 可以衍生出不同的小波函数。变动 a 可使函数的波形沿时间轴伸展或压缩，同时对应的频谱发生变化。如 $\psi(t)$ 对应的频谱为 $\Psi(t)$，则 $\psi\left(\dfrac{t}{a}\right)$ 对应的频谱将为 $\Psi(a\omega)$，这是因为

$$\Psi(\omega)=\int_{-\infty}^{+\infty}\psi(t)\mathrm{e}^{-\mathrm{j}\omega t}\mathrm{d}t$$

$$\int_{-\infty}^{+\infty}\psi\left(\frac{t}{a}\right)\mathrm{e}^{-\mathrm{j}\omega t}\mathrm{d}t=a\int_{-\infty}^{+\infty}\psi\left(\frac{t}{a}\right)\mathrm{e}^{-\mathrm{j}a\omega\left(\frac{t}{a}\right)}\mathrm{d}\left(\frac{t}{a}\right)=a\Psi(a\omega) \tag{7-8}$$

所以变动 a 同时改变了分析的频段。

从式（7-7）可以得出，变动 b 可使函数的波形沿时间轴移位。

使用小波函数对 $f(t)$ 作小波变换，可以得到小波变换的数学模型为

$$W_{\mathrm{f}}(a,b)=\int_{-\infty}^{+\infty}f(t)\,\overline{\psi_{a,b}}(t)\mathrm{d}t=\frac{1}{\sqrt{|a|}}\int_{-\infty}^{+\infty}f(t)\,\overline{\psi}\left(\frac{t-b}{a}\right)\mathrm{d}t \tag{7-9}$$

式中　$\psi_{a,b}(t)$——小波函数；

$\overline{\psi_{a,b}}(t)$——$\psi_{a,b}(t)$ 的共轭函数；

a——尺度参数；

b——平移参数。

小波变换等效的频域表达式为

$$W_{\mathrm{f}}(a,b)=\frac{1}{2\pi\sqrt{a}}\int_{-\infty}^{+\infty}F(\hat{\omega})\psi(\hat{a}\omega)\exp(i\omega b)\mathrm{d}\omega \tag{7-10}$$

式中　$F(\hat{\omega})$、$\psi(\hat{a}\omega)$——$f(t)$、$\dfrac{1}{a}\varphi\left(\dfrac{t}{a}\right)$ 在频域的表示形式。

在实际应用中，计算机所处理的信号都是通过采样得到的二进制离散信号，因此需要对连续小波及其变换进行二进制离散。对连续信号 $f(t)$ 进行采样，设采样间隔为 $\Delta t=T_a$，则 $f(t)=f(nT_a)$，$n\in Z$。取尺度参数 $a=2^j$，$j\in Z$。考虑到 j 每增加 1，尺度 a 将乘以 2，折合成频率来说，就是频率降低一半、采样间隔加大一倍。因此平移参数也应随着尺度的变化自动改变平移步长。如果尺度 $j=0$ 时，平移参数 b 的平移步长为 T_s；那么尺度为 2^j 时，b 的平移步长可取为 2^jT_s，平移参数 $b=k2^jT_s$，$k\in Z$。则离散后的小波函数称为离散二进小波函数为

$$\psi_{j,k}(nT_s)=\frac{1}{\sqrt{2^j}}\Psi\left(\frac{nT_s-2^jkT_s}{2^j}\right) \tag{7-11}$$

从式（7-11）可以得出，如果改变 j
和 k，那么相当于改变了 a 和 b。其中 b 仅
仅影响窗口在时间轴上的位置，而 a 不仅
影响窗口在频率轴上的位置，也影响窗口
的形状。这样小波变换对不同的频率在时
域上的取样步长是可调节的，即在低频时
小波变换的时间分辨率较差，而频率分辨
率较高；在高频时小波变换的时间分辨率
较高而频率分辨率较低，这正符合低频信
号变化缓慢而高频信号变化迅速的特点。
因此可将小波函数视为带通滤波器，

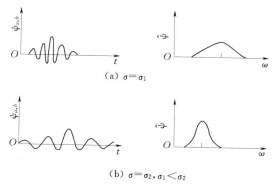

图 7-5 小波函数及其频谱

$\psi_{a,b}(t)$ 的上、下截止频率和中心频率均与尺度参数 a 成反比。$\psi_{a,b}(t)$ 对不同尺度 a 的时
间分辨率和频率分辨率是不同的。小波函数及其频率谱随 a 的变化情况如图 7-5 所示。

减小尺度 a 对 $\psi_{a,b}(t)$ 具有收缩作用，并使 $\psi_{a,b}(t)$ 的振荡频率增大。即时宽减小、频
宽加大，且谱曲线的中心频率升高，这对于高频信号将有较好的时间分辨率；反之当增大
尺度时，对 $\psi_{a,b}(t)$ 具有伸展作用，并且 $\psi_{a,b}(t)$ 的振荡频率随之减小。即增大尺度 a 将使
$\psi_{a,b}(t)$ 的时域增大、频域减小，谱曲线的中心频率降低。这使低频信号可以有较高的频
率分辨率。

在小波变换中，最常用的是 Morlet 小波，其基小波的表达式为

$$\varphi(t) = \pi^{-\frac{1}{4}} \exp(-i\omega_0 t) \exp\left(-\frac{t^2}{2}\right) \tag{7-12}$$

式（7-12）通过平移和伸缩可生成一系列小波，其表达式为

$$\varphi_{a,b}(t) = \pi^{-\frac{1}{4}} a^{-\frac{1}{2}} \exp\left[-i\omega_0\left(\frac{t-b}{a}\right)\right] \exp\left[-\frac{1}{2}\left(\frac{t-b}{a}\right)^2\right] \tag{7-13}$$

Morlet 小波 $\varphi(t)$ 的频域表达式为

$$\hat{\psi}(\omega) = \sqrt{2}\pi^{\frac{1}{4}}\left[-\frac{(\omega-\omega_0)^2}{2}\right] \tag{7-14}$$

当尺度为 a 时，Morlet 小波 $\varphi(t)$ 的频域表达式为

$$\hat{\psi}_{a,0}(\omega) = \hat{\psi}(a\omega) = a\sqrt{2}\pi^{\frac{1}{4}}\exp\left[-\frac{(\omega-\omega_0)^2 a^2}{2}\right] \tag{7-15}$$

一般的振动信号是长周期的低频部分上叠加短周期的高频部分组成的，傅里叶变换是
将信号拆解成不同频率的正弦信号，而小波变换则是将信号拆解成各种拉伸、平移的小
波；正弦信号是规则、光滑的，小波则是不规则、变化剧烈的。因此小波变换的时频分辨
率与瞬间变化的信号是相匹配的，这正是它优于经典傅里叶变换的地方。

3. 用傅里叶变换与小波变换对风电机组噪声的理论探讨

由前所述可知，风电机组噪声可认为是由平稳随机噪声与周期性旋转噪声叠加而成。
随机性成分用可伸缩和可移动的时频窗观察信号，实现信号的时频同时局部化分析，即小
波分析；周期性成分可用傅里叶变换将信号分解成一个直流分量和一系列谐波分量进行分
析，这样就可得到风电机组噪声的频域特性，即哪个频点处取得噪声的最大值，哪个频点

处取得噪声的次大值。只要把高于国家标准的噪声值对应频率通过主动或被动降噪消除，就可达到降低风电机组噪声的目的。所以测得的噪声信号可采用如下数学模型表示为

$$f(t) = x(t) + \eta(t) = A_0 + A_1 \cos(\omega_1 t + \phi_1) + \sum_{i=2} A_i \cos(i\omega_1 t + \phi_i) + \eta(t)$$

$$(7-16)$$

式中　$\eta(t)$——平稳随机噪声，其均值为常数 K；

　　　ϕ_i——各频率下谐波信号的初相位，$i=1，2，\cdots，n$；

　　　ω_1——基频频率；

　　　A_i——各次谐波信号的幅值，$i=1，2，\cdots，n$。

对式（7-16）取集合平均，为

$$E[f(t)] = E[x(t) + \eta(t)]$$
$$= (A_0 + K) + A_1 \cos(\omega_1 t + \phi_1) + \sum_{i=2} A_i \cos(i\omega_1 t + \phi_i) \quad (7-17)$$

式（7-17）的傅里叶变换为

$$\hat{F}(\omega) = 2\pi \left[(A_0 + K)\delta(\omega) + \frac{1}{2}\sum_{i=1} A_i e^{j\phi_i}\delta(\omega - i\omega_i) + \frac{1}{2}\sum_{i=1} A_i e^{j\phi_i}\delta(\omega + i\omega_i) \right]$$

$$(7-18)$$

式中　δ——狄克拉函数。

　　根据式（7-10）、式（7-15）和式（7-18），适当的选取 ω_0 和 a 的值，可提取单一频率成分的信号。可见通过小波变换和傅里叶变换，理论上能将风电机组的噪声成分分解成一个个单一谐波频率的噪声成分。这为降低风电机组的噪声提供了一个理论依据。

7.1.5.2　不同风速时风电机组噪声测试结果分析

　　1. 200W 风电机组噪声测试

　　自然风场风速的大小对风电机组的噪声有直接的影响，200W 浓缩风能型风电机组和 200W 普通型风电机组的噪声测试样机如图 7-6 和图 7-7 所示。

图 7-6　200W 浓缩风能型风电机组噪声测试样机　　图 7-7　200W 普通型风电机组噪声测试样机

200W 浓缩风能型风电机组噪声测试结果见表 7-1。从表 7-1 可以看出：图 7-2 中的第 1 测点得到风电机组噪声平均值大于在第 2、3、4 测点测得的噪声平均值。根据 IEC 制定的风电机组噪声测量标准，风电机组噪声对环境的影响应考虑在 4 个测量位置所测噪声的最大值，因此应考虑第 1 测点的测量结果。根据第 1 测点测得的数据，可以得到包括背景噪声在内的风电机组总声压级与风速之间的拟合曲线和方程。第 1 测点和背景噪声与风速之间的关系如图 7-8 所示。

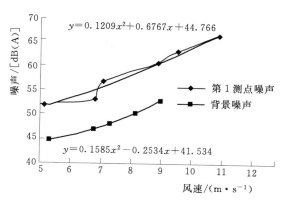

图 7-8　200W 浓缩风能型风电机组第 1 测点和背景噪声与风速之间的关系

表 7-1　200W 浓缩风能型风电机组噪声测试结果

第 1 测点结果		第 2 测点结果		第 3 测点结果		第 4 测点结果		背景噪声	
风速	噪声	风速	噪声	风速	噪声	风速	噪声	风速	噪声
5.1	51.9	5.2	52.9	5.8	51.0	5.8	51.0	7.3	48.3
7.1	56.6	8.5	56.2	8.1	53.8	9.2	59.3	8.1	50.5
9.5	62.9	7.7	55.7	7.0	52.1	8.8	58.4	6.8	46.5
8.7	60.1	9.4	60.5	10.2	62.5	7.9	56.8	5.3	44.8
6.8	52.9	6.4	54.4	9.4	56.8	10.3	64.1	9.0	52.8
10.9	66.0	10.2	64.1	6.8	51.6	6.4	51.8		

注：风速单位为 m/s；噪声单位为 dB（A）。

利用背景噪声的拟合方程，可以求出第 1 测点不同风速对应的背景噪声与总声压级见表 7-2。

表 7-2　200W 浓缩风能型风电机组不同风速时对应的背景噪声与总声压级

风速 /(m·s^{-1})	总声压级 /[dB（A）]	背景噪声 /[dB（A）]	风速 /(m·s^{-1})	总声压级 /[dB（A）]	背景噪声 /[dB（A）]
5.1	51.9	44.36	8.7	60.1	51.33
6.8	52.9	47.14	9.5	62.9	63.43
7.1	56.6	47.72	10.9	66.0	57.60

第 1 测点的测量结果是在有背景噪声存在的情况下测得的，为了精确地求出风电机组的真实噪声，需要扣除背景噪声。这就需要计算背景噪声，其公式为

$$L_{ps} = 10 \lg(10^{0.1 L_{pt}} - 10^{0.1 L_{pB}})$$

(7-19)

式中　L_{pB}——背景噪声；

　　　L_{pt}——背景噪声和风电机组噪声的总声压级；

　　　L_{ps}——风电机组真实的声压级。

把风速为 5.1m/s、6.8m/s、7.1m/s、8.7m/s、9.5m/s、10.9m/s 时的总声压级和背景噪声代入式（7-19），可以求出 200W 浓缩风能型风电机组的真实噪声值分别为 51.06dB(A)、51.56dB(A)、55.99dB(A)、59.48dB(A)、62.38dB(A)、65.32dB(A)。

200W 普通型风电机组噪声测试结果见表 7-3。

表 7-3　200W 普通型风电机组噪声测试结果

第 1 测点结果		第 2 测点结果		第 3 测点结果		第 4 测点结果		背景噪声	
风速	噪声	风速	噪声	风速	噪声	风速	噪声	风速	噪声
6.4	56.6	6.9	57.4	6.7	54.9	6.7	54.2	6.6	47.4
8.5	61.3	8.1	58.0	8.4	56.1	8.8	57.8	7.8	49.7
7.9	60.6	7.8	57.8	7.9	55.9	9.0	59.2	8.3	50.6
9.2	62.4	9.1	61.2	9.2	58.1	7.7	56.7	9.1	51.3
10.4	65.1	10.2	66.3	10.2	58.9	10.6	61.7	10.2	52.1
9.6	63.5	—	—	—	—	—	—	—	—

注：风速单位为 m/s；噪声单位为 dB(A)。

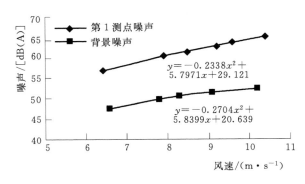

图 7-9　200W 普通型风电机组第 1 测点和背景噪声与风速之间的关系

从表 7-3 中的数据可以看出：在第 1 测点得到风电机组噪声值大于在第 2、3、4 测点测得的噪声值。根据 IEC 制定的风电机组噪声测量标准，风电机组噪声对环境的影响应考虑在 4 个测量位置所测噪声的最大值，因此应考虑第 1 测点的测量结果。根据第 1 测点测得的数据，可以得到背景噪声和风电机组噪声的总声压级与风速之间的拟合曲线和方程；根据测得的背景噪声，可以得到背景噪声与风速之间的拟合曲线和方程，第 1 测点和背景噪声与风速之间的关系如图 7-9 所示。

利用背景噪声的拟合方程，可以求出在第 1 测点不同风速时对应的背景噪声与总声压级见表 7-4。

表 7-4　200W 普通型风电机组不同风速时对应的背景噪声与总声压级

风速 /(m·s^{-1})	总声压级 /[dB(A)]	背景噪声 /[dB(A)]	风速 /(m·s^{-1})	总声压级 /[dB(A)]	背景噪声 /[dB(A)]
6.4	56.6	46.94	9.2	62.4	51.48
7.9	60.6	49.90	9.6	63.5	52.07
8.5	61.3	50.74	10.4	65.1	52.13

把风速为 6.4m/s、7.9m/s、8.5m/s、9.2m/s、9.6m/s、10.4m/s 时的总声压级和背景噪声代入式（7-19），可以求出 200W 普通型风电机组的真实噪声值分别为

54.96dB（A）、60.21dB（A）、60.90 dB（A）、62.03dB（A）、63.18dB（A）、64.87dB（A）。

根据 200W 浓缩风能型风电机组和 200W 普通型风电机组真实噪声值，可以得到两种类型风电机组真实噪声的对比曲线，如图 7-10 所示。

从图 7-10 可以看出，浓缩风能型风电机组的噪声低于普通型风电机组。

2. 600W 风电机组噪声测试

600W 浓缩风能型风电机组和普通型风电机组的噪声测试结果见表 7-5。

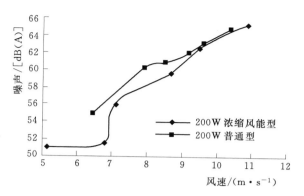

图 7-10　两种类型风电机组噪声对比曲线

表 7-5　不同类型风电机组噪声测试结果

风速/(m·s⁻¹)		5.0	6.7	7.0	8.6	9.4	10.8
噪声 /[dB(A)]	600W 浓缩风能型	62.11	64.23	66.08	69.27	71.78	74.54
	600W 普通型	73.25	77.42	79.95	85.23	89.62	94.79

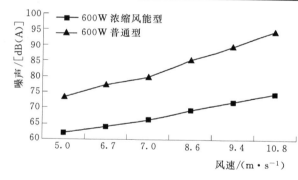

图 7-11　不同风速下的风速-噪声特性曲线图

不同风速下，600W 浓缩风能型风电机组和 600W 普通型风电机组风速-噪声特性曲线图如图 7-11 所示。

600W 浓缩风能型风电机组噪声低，当风速在 9.4m/s 时，噪声为 71.78dB（A），明显低于普通型风电机组。

某楼顶安装的 600W 浓缩风能型风电机组噪声测试结果，对其分析可得到这样的结论：自然风场风速的大小不仅影响旋转噪声的频率，而且影响旋转噪声的大小。

浓缩风能型风电机组整机噪声时间历程图如图 7-12 所示，由图 7-12 可以看出，整

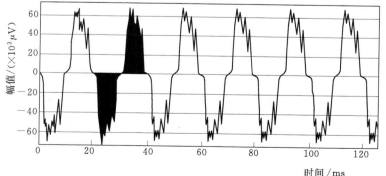

图 7-12　浓缩风能型风电机组整机噪声时间历程图

机噪声信号是由平稳随机噪声和周期性旋转噪声构成，其变化规律呈现出一定的周期性。在峰值处带有毛刺的部分表示该信号的随机部分，该信号的周期性可根据图来确定，但精度较差。为了精确地确定该噪声信号的周期，对该信号做自相关分析。浓缩风能型风电机组整机噪声自相关函数如图 7-13 所示，从图 7-13 可以明确得到该噪声信号的周期 $T=$ 20ms，频率 $f=1/T=50$Hz。

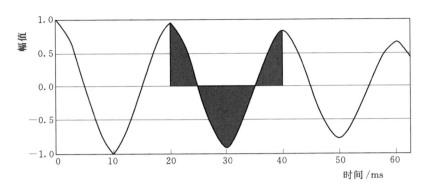

图 7-13　浓缩风能型风电机组整机噪声自相关函数

从时域分析较难把握信号的某些本质特征，研究关心的是噪声信号的频率构成情况，因此对其做频域分析；又由于该噪声信号具有非确定性，故用自功率谱密度函数来描述其频域性质。风速为 3.5m/s、4.2m/s、4.8m/s、5.7m/s、6.8m/s 时浓缩风能型风电机组噪声自谱图如图 7-14～图 7-18 所示。

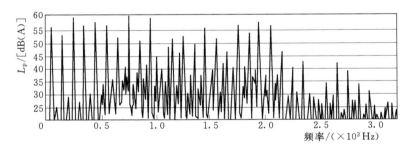

图 7-14　风速为 3.5m/s 时浓缩风能型风电机组噪声自谱图

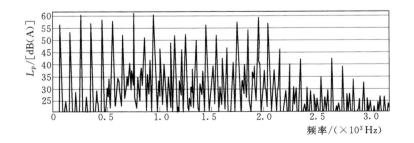

图 7-15　风速为 4.2m/s 时浓缩风能型风电机组噪声自谱图

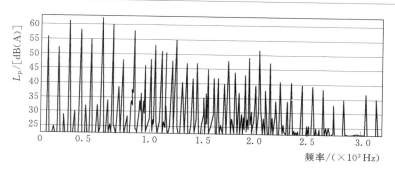

图 7-16 风速为 4.8m/s 时浓缩风能型风电机组噪声自谱图

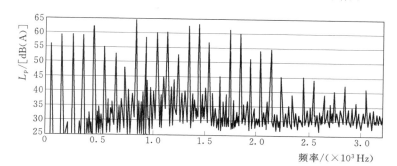

图 7-17 风速为 5.7m/s 时浓缩风能型风电机组噪声自谱图

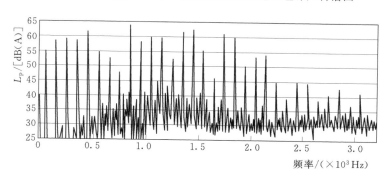

图 7-18 风速为 6.8m/s 时浓缩风能型风电机组噪声自谱图

从图 7-14～图 7-18 可知，它们峰值的频率结构基本相同，几乎所有的峰值均出现在 50Hz 及其整数倍处。其噪声的能量主要集中在 2.5kHz 以下，属于中、低频噪声。不同风速对应的浓缩风能型风电机组整机噪声的最高峰值及对应频率也不同，见表 7-6。

表 7-6 不同风速时浓缩风能型风电机组整机噪声最高峰值及对应频率

风速/(m·s⁻¹)	3.5	4.2	4.8	5.7	6.8
最高峰值/[dB（A）]	60.6	61.2	61.6	63.7	65.0
最高峰值对应频率/Hz	250	750	550	650	850

从表 7-6 可以看出，随着风速的增加，浓缩风能型风电机组整机噪声最高峰值在增加，而且对应的峰值频率也在变化，都出现在 50Hz 的整数倍处。但上述最高峰值是在有

背景噪声存在的情况下测量得到，为了确定浓缩风能型风电机组自身的最高峰值，需要把背景噪声去除掉。不同风速对应的 600W 浓缩风能型风电机组的背景噪声见表 7 - 7。

表 7 - 7　不同风速对应的 600W 浓缩风能型风电机组的背景噪声

风速/(m·s^{-1})	3.2	4.1	4.9	5.4	6.5
背景噪声/[dB(A)]	54.2	55.4	56.1	57.5	59.8

根据表 7 - 7 的实测结果，可以确定 600W 浓缩风能型风电机组背景噪声与风速的拟合方程为

$$y = 0.2189x^2 - 0.4922x + 53.571$$

式中　x——风速；

　　　y——背景噪声。

于是可以得到风速为 3.5m/s、4.2m/s、4.8m/s、5.7m/s 和 6.8m/s 时对应的背景噪声值，600W 浓缩风能型风电机组的真实噪声峰值及对应频率见表 7 - 8。

表 7 - 8　600W 浓缩风能型风电机组的真实噪声峰值及对应频率

风速/(m·s^{-1})	3.5	4.2	4.8	5.7	6.8
最高峰值/[dB(A)]	59.4	59.9	60.1	62.4	63.2
最高峰值对应频率/Hz	250	750	550	650	850

这为下一步的降噪工作提供了一个理论依据。降噪的根本途径是把产生最高峰值和次高峰值频率点对应的部件进行改进，降低该部件产生的噪声，从而使整机的噪声水平降低。

7.1.5.3　风电机组噪声对环境影响的分析

风电机组产生的噪声属于非稳定噪声，噪声的强度和频率随时间而变化。为了评价该噪声对环境的影响，需引入等效连续 A 声级作为评价指标，用来评价间断的、脉冲的或随时间变化的不稳定噪声的大小。其定义是：某时间段内不稳定噪声的 A 声级，用能量平均的方法，对于间歇暴露的几个不同 A 声级的噪声，以一个 A 声级来表示该时间段内的噪声大小，即

$$L_{eq} = 10\lg\frac{1}{T}\int_0^t 10^{0.1L_A} dt \qquad (7 - 20)$$

式中　L_{eq}——等效连续 A 声级，dB（A）；

　　　T——总时间，h 或 min；

　　　t——噪声暴露时间，h 或 min；

　　　L_A——时间 t 内的 A 声级，dB（A）。

当测量值 L_A 是非连续离散值时，式（7 - 20）可写为

$$L_{eq} = 10\lg\left[\frac{1}{\sum_i t_i}\left(\sum_i 10^{0.1L_{A_i}} t_i\right)\right] \qquad (7 - 21)$$

式中　t_i——第 i 段时间，h 或 min；

L_{A_i}——t_i 时间段内的 A 声级，dB（A）。

对于等时间间隔取样，若时间划分段数为 N，式（7-21）可写为

$$L_{eq} = 10lg \frac{1}{N} \sum 10^{0.1L_{A_i}} \qquad (7-22)$$

利用式（7-20）～式（7-22），可以计算出风电机组正常运转时的等效连续 A 声级，与环境噪声标准进行对比，就可得出对该风电机组的正确评价。

7.1.6 浓缩风能型风电机组的降噪方案

噪声控制一般分为主动降噪和被动降噪两个方面。主动降噪是指机器或工程完成之前所进行的一切降低噪声的改进。目前声源控制是最根本和最有效的手段，主要采用两种方法：①改进设备结构，提高加工和装配质量，以降低声源的辐射声功率；②采取阻尼、隔振处理等减小振动或减小振动能量传递。被动降噪是指机器或工程完成之后所进行的一切降低噪声的改进。通常有隔声、吸声和消声处理。

7.1.6.1 对浓缩风能型风电机组采取的主动降噪方案

为了从声源上控制浓缩风能型风电机组的噪声，探索一种低额定转速的发电机，其理论依据为

$$Me = 9.55 \frac{Ne}{n} \qquad (7-23)$$

$$n = \frac{60f}{p} \qquad (7-24)$$

式中　Me——发电机轴扭矩；

　　　Ne——发电机轴输入功率；

　　　n——发电机轴转速（转子转速）；

　　　f——电源的频率；

　　　p——磁极对数。

为了简化设计，实现低额定转速，对发电机进行技术改进，在不改变定子结构参数的前提下，把转子的磁极对数由原来的 8 对改为 10 对；N 极和 S 极的排列方式由原来的切向改为径向；转子的材料由原来的铁氧体磁性材料改为钕铁硼永磁材料。从而实现了额定转速由原来的 400r/min 变为 300r/min，为从声源上控制浓缩风能型风电机组的噪声提供了充分的依据。

7.1.6.2 对浓缩风能型风电机组采取的被动降噪方案

在被动降噪中，吸声是一种最有效的方法，因而在工程中被广泛应用。采用吸声手段改善噪声环境时，通常有两种处理方法：①采用吸声材料；②采用吸声结构。

工程实际中通常采用吸声系数来描述吸声材料和吸声结构的吸声能力，以 α 表示，定义为

$$\begin{cases} \alpha = \dfrac{E_a}{E_1} \\ E_a = E_1 - E_r \end{cases} \qquad (7-25)$$

式中　E_1——入射到材料或结构表面的总能量；

E_a——被材料或结构吸收的声能；

E_r——被材料或结构反射的声能。

从式（7-25）可以发现：

当声波被完全反射时，$E_a = E_1 - E_r = 0$，则吸声系数 $\alpha = 0$，说明结构不吸收声能。

当声波被完全吸收时，$E_r = 0$，则吸声系数 $\alpha = 1$，说明没有声波的反射。

一般材料的吸声系数均在 $0 \sim 1$ 之间，α 值越大，吸声效果越显著。

不同吸声材料或吸声结构在不同频率处，吸声性能是不同的，工程中通常采用 $125\,Hz$、$250\,Hz$、$500\,Hz$、$1000\,Hz$、$2000\,Hz$、$4000\,Hz$ 六个倍频程中心频率处的吸声系数，来衡量某一材料或结构的吸声频率特性，并且只有在这六个倍频程中心频率处吸声系数的算术平均值大于 0.2 的材料，才能作为吸声材料或吸声结构使用。

采用吸声材料进行声学处理是最常用的吸声降噪措施。工程上具有吸声作用并有工程应用价值的材料多为多孔性吸声材料，而穿孔板等具有吸声作用的材料，通常被称为吸声结构。多孔材料主要吸收中、高频噪声，大量的研究和实验表明，多孔性吸声材料，如矿棉、超细玻璃棉等，只要适当增加厚度和容重，并结合吸声结构设计，其低频吸声性能也可以得到明显改善。

多孔性吸声材料要具有吸声性能，就必须具备两个重要条件：①具有大量的孔隙，②孔与孔之间要连通。当声波入射到多孔性吸声材料表面后，一部分声波从多孔材料表面反射，另一部分声波透射进入多孔材料。进入多孔材料的这部分声波，引起多孔性材料内的空气振动，由于空气与孔的摩擦和黏滞阻力等，将一部分声能转化为热能。此外，声波在多孔性吸声材料内经过多次反射进一步衰减，当进入的声波再返回时，声波能量已经衰减很多，只剩下小部分的能量，大部分则被多孔性吸声材料损耗吸收掉。

工程上常用的吸声结构是穿孔板吸声结构。其构造是金属的或非金属的硬质板上穿孔，在其背后设置空腔形成。通常，穿孔板主要用于吸收中、低频率的噪声，穿孔板的吸声系数在 0.6 左右。为了提高多孔穿孔板的吸声性能与吸声带宽，可以采用如下的方法：①空腔内填充纤维状吸声材料；②降低穿孔板孔径，提高孔口的振动速度和摩擦阻尼；③在孔口覆盖透声薄膜，增加孔口的阻尼；④组合不同孔径和穿孔率、不同板厚度、不同腔体深度的穿孔板结构。

为了进一步降低浓缩风能型风电机组的噪声，在收缩管、中央圆筒和扩散管部位采用穿孔板吸声结构，其硬质板采用 $4\,mm$ 厚的铝塑板，孔径 $16\,mm$，孔中心距离 $150\,mm$；在铝塑板后面的空腔内填充 $10\,mm$ 厚的聚氨酯泡沫塑料（即海绵）组成该吸声结构。通过实际测试，该结构可降低浓缩风能型风电机组的噪声。

7.1.7　结论

通过实验，得出以下结论：

（1）对浓缩风能型风电机组和普通型风电机组的噪声产生机理进行了理论分析研究，得出固体噪声和空气动力学噪声是两类机型的噪声来源，为风电机组的降噪设计提供了重要理论依据。

（2）利用现代声学测试技术和信号处理技术，对浓缩风能型风电机组和普通型风电机组的整机噪声进行了比较。得出浓缩风能型风电机组的整机噪声水平低于普通型风电机组的整机噪声水平。通过实验，验证了随着风速的增加，两类风电机组的噪声和背景噪声都在非线性增加的特性。

（3）对浓缩风能型风电机组噪声的幅频特性进行了理论分析研究，通过测试和分析，验证了风速与叶片转速和噪声之间的关系，风轮是风电机组产生噪声的主要部件，证明了理论分析结果的正确性。

（4）提出了采用低额定转速的发电机来降低风电机组噪声的思想，通过增加极对数、改变 N 极和 S 极的排列方式，对额定转速为 400r/min 的 200W 发电机进行改进，试制了额定转速为 300r/min 的低额定转速发电机，为降低风电机组整机噪声提供了有利的基础。

（5）研究探索了被动降噪措施，拟采用孔径为 16mm、孔中心距离为 150mm 的铝塑板和 10mm 厚的聚氨酯泡沫塑料（即海绵）组成的微孔穿板结构，可降低浓缩风能型风电机组的整机噪声。

（6）在被动降噪措施中，可采用在浓缩风能型风电机组扩散管相贯一些小的缩放喷管，利用信号发生仪产生与整机振幅相等、频率相等、相位相反的信号来抵消风电机组产生的噪声信号。这方面的研究还需要通过理论和实验证明来进一步完善。

7.2 浓缩风能装置材料研究

7.2.1 试验材料

浓缩风能装置是浓缩风能型风电机组的核心部件，目前采用的材料主要为冷轧钢板，成本较高，密度较大，装在高处会显得很笨重且不安全。而目前对浓缩风能装置的研究多集中在其外形上，鲜见对其所用材料的研究。因此有必要对现有的浓缩风能装置进行选材优化设计，选择试验材料为聚碳酸酯材料和有机玻璃材料。

浓缩风能装置通常应用在多风的场合，这就要求所选材料的强度超过浓缩风能装置在风力载荷作用下所受应力，因此计算风力载荷施加在选定材料上所产生的应力就显得尤为重要。应用有限元分析软件中的流场分析模块和静力结构分析模块，对浓缩风能装置进行流固耦合分析，得到采用聚碳酸酯材料和有机玻璃材料制造的浓缩风能装置在风力载荷作用下的变形和应力分布，为后期的结构改进和优化设计提供了一定的参考及理论依据。

7.2.1.1 聚碳酸酯材料

聚碳酸酯（Polycarbonate，PC）是分子链中含有碳酸酯基的高分子聚合物，其力学性能优良，具有刚而韧的优点；其冲击性能是热塑性塑料中最好的一种。PC 的拉伸强度和弯曲强度都较好，耐疲劳，尺寸稳定，耐热老化性较好，蠕变较小。PC 的耐高低温性较好，可在 $-130\sim130℃$ 温度范围内使用；热变形温度可达 $130\sim140℃$；热导率和线膨胀系数都较小，阻燃性好，属于自熄性能材料；PC 耐候性较好，可以耐受空气、臭氧以及 60℃ 以下的水，并且在加入紫外线吸收剂后可以耐受紫外线。

7.2.1.2 有机玻璃材料

有机玻璃（Polymethyl methacrylate，PMMA），化学名称为聚甲基丙烯酸甲酯，是由甲基丙烯酸酯聚合成的高分子化合物，其表面光滑，密度小，机械强度较高，尺寸稳定，易于成型，有一定的耐热耐寒性，耐腐蚀，耐湿，耐晒，隔声性能好；其耐候性好，可保长久不褪色，并且不会自燃并具自熄性；其耐冲击性较好，为普通玻璃产品的 200 倍以上，几乎没有任何断裂的危险。此外，有机玻璃的色彩多种多样，视觉冲击力很强。

7.2.2　流固耦合分析理论与模型建立

7.2.2.1　流固耦合分析理论

　　流固耦合力学的研究重点是流体和固体之间的相互作用：固体在流体动载荷的作用下变形或运动，而固体的变形或运动反过来又会影响流场，并进而改变流体载荷的分布和大小。流固耦合分为单向流固耦合和双向流固耦合 2 种类型。单向流固耦合应用于流体场对固体场作用后固体变形不大的场合，这种情况下流场的边界形貌由于固体变形改变很小，不会影响流场分布。材料研究属于单向流固耦合范畴，其基本思路是先通过 CFD 软件计算出流场在连续区域中的离散分布，以此来模拟风的流动情况，从而得到浓缩风能装置模型上的风压分布；然后将风压分布作为载荷加载到浓缩风能装置模型上，通过有限单元法（Finite Element Method）得出浓缩风能装置上的应力分布和变形情况。

　　1. 流体控制方程

　　流体场的分析采用基于 Navier - Stokes 方程的计算流体动力学方法。Navier - Stokes 方程主要由质量守恒、动量守恒和能量守恒的基本原理导出。

　　质量守恒方程为

$$\frac{\partial \rho}{\partial t} + \mathrm{div}(\rho \vec{V}) = 0 \qquad (7-26)$$

　　动量守恒方程为

$$\frac{\partial (\rho \vec{V})}{\partial t} + \mathrm{div}(\rho \vec{V} \vec{V}) = -\mathrm{div}(p) + \mathrm{div}(\tau) + \rho g \qquad (7-27)$$

　　能量守恒方程为

$$\frac{\partial (\rho T)}{\partial t} + \mathrm{div}(\rho \vec{V} T) = \mathrm{div}\left(\frac{k}{c_{\mathrm{p}}} \mathrm{grad} T\right) + S_{\mathrm{T}} \qquad (7-28)$$

式中　　ρ——流体的密度，$\mathrm{kg/m^3}$；

　　　　t——时间，s；

　　　　$\vec{V}$——流体速度矢量，$\mathrm{m/s}$；

　　　　p——流体压力，Pa；

　　　　g——重力加速度，$\mathrm{m/s^2}$；

　　　　T——温度，K；

　　　　τ——因分子黏性作用而产生的作用在微元体表面上的黏性应力，Pa；

　　　　k——流体的传热系数，$\mathrm{W/(m \cdot K)}$；

　　　　c_{p}——比热容，$\mathrm{J/(kg \cdot K)}$；

　　　　S_{T}——流体的内热源及由于黏性作用流体机械能转换为热能的部分，J。

　　联立求解式（7-26）、式（7-27）、式（7-28）即可得到流场的分布。

2. 固体控制方程

固体部分的动量守恒方程可以由牛顿第二定律导出为

$$\rho_s \ddot{d}_s = \mathrm{div}(\sigma_s) + f_s \qquad (7-29)$$

若考虑流体、固体的能量传递，则固体部分由温差引起的热变形项为

$$f_T = \alpha_T \cdot \nabla T \qquad (7-30)$$

式中　ρ_s——固体密度，kg/m^3；

　　　σ_s——柯西应力张量，Pa；

　　　f_s——体积力矢量，N/m^3；

　　　$\ddot{d}_s$——固体域当地加速度矢量，m/s^2；

　　　f_T——热变形项；

　　　α_T——与温度相关的热膨胀系数，1/K；

　　　∇T——温度改变量，K。

3. 流固耦合方程

在流固耦合的交界面处，流体与固体应力、位移、热流量、温度等变量相等或者守恒，即流固耦合应满足的 4 个方程为

$$\left.\begin{array}{l} \tau_f \cdot n_f = \tau_s \cdot n_s \\ d_f = d_s \\ q_f = q_s \\ T_f = T_s \end{array}\right\} \qquad (7-31)$$

式中　τ——应力，Pa；

　　　n——面积，m^2；

　　　d——位移，m；

　　　q——热流量，J；

　　　T——温度，K；

　　　f——流体，作为下标；

　　　s——固体，作为下标。

7.2.2.2　流固耦合分析过程

1. 模型的建立

由 CAD 软件按照模型设计尺寸建立浓缩风能装置固体场模型，如图 7-19（a）所示。

在研究中，流体场为风场，较大的流体场划分能够保证风的入口速度、出口背压以及开口压力不会受到固体模型的影响，因此在将固体场模型导入到有限元分析软件后，建立了简单规则的圆柱形区域，并在圆柱形区域中通过布尔减运算减去固体场区域，使最终所得类圆柱形几何体作为流体场，流体场与固体场交界的区域作为流固耦合界面。流体场模型如图 7-19（b）所示，该流体场区域半径为 10m，长 30m，其中固体场模型与圆柱体共用同一条对称轴线，且固体场模型入口与圆柱体一个底面的间距为 5m。通过布尔减运算在圆柱体中减去固体场区域，最终所得类圆柱形区域即为流体场。

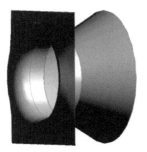

(a) 固体场模型　　　　　　　　(b) 流体场模型

图 7-19　有限元分析平台中的固体场和流体场模型

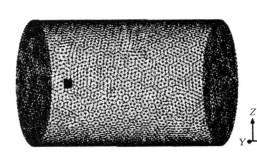

图 7-20　流体场网格划分

2. 流体场分析

（1）流体场网格划分。考虑到流固耦合界面会产生较为复杂的湍流，因此对流固耦合界面划分出较密的膨胀层以实现边界层对流场的影响。同时为了使最终固体场的计算更为准确，流固耦合界面划分出较密的面网格。在兼顾精度和速度的情况下，采用四面体结构化非均匀网格划分法。流体场网格划分如图7-20 所示。

（2）流体场分析设置。

1）湍流模型。为使模拟过程更接近实际情况，计算中使用能量方程，考虑热交换。湍流模型选用 SST $\kappa-\omega$ 湍流模型（剪切应力输运 $\kappa-\omega$ 湍流模型）。这是因为空气在浓缩风能装置内部流动属于壁面约束流动，存在边界层分离；而 SST $\kappa-\omega$ 湍流模型可以较好地用于壁面约束流动，且在近壁面区有较好的精度和算法稳定性。此外，SST $\kappa-\omega$ 湍流模型在其他浓缩风能装置的研究中得到了充分应用，风洞试验证实了其计算结果的可靠性。

2）数值模拟计算条件。根据浓缩风能装置流场分布试验数据，流体介质为空气，温度为 296.75K，密度为 1.044kg/m^3，压强为 88800Pa，黏度为 $1.85\times10^{-5}\text{kg/(m·s)}$，导热系数为 0.02623W/(m·K)，恒压比热容 C_p 值为 1013J/(kg·K)；由于小型风电机组通常工作风速小于 25m/s，因此模拟计算风速定为 25m/s，根据风速及密度计算出流量为 8199.557kg/s，对应的湍动能 k 值为 $0.714963\text{m}^2/\text{s}^2$，比耗散率 ω 为 24.67s^{-1}。为得到较高的计算精度，离散格式采用二阶迎风格式，并在浓缩风能装置附近进行区域自适应以使浓缩风能装置附近的网格更密。

3）进口边界条件。由于空气为可压缩气体，因此进口边界条件采用质量入口，流速方向垂直于进口边界面，环境温度取 296.75K，相对压力值为 -12525Pa。

4）出口边界条件。出口边界条件采用压力出口，静压设为 -12525Pa，温度设为 296.75K。

5）壁面条件。浓缩风能装置表面粗糙高度设为 0.3mm，壁面热边界条件采用固定温度值 296.75K。圆柱面外壳的表面粗糙高度设为 0，壁面热边界条件采用固定温度值 296.75K。

3．固体场分析

（1）浓缩风能装置材料属性定义。浓缩风能装置整体上采用相同材料制成。

1）聚碳酸酯材料。所用材料为德国拜耳公司生产的 Makrolon2407 型 PC，该型号 PC 可以耐受紫外线。该型号 PC 的物性表见表 7-9。

表 7-9　拜耳 Makrolon2407 型 PC 物性表

性　能	数值	性　能	数值
密度/(kg·m^{-3})	1200	弯曲强度/MPa	98
抗拉模量/MPa	2400	热膨胀系数/(10^{-4}K^{-1})	0.65
泊松比	0.39	导热性/[W·(m·K)$^{-1}$]	0.2
屈服应力/MPa	66	耐热性/℃	135
断裂应力/MPa	65	透光率/%	89

2）有机玻璃材料。有机玻璃的拉伸强度和杨氏模量随温度升高大致呈线性下降趋势，而泊松比则随温度升高而升高，因此如果要得到更加可靠的模拟结果，需要针对不同温度下的泊松比和杨氏模量进行固体场模拟计算；而空气密度也会随温度变化而大幅波动，因此也需要针对不同温度下的空气密度进行流体场模拟计算。模拟参数设置表见表 7-10，其中空气温度、空气密度、导热系数、黏度、恒压比热容、模拟计算风速、质量流量、湍动能、比耗散率用于流体场计算，而有机玻璃泊松比、有机玻璃抗拉模量、有机玻璃断裂应力用于固体场计算。这些量会随温度的不同而变化，每列数值为在一个温度下进行计算所需参数。

PMMA 密度基本上不随温度发生改变，因此均设为 1190kg/m³。而 PMMA 的泊松比、抗拉模量、断裂应力均会随温度发生改变，因此设置其不同温度下的参数见表 7-10。

表 7-10　模 拟 参 数 设 置 表

空气温度/K	233.15	243.15	253.15	263.15	273.15	283.15	293.15	303.15	313.15
空气密度/(kg·m^{-3})	1.515	1.453	1.395	1.342	1.293	1.247	1.205	1.165	1.128
导热系数/[10^{-2}W·(m·K)$^{-1}$]	2.177	2.198	2.279	2.360	2.442	2.512	2.593	2.675	2.756
黏度/[10^{-5}kg·(m·s)$^{-1}$]	1.52	1.57	1.62	1.67	1.72	1.77	1.81	1.86	1.91
恒压比热容/[J·(kg·K)$^{-1}$]	1013	1013	1009	1009	1009	1009	1013	1013	1013
模拟计算风速/(m·s^{-1})	25	25	25	25	25	25	25	25	25
质量流量/(kg·s^{-1})	11899	11412	10956	10540	10155	9794	9464	9150	8859
湍动能/(m²·s^{-2})	0.6202	0.6318	0.6433	0.6545	0.6655	0.6764	0.6860	0.6966	0.7069
比耗散率/(s^{-1})	22.82	23.04	23.24	23.45	23.64	23.83	24.00	24.19	24.37
有机玻璃泊松比	0.373	0.381	0.389	0.395	0.399	0.404	0.408	0.412	0.417
有机玻璃抗拉模量/GPa	4.722	4.460	4.185	3.908	3.650	3.139	3.116	2.821	2.525
有机玻璃断裂应力/MPa	99.561	96.224	92.709	88.906	84.529	78.466	71.704	64.081	55.991

（2）固体场网格划分。为使计算精度更高，固体场被划分为四面体网格，并对结构体划分出单元尺寸为 0.006m（聚碳酸酯材料）或 0.005m（有机玻璃材料）的体网格。在主要考虑精度的情况下，这样的划分方法可以使最终的固体场计算结果较为准确。固体场网格划分如图 7-21 所示。

　　（3）约束条件。在浓缩风能装置中央圆筒的外表面施加约束。浓缩风能装置的载荷为从流体场分析结果中导入的风压载荷。由于所用有限元软件中 CFD 模块和结构静力分析模块具有统一的界面和数据库，因此在CFD 模块中得到的风压载荷可以很方便地施加到与流体场耦合的浓缩风能装置表面。

图 7-21　固体场网格划分

7.2.3　结果与分析

7.2.3.1　CFD 软件计算结果与分析

　　当组分残差达到 1.0×10^{-4} 时，即认为方程收敛，求得流体域耦合面的压力分布和中间截面的速度分布如图 7-22、图 7-23 所示（有机玻璃材料以 293.15K 温度对应的流场计算为例），其中图 7-22（b）和图 7-23（b）为风速等值线，其中的数值为风速等值线对应的风速值。

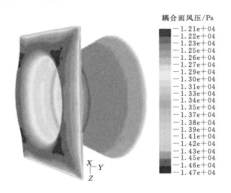
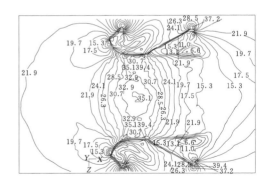

（a）流体场在耦合面的风压分布　　　　（b）流体场在中间截面的速度分布（单位：m/s）

图 7-22　聚碳酸酯材料流体场耦合面上的压力分布及中间截面上的速度分布

　　可以看出，浓缩风能装置内部入口处流体顺利进入，未出现旋涡进而造成能量损失。在浓缩风能装置内部，收缩段以及中央圆筒中部中间流速高，边缘流速低，这是因为收缩段的外形使大量空气向中间汇聚，进而使中间部分流速升高，而收缩管及中央圆筒边缘存在边界层，黏性剪应力的存在会导致边缘处流速降低。

　　中央圆筒入口及出口处边缘速度较高，而中间速度低于边缘速度，这是因为收缩段部

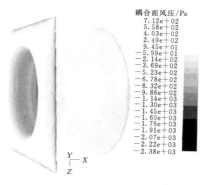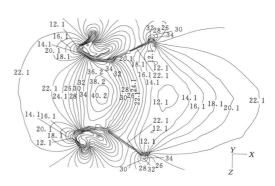

(a) 流体场在耦合面的风压分布　　　(b) 流体场在中间截面的速度分布（单位：m/s）

图 7-23　有机玻璃材料流体场耦合面上的压力分布及中间截面上的速度分布

分的空气大量涌入中央圆筒时，大部分空气会从中央圆筒入口边缘处进入中央圆筒，因此中央圆筒入口边缘的速度要大于中间部分的速度。同理，中央圆筒的空气向扩散管扩散时，大部分空气会从中央圆筒出口边缘向外扩散，因此中央圆筒出口边缘的速度也要大于中间部分的速度。此外，由于扩散管出口外边缘的速度较高，因此对浓缩风能装置内部的空气有一定的抽吸作用，进而使中央圆筒出口边缘的速度大于中央圆筒入口边缘的速度。

　　扩散段壁面速度为 0，然后向中间速度迅速升高，然后快速降低，之后再缓慢升高。这是因为浓缩风能装置出口外缘的风速较高，风压较低，可形成对扩散管空气的抽吸作用，进而使一部分空气沿壁面附近，快速向浓缩风能装置出口外缘流动，这也是扩散管存在的价值体现。而空气从中央圆筒喷出后向外扩散，在径向上的扩散需要时间，进而从中间向边缘在径向上会有速度上的降低。

　　从模拟结果亦可看出，中央圆筒内部风速大于整个流体场入口风速，且流速分布沿径向朝壁面方向降低，但降低幅度不大，这表明浓缩风能装置起到了提高风速、浓缩风能的作用。浓缩风能装置壁面上流体无滑移，在壁面附近形成薄薄的边界层，边界层内部速度急速下降，直到壁面上的速度为 0。由于在扩散管内壁面上出现了流动分离，聚碳酸酯材料在浓缩风能装置外部壁面处出现了旋涡，有机玻璃材料在浓缩风能装置扩散管内部偏后方出现了旋涡，这将导致大量的能量损失。在浓缩风能装置迎流边缘上出现速度为 0 的滞止点，该边缘的静压最高。静压从浓缩风能装置迎流边缘处向内部逐渐变小，进而速度逐渐增大。另外，浓缩风能装置内外表面存在静压差，会使其内部产生应力，进而导致其变形。

7.2.3.2　固体场求解设置及结果

　　在有限元软件的结构静力分析模块中，设置为求解浓缩风能装置在风压载荷下的应力分布和变形情况，并最终得到结果。

　　1. 聚碳酸酯材料

　　聚碳酸酯材料浓缩风能装置的等效应力云图及固体场变形图如图 7-24 所示。由应力云图可以看出应力最大区域位于收缩管外缘的背面，最大应力为 1.5066MPa，小于材料的屈服强度 66MPa，同时也小于材料的断裂应力 65MPa 和弯曲强度 98MPa，因此该材料满足强度要求。由固体场变形云图 [图 7-24 (b)] 可以看出浓缩风能装置的最大变形位于增压弧面的外缘，最大位移为 4.1866mm，满足刚度要求。

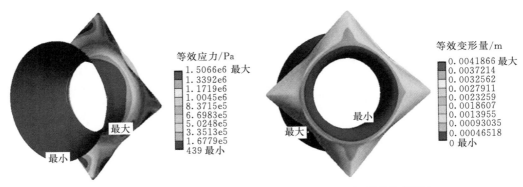

（a）浓缩风能装置的等效应力云图　　　　　　　（b）固体场变形图

图 7-24　聚碳酸酯材料浓缩风能装置的等效应力云图及固体场变形图

根据分析结果，可以对浓缩风能装置结构进行优化设计。在后续的研究中将对收缩管外缘的背风面加厚，使其所受应力降低；此外，将对增压弧面背风面处添加筋板，以使其结构更加稳固，在风压作用下的偏移量更小。

2. 有机玻璃材料

有机玻璃材料固体场等效应力云图及变形图如图 7-25 所示，此图温度为 293.15K，其他温度下的结果图形与温度 293.15K 对应的图形类似，但数值不同。不同温度下 PM-MA 断裂应力及固体场计算结果见表 7-11。

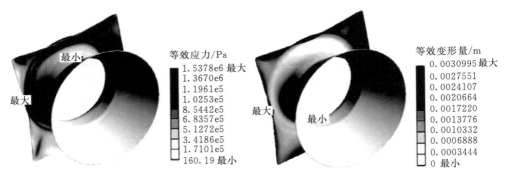

（a）等效应力云图　　　　　　　　　　　　　（b）固体场变形图

图 7-25　有机玻璃材料固体场等效应力云图及变形图

表 7-11　不同温度下有机玻璃断裂应力及固体场计算结果

温度/K	最大等效应力/MPa	有机玻璃断裂应力/MPa	最大等效变形量/mm
233.15	2.3584	99.561	3.2989
243.15	2.2298	96.224	3.2786
253.15	2.1662	92.709	3.4026
263.15	2.1054	88.906	3.5192

续表

温度/K	最大等效应力/MPa	有机玻璃断裂应力/MPa	最大等效变形量/mm
273.15	1.9847	84.529	3.5373
283.15	1.9077	78.466	3.9313
293.15	1.5378	71.704	3.0995
303.15	1.4812	64.081	3.2956
313.15	1.4265	55.991	3.5297

由图 7-25 可知，当温度为 293.15K 时，应力最大区域位于收缩管外缘的背面，而浓缩风能装置的最大变形位于增压弧面的外缘。由表 7-11 可以看出，各温度对应的最大等效应力均远小于有机玻璃的断裂应力，因此该材料满足强度要求；而且各温度对应的最大等效变形量中的最大值仅为 3.9313mm，满足刚度要求。

7.2.3.3 模拟结果可靠性分析

流体场的模拟过程采用 SST $\kappa-\omega$ 湍流模型。该模型将 Reynolds 平均法（Reynolds - Averaged Navier - Stokes，RANS）用于动量方程和连续性方程，其在近壁面区有较好的精度和算法稳定性。Costin Ioan Cosoiu 采用 SST $\kappa-\omega$ 湍流模型对浓缩风能装置周围的流场进行研究，其模拟结果与风洞试验结果能较好地相互验证。Abe 等人同样采用 Reynolds 平均法的 $\kappa-\omega$ 湍流模型研究浓缩风能装置周围的流场，其计算结果经风洞试验验证是非常正确的。因此，浓缩风能装置内部流场模拟的相关设置能够保证计算结果是可靠的。

7.2.4 结论

（1）应用计算流体力学方法对浓缩风能装置进行仿真模拟，得到了整体上由聚碳酸酯材料制成的浓缩风能装置所处流场的风速和风压分布，和不同温度下整体上由有机玻璃材料制成的浓缩风能装置所处流场的风速和风压分布大致规律。

（2）应用流固耦合分析方法，将风压分布作为载荷施加在整体上由聚碳酸酯材料制成的浓缩风能装置上，得到了浓缩风能装置上的应力分布和变形情况；将不同温度下的风压分布作为载荷施加到整体上由有机玻璃材料制成的浓缩风能装置上，得到了浓缩风能装置在不同温度下的应力分布和变形情况，其中应力最大区域位于收缩管外缘的背面，而浓缩风能装置的最大变形位于增压弧面的外缘，这可以为后期的结构改进与优化设计提供参考。

（3）分析整体上由聚碳酸酯材料制成的浓缩风能装置在风中所受应力可知，其所受最大应力 3.267MPa，远小于德国拜耳 makrolon2407 型聚碳酸酯的屈服应力 66MPa、断裂应力 65MPa 以及弯曲强度 98MPa，因此该型号聚碳酸酯在强度上满足浓缩风能装置要求，可以替代目前所用材料冷轧钢板。

（4）通过对不同温度下有机玻璃材料的浓缩风能装置在风中所受应力分析可知，其所受到的最大应力均远小于有机玻璃对应温度下的断裂应力，如温度为 293.15K 时该装置所受最大应力为 1.5378MPa，而该温度下有机玻璃的断裂应力为 71.704MPa，因此在强度上有机玻璃满足浓缩风能装置要求，可以用于制造浓缩风能装置。

7.3　浓缩风能型风电机组提水系统

7.3.1　浓缩风能型风力发电提水系统

目前风力提水装置主要是纯机械式的，风电机组输出机械能传递给旋转式水泵（低扬程大流量）或往复式水泵（高扬程小流量），这种装置为获得较大的扭矩，存在诸多缺点，如设计转速较低，叶片数量较多，传动机构复杂，运行故障率较高；风电机组与水泵匹配困难，往往受提水地点的风力条件、灌溉时间、水位、电网架设的限制，不能有效、及时灌溉，风能得不到充分利用，提水效率较低。

将浓缩风能型风电机组应用于提水系统，使发电系统和提水系统可在不同地点运行，克服了纯机械式提水装置必须组合在一起才能工作的缺点。风电机组可离开水源地架设在风力条件好的地方，提水装置可安置在较适宜的水源地点，启动风速低，效率高，可有效利用风能。

浓缩风能型风力发电提水系统组成结构如图 7-26 所示。由若干台风电机组组成小型供电系统向水泵机组供电，系统包括直流侧和交流侧两大部分。直流母线侧包括浓缩风能型风电机组、整流器、蓄电池；交流母线侧包括水泵机组和耗能负载；直流母线和交流母线之间通过主逆变换器相连，从而实现直流母线侧能量向交流母线侧流动。系统控制器由PLC、频率信号变换单元、数据采集模块、通信模块、控制软件等组成。

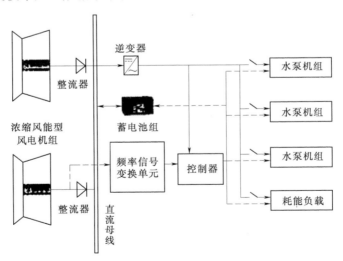

图 7-26　浓缩风能型风力发电提水系统结构

浓缩风能型风力发电提水系统的控制器包括下列模块：

（1）电压调控模块：在控制线路的交流侧实施电压调控，保持电压在一定范围内。

（2）不间断电源模块：配备分流载荷的功率应为发电机额定功率的 2~3 倍。

（3）蓄电池管理与控制模块：控制线路直流侧必须具备智能调压、调流功能，根据需要实施"最大功率跟踪"或对蓄电池均充、浮充。

（4）负荷控制模块：根据频率信号变换单元测得风电机组转速变化，相应控制水泵机组和耗能负载的投入与退出。

（5）本地监控模块：具备齐全的运行状态显示和数据传输、远程监视。

7.3.2　系统控制策略

浓缩风能型风力发电提水系统是一种新型高效的风力发电提水系统，但仍存在"大风时不可控制功率及停机，小风时又带不动机组"的缺点，针对这一缺点，设计智能控制系统，满足功率控制和最大风能捕获的要求，以及自动优化系统各部件之间容量的最佳配置，从而在保证系统性能的前提下，提高系统的经济性。

7.3.2.1　控制策略

控制策略是控制软件的核心。本系统采取的控制策略是：

（1）根据风速大小转换成电信号输送给 PLC 控制器，PLC 控制器相应控制负荷（水泵机组的接入退出）、蓄电池的充放电以及耗能负载的投入与退出，分组调节水泵机组投入，蓄能装置充满时应考虑控制功率或调节停机。

（2）根据风电机组的实时频率信号、蓄电池电压的实时数据及其充放电的历史数据、负载的实时数据及载荷分布图，确定水泵机组的运行台数、耗能负载的运行方式。

（3）当大风使风电机组转速过高时，及时控制机组停机。

（4）低风速时，控制蓄电池放电并控制轮流启动部分水泵机组提水。

7.3.2.2　控制器主要模块

1. 数据检测采集模块

本模块自动巡回检测采集系统各检测点的数据，如机组实时频率信号、蓄电池电压实时数据、负载实时数据及载荷分布等。

2. 数据分析模块

本模块对采集的各路数据进行分析比较，从而实时识别系统运行状态，制定系统控制决策，确定系统运行规则。

3. 控制模块

本模块根据数据检测和分析结果，向系统发出控制命令，从而达到故障报警、控制系统运行状态的目的。

4. 采集数据的后处理模块

本模块将采集的大量数据按照一定规律进一步处理（即数据的后处理），确定系统最优控制及管理策略，并将处理结果以图表和文字的方式供用户查询，或以报表的形式打印出来。

7.3.3　系统仿真建模

7.3.3.1　系统各环节数学模型

1. 风电机组模型

风电机组与发电机直接相连，忽略传动系统的影响，风电机组的数学模型为

$$J\frac{\mathrm{d}\omega}{\mathrm{d}t}+B_{\mathrm{f}}\omega_{\mathrm{g}}=T_{\mathrm{f}}-T_{\mathrm{m}} \tag{7-32}$$

2. 永磁同步发电机模型

永磁同步发电机的数学模型为

$$J\frac{\mathrm{d}\omega_{\mathrm{g}}}{\mathrm{d}t}=T_{\mathrm{m}}-T_{\mathrm{g}}-B\omega_{\mathrm{g}} \tag{7-33}$$

3. 整流器模型

整流器的数学模型为

$$T_{\mathrm{g}}=\frac{\sqrt{6}}{\pi}\frac{I_{\mathrm{DC}}}{k}=KI_{\mathrm{DC}} \tag{7-34}$$

4. 逆变器模型

逆变器的数学模型为

$$T_{\mathrm{g}}\omega_{\mathrm{g}}=U_{\mathrm{DC}}I_{\mathrm{DC}} \tag{7-35}$$

5. 蓄电池性能模型

蓄电池放电时，最大可放电电流 I_{dmax} 为

$$I_{\mathrm{dmax}}=\frac{kq_{10}\mathrm{e}^{-k\Delta t}+kcq_{0}(1-\mathrm{e}^{-k\Delta t})}{1-\mathrm{e}^{-k\Delta t}+c(k\Delta t-1+\mathrm{e}^{-k\Delta t})} \tag{7-36}$$

蓄电池充电时，最大可充电电流 I_{dmax} 为

$$I_{\mathrm{dmax}}=\frac{-kcq_{\mathrm{max}}+kq_{10}\mathrm{e}^{-k\Delta t}+kcq_{0}(1-\mathrm{e}^{-k\Delta t})}{1-\mathrm{e}^{-k\Delta t}+c(k\Delta t-1+\mathrm{e}^{-k\Delta t})} \tag{7-37}$$

7.3.3.2 系统仿真模拟

1. 浓缩风能型风力发电提水系统模型框图

根据风电机组、永磁同步发电机、整流器、逆变器、蓄电池、控制器等的数学模型在 Matlab/Simulink 环境中建立浓缩风能型风力发电提水系统模型，如图 7-27 所示。

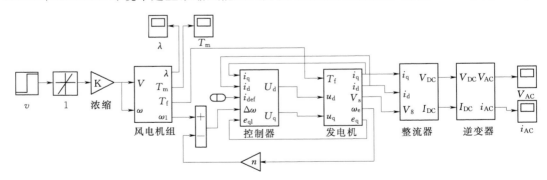

图 7-27 浓缩风能型风力发电提水系统模型

2. 浓缩风能型风力发电提水系统仿真结果

交流母线的电压和电流输出仿真值如图 7-28 所示，表明系统的输出具有很好的稳定性。

机组的输出功率曲线图如图 7-29 所示，图 7-29 表明浓缩风能型风电机组具有很好的风能压缩效果及最大功率捕捉能力。

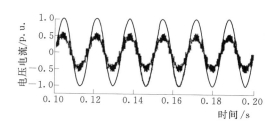

图 7-28　交流母线的电压和电流输出
仿真值（用标幺值表示）

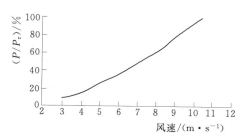

图 7-29　机组输出功率曲线图

7.3.4　结论

将浓缩风能型风电机组应用于提水系统，设计了提水系统的控制系统，使该系统满足功率控制和最大风能捕获的要求，并且应用 Matlab/Simulink 建立该系统的仿真模型，对风速阶跃变化情况进行仿真，仿真结果表明浓缩风能型风电机组转速与阶跃风速之间保持最佳的比例系数，使风电机组保持在最佳叶尖速比的情况下运行，浓缩风能型风电机组可实现最大功率的风能捕获，证明了该系统的合理性及控制策略的可行性和正确性。

7.3.5　实例应用

内蒙古农业大学新能源技术研究所提出了适宜草原低风速的浓缩风能型风力发电泵水系统。该系统是由 1 台 1kW 和 2 台 2kW 浓缩风能型风电机组并联供电，由 PLC 与变频器共同组成变频提水控制系统，拖动标准型交流潜水泵提水。为了使该系统得到推广应用，选择了年平均风

图 7-30　5kW 浓缩风能型风力发电泵
水系统安装过程

速为 4.1m/s 的内蒙古锡林郭勒盟苏尼特左旗草原作为示范基地，5kW 浓缩风能型风力发电泵水系统安装过程如图 7-30 所示。

同时，内蒙古自己研制的扬程 2～5.2m 的风力提水机在农牧民生产生活中发挥着举足轻重的作用。

附　　录

附表 1　1kW 低转速稀土永磁发电机 I 号样机实验数据

转速/(r·min⁻¹)	输入扭矩/(N·m)	负载电压/V	电流/A	输出功率/W	效率
150.0	3.27	52.5	0.7	36.12	0.7032
162.5	5.65	56.0	1.4	76.27	0.7933
181.3	18.94	56.0	5.4	301.84	0.8394
200.0	32.01	56.0	9.7	542.64	0.8094
225.0	45.75	56.0	14.6	817.60	0.7585
250.0	55.76	56.0	19.0	1064.00	0.7289
275.0	64.14	56.0	22.7	1271.20	0.6882
293.8	69.62	56.0	25.5	1428.00	0.6667
312.5	70.09	56.0	27.2	1523.20	0.6641
337.5	74.79	56.0	29.6	1657.60	0.6271
362.5	76.42	56.0	31.8	1780.80	0.6139
375.0	76.39	56.0	32.5	1820.00	0.6067
150.0	3.16	52.8	0.7	36.64	0.7382
162.5	4.80	56.0	1.2	65.63	0.8035
181.3	17.28	56.0	5.0	277.76	0.8466
200.0	30.68	56.0	9.3	522.48	0.8131
225.0	43.85	56.0	14.0	783.44	0.7583
250.0	54.59	56.0	19.3	1080.80	0.7562
275.0	61.20	56.0	22.6	1265.60	0.7181
293.8	66.71	56.0	25.0	1400.00	0.6821
312.5	71.01	56.0	27.4	1534.40	0.6603
337.5	73.81	56.0	29.8	1668.80	0.6397
362.5	75.15	56.0	31.8	1780.80	0.6242
375.0	75.35	56.0	32.4	1814.40	0.6132

附表 2　1kW 低转速稀土永磁发电机 I 号样机实验数据

转速/(r·min⁻¹)	输入扭矩/(N·m)	负载电压/V	电流/A	输出功率/W	效率
150.0	3.27	52.5	0.7	36.12	0.7032
162.5	5.65	56.0	1.4	76.27	0.7933
181.3	18.94	56.0	5.4	301.84	0.8394
200.0	32.01	56.0	9.7	542.64	0.8094
225.0	45.75	56.0	14.6	817.60	0.7585
250.0	55.76	56.0	19.0	1064.00	0.7289
275.0	56.00	60.8	19.3	1173.44	0.7276

转速/(r·min⁻¹)	输入扭矩/(N·m)	负载电压/V	电流/A	输出功率/W	效率
293.8	58.98	63.8	20.5	1307.90	0.7208
312.5	59.96	67.2	21.4	1438.08	0.7329
337.5	63.00	71.0	22.8	1618.80	0.7270
362.5	66.20	74.8	24.2	1810.16	0.7203
375.0	67.10	76.2	24.9	1897.38	0.7201
150.0	3.16	52.8	0.7	36.64	0.7382
162.5	4.80	56.0	1.2	65.63	0.8035
181.3	17.28	56.0	5.0	277.76	0.8466
200.0	30.68	56.0	9.3	522.48	0.8131
225.0	43.85	56.0	14.0	783.44	0.7583
250.0	54.59	56.0	19.3	1080.80	0.7562
275.0	58.51	60.4	21.0	1268.40	0.7528
293.8	61.08	63.5	22.0	1397.00	0.7434
312.5	63.39	66.3	23.2	1538.16	0.7415
337.5	66.33	70.1	24.8	1738.48	0.7416
362.5	68.67	73.7	26.0	1916.20	0.7351
375.0	69.54	75.2	26.5	1992.80	0.7297

附表3　1kW 低转速稀土永磁发电机Ⅱ号样机实验数据

转速/(r·min⁻¹)	输入扭矩/(N·m)	负载电压/V	电流/A	输出功率/W	效率
150.0	3.03	52.1	0.7	35.69	0.7498
162.5	3.95	56.0	1.0	53.54	0.7965
181.3	17.35	56.0	5.0	281.12	0.8534
200.0	28.65	56.0	8.7	487.76	0.8129
225.0	42.36	56.0	13.6	760.48	0.7619
250.0	49.08	56.0	17.9	1002.40	0.7801
275.0	58.14	56.0	21.0	1176.00	0.7024
293.8	63.57	56.0	23.9	1338.40	0.6843
312.5	67.14	56.0	25.8	1444.80	0.6576
337.5	71.00	56.0	28.6	1601.60	0.6383
362.5	72.50	56.0	30.4	1702.40	0.6186
375.0	73.06	56.0	31.4	1758.40	0.6129
150.0	3.32	52.5	0.7	36.12	0.6926
162.5	3.75	56.0	0.8	46.09	0.7222
181.3	18.32	56.0	5.2	292.88	0.8420
200.0	30.18	56.0	9.1	509.60	0.8062

转速/(r·min⁻¹)	输入扭矩/(N·m)	负载电压/V	电流/A	输出功率/W	效率
225.0	43.22	56.0	13.7	768.88	0.7550
250.0	54.20	56.0	19.0	1064.00	0.7498
275.0	62.08	56.0	22.2	1243.20	0.6954
293.8	66.20	56.0	24.8	1388.80	0.6819
312.5	70.42	56.0	27.0	1512.00	0.6561
337.5	73.28	56.0	29.3	1640.80	0.6335
362.5	74.75	56.0	31.2	1747.20	0.6157
375.0	75.18	56.0	32.1	1797.60	0.6089

附表 4　1kW 低转速稀土永磁发电机 Ⅱ 号样机实验数据

转速/(r·min⁻¹)	输入扭矩/(N·m)	负载电压/V	电流/A	输出功率/W	效率
150.0	3.03	52.1	0.7	35.69	0.7498
162.5	3.95	56.0	1.0	53.54	0.7965
181.3	17.35	56.0	5.0	281.12	0.8534
200.0	28.65	56.0	8.7	487.76	0.8129
225.0	42.36	56.0	13.6	760.48	0.7619
250.0	49.08	56.0	17.9	1002.40	0.7801
275.0	52.97	60.4	19.0	1147.60	0.7523
293.8	55.21	63.5	20.0	1270.00	0.7477
312.5	57.86	67.1	21.2	1422.52	0.7513
337.5	61.02	71.2	22.6	1609.12	0.7461
362.5	63.57	75.2	24.0	1804.80	0.7479
375.0	64.65	76.5	24.5	1874.25	0.7382
150.0	3.32	52.5	0.7	36.12	0.6926
162.5	3.75	56.0	0.8	46.09	0.7222
181.3	18.32	56.0	5.2	292.88	0.8420
200.0	30.18	56.0	9.1	509.60	0.8062
225.0	43.22	56.0	13.7	768.88	0.7550
250.0	54.20	56.0	19.0	1064.00	0.7498
275.0	57.47	60.4	20.3	1226.12	0.7409
293.8	59.78	63.3	21.5	1360.95	0.7400
312.5	62.53	66.8	22.8	1523.04	0.7443
337.5	65.26	70.5	24.0	1692.00	0.7336
362.5	67.67	74.4	25.4	1889.76	0.7357
375.0	68.81	75.5	26.0	1963.00	0.7265

附表 5　发电机磁路主要性能参数及其计算值

性能参数	计算值	性能参数	计算值	性能参数	计算值
α_i	0.6767	$B_{\delta 0}/\text{T}$	0.747	$\phi_{\delta N}/\text{Wb}$	1.587×10^{-3}
L_{ef}/cm	8.90	B_{t0}/T	0.797	δ_N	1.175
B_δ/T	0.751	B_{j0}/T	0.739	$B_{\delta N}/\text{T}$	0.660
K_δ	1.1438	L_{av}/cm	14.0	B_{tN}/T	0.704
F_δ/A	1953.6	R_1/Ω	0.2085	B_{jN}/T	0.653
B_t/T	0.801	λ_s	1.622	X_{ad}/Ω	0.282
F_t/A	13.1	λ_E	0.134	X_d/Ω	0.739
B_j/T	0.742	λ_d	0.242	E_d/V	23.159
F_j/A	19.1	λ_t	1.563	U/V	17.162
B_p/T	1.069	$\sum\lambda$	3.560	ΔU	37.8%
F_p/A	24.0	X_1/Ω	0.457	$I_k^*/\text{倍}$	8.574
$\sum F/\text{A}$	2009.9	F_a/A	566.557	f_k'	0.6478
λ_δ	3.062	E_0/V	26.215	b_{mh}	0.273
λ_σ	0.375	X_{aq}/Ω	0.486	h_{mh}	0.727
λ_n	3.437	X_q/Ω	0.944	m_t/kg	5.616
b_{m0}	0.775	$\Psi_N/(\degree)$	51.3	m_j/kg	5.803
h_{m0}	0.225	F_{ad}/A	376.248	p_{Fe}/W	40.505
σ_0	0.122	f_{ad}	8.481×10^{-2}	p_{Cu}/W	121.190
$\phi_{\delta 0}/\text{Wb}$	1.769×10^{-5}	b_{mN}	0.716	$\sum P$	256.696
$\left\|\dfrac{\phi_{\delta 0}-\phi_{\delta 0}'}{\phi_{\delta 0}}\right\|$	0.495%	h_{mN}	0.284	η	75.71%

注：性能参数的意义查取参考文献［31］中的《主要符号表》。

参 考 文 献

［1］ 田德，绪方正幸，井上实，等．大容量风力发电机组的设计［C］．中国科学技术协会首届青年学术年会论文集（工科分册·上册），1992．

［2］ 田德．大容量风力发电机组的设计［J］．内蒙古农业大学学报（自然科学版），1993（2）：80-89．

［3］ 田德，刁明光．浓缩风能型风力发电机的整体模型风洞实验（第Ⅲ报）——发电对比实验［J］．农业工程学报，1996，12（2）：92-96．

［4］ S. J. Stevens, G. J. Williams. The Influence of Inlet Conditions on the Performance of Annular Diffusers［J］. Journal of Fluids Engineering，1980，102（3）：357-363．

［5］ 妹尾泰利，西道弘．うず诱起装置による月すいえガり管の性能改善（第1报）//日本机械学会论文集［C］. 1971．

［6］ 日本机械学会．机械工学便览（新版）［M］．北京：机械工业出版社，1989．

［7］ 田德，刘树民，郭凤祥．浓缩风能型风力发电机风洞实验模型的设计研究（1）［J］．内蒙古农业大学学报（自然科学版），1996（2）：1-6．

［8］ 田德，刘树民，郭凤祥．浓缩风能型风力发电机风洞实验模型的设计研究（2）［J］．内蒙古农业大学学报（自然科学版），1996（4）：94-97．

［9］ 姚兴佳，田德．风力发电机组设计与制造［M］．北京：机械工业出版社，2011．

［10］ 牛山泉，三野正洋．小型风车ハンドプック（3版）．东京：パワー社，1986：50-51．

［11］ 田德，刘树民，郭凤祥，等．浓缩流体能型发电装置，94244155.9［P］．1995-12-20．

［12］ 田德，郭凤祥，刘树民．聚能型风力发电机的研究［J］．农村能源，1998（2）：27-29．

［13］ 田德，王海宽，陈松利．浓缩风能型风力发电系统的理论与实验验证［C］//21世纪太阳能新技术——2003年中国太阳能学会学术年会论文集，2003，899-903．

［14］ 田德，王海宽，韩巧丽．浓缩风能型风力发电机的研究与进展［J］．农业工程学报，2003，19（增刊）：177-181．

［15］ 盖晓玲．小型浓缩风能型风力发电机叶轮功率特性的试验研究［D］．呼和浩特：内蒙古农业大学，2007．

［16］ 陈云程，陈孝耀，朱成名．风力机设计与应用［M］．上海：上海科学技术出版社，1990．

［17］ 黄玉军，关永泰．风力发电机原理与维护［M］．北京：科学普及出版社，1991．

［18］ 陈松利，田德，辛海升．200W浓缩风能型风力发电机的应用及运行效果［J］．农业工程学报，2012，28（8）：225-229．

［19］ 张文瑞．浓缩风能型风力发电机气动与功率特性的实验研究［D］．呼和浩特：内蒙古农业大学，2006．

［20］ 徐丽娜．浓缩风能型风力发电机相似模型的功率输出特性对比实验研究［D］．呼和浩特：内蒙古农业大学，2007．

［21］ 亢燕茹，田德，王海宽．浓缩风能型风力发电机的改进研究［J］．农业工程技术（新能源产业），2008（1）：34-36．

［22］ 亢燕茹．浓缩风能型风力发电机相似模型的功率输出特性对比实验研究［D］．呼和浩特：内蒙古农业大学，2008．

［23］ 孔令军，田德，王海宽．低转速永磁发电机在浓缩风能型风力发电机上的应用［J］．农村牧区机械化，2004（3）：16-18．

[24] 康丽霞，田德，潘峰．浓缩风能型风力发电机自动迎风控制系统 [J]．能源研究与应用，2001 (3)：6－9．

[25] 康丽霞，田德，刁明光．浓缩风能型风力发电机迎风及限速自动控制系统 [J]．太阳能学报，2002，23 (2)：217－222．

[26] 季田，田德，卞桂虹．浓缩风能型风力发电机迎风调向 MCU 控制系统 [J]．可再生能源，2003 (1)：15－17．

[27] 季田，田德．浓缩风能型风力发电机迎风自动控制系统 [J]．太阳能学报，2003，24 (1)：90－93．

[28] 季田，田德，卞桂虹．浓缩风能型风力发电机迎风调向系统研究 [J]．农业工程学报，2003，19 (4)：274－277．

[29] 季田，田德，卞桂虹，等．基于单片机的浓缩风能型风力发电机调向控制系统 [J]．中国机械工程，14 (18)：1571－1573．

[30] 离网型风力发电机组用发电机第 1 部分：技术条件：GB/T 10760.1—2003．[S]．北京：中国标准出版社，2003．

[31] 唐任远．现代永磁电机理论与设计 [M]．北京：机械工业出版社，2002．

[32] 孔令军．风力发电专用低转速稀土永磁发电机设计与性能实验 [D]．呼和浩特：内蒙古农业大学，2005．

[33] 王利俊，田德，王海宽．稀土永磁发电机的发展现状及其在风力发电机上的应用 [J]．农村牧区机械化，2006 (4)：42－45．

[34] 王利俊．1kW 低转速稀土永磁发电机改进设计与试验研究 [D]．呼和浩特：内蒙古农业大学，2007．

[35] 田德，刁明光，王海宽．浓缩风能型风力发电机三与四叶片叶轮的风洞实验研究 [J]．太阳能学报，2007，28 (1)：74－80．

[36] 辛海升，田德，陈松利．600W 浓缩风能型风力发电机输出特性实验与研究 [J]．太阳能学报，2013，34 (10)：1720－1723．

[37] 王承煦．风力发电实用技术 [M]．北京：金盾出版社．1995：53－62．

[38] 孙同景，徐德．并网式 55kW 风力发电机组控制研究与实现 [J]．太阳能学报，1997，18 (3)：322－326．

[39] 何立民．单片机高级教程 [M]．北京：北京航空航天大学出版社，2000：100－103．

[40] 童诗白．模拟电子技术基础 [M]．北京：人民教育出版社，1983：626－628．

[41] 王修才．单片机接口技术 [M]．上海：复旦大学出版社，1995：106－111．

[42] 林景尧，王汀江，祁和生．风能设备使用手册 [M]．北京：机械工业出版社，1992：156－159．

[43] 钱家骥．浓缩风能型风电机组流场特性及变桨距控制研究 [D]．北京：华北电力大学，2016．

[44] 王永维．600W 浓缩风能型风力发电机性能的实验研究 [D]．呼和浩特：内蒙古农业大学，2001．

[45] 浓缩风能型风力发电机的整体模型风洞实验．国家自然科学基金资助项目．内蒙古农牧学院机电工程系．1995：18－120．

[46] 航空航天部七〇一所．浓缩风能型风力发电机的整体模型风洞实验（第一期）（R），1995．

[47] 航空航天部七〇一所．浓缩风能型风力发电机的整体模型风洞实验（第二期）（R），1995．

[48] 田德，郭风祥，刘树民，等．对扩散管边界层进行的喷射和抽吸实验（第五报）浓缩风能型风力发电机的整体模型风洞实验 [J]．农业工程学报，1997，13 (3)：189－192．

[49] 张春莲．浓缩风能型风力发电机叶轮的风洞实验与研究 [D]．呼和浩特：内蒙古农业大学，2001．

[50] 马广兴．浓缩风能装置流场风切变特性实验研究 [D]．呼和浩特：内蒙古农业大学，2013．

[51] 马广兴，田德，韩巧丽，等．浓缩风能型风力发电机流场仿真与实验研究 [J]．内蒙古农业大学学报，2012，33 (4)：143－147．

[52] 马广兴，田德，韩巧丽，等．浓缩风能型风力发电机浓缩装置流场特性及试验 [J]．农业工程学

报，2013，29（10）：57 – 63.

[53] 马广兴，田德，韩巧丽. 浓缩风能型风力发电机浓缩装置的流动分析与评价 [J]. 中国农机化学报，2013，34（5）：73 – 78.

[54] 田德，马广兴，林俊杰. 浓缩风能型风力发电机浓缩装置流场特性模拟与试验 [J]. 农业工程学报，2016，32（15）：83 – 88.

[55] 赵慧欣. 浓缩风能型风力发电机螺旋桨式叶轮的实验研究 [D]. 呼和浩特：内蒙古农业大学，2005.

[56] 毕广吉. Visual Basic 基础与课件制作 [M]. 北京：电子工业出版社，2003.

[57] 周霭如，官士鸿. Visual Basic 程序设计教程 [M]. 北京：清华大学出版社，2000.

[58] Ira. H. Abbott，Albert E. Von Do Enhoff Theory Of Wing Sections [M]. Dover Publication，Inc New York.

[59] Yang D Y，Lee N K，Yoon J H. A Three – dimensional simulation of isothermal turbine blade forging by the rigid – viscoplastic finite – element method [J]. Journal of Materials Engineering & Performance，1993，2（1）：119 – 124.

[60] 植松时雄. 水力学 [M]. 2 版. 东京：产业图书株式会社，昭和 63 年：5 – 10.

[61] 韩巧丽. 大容量浓缩风能型风力发电机模型气动特性的实验研究 [D]. 呼和浩特：内蒙古农业大学，2006.

[62] 韩巧丽，田德，王海宽，等. 200W 浓缩风能型风力发电机相似模型的流场特性实验 [C]. 中国农业工程学会 2005 年学术年会论文集，2005.

[63] 韩巧丽，田德，王海宽，等. 浓缩风能型风力发电机相似模型流场特性试验——车载法试验与分析 [J]. 农业工程学报，2007，23（1）：110 – 115.

[64] 韩巧丽，田德，王海宽. 浓缩风能型风力发电机改进模型流场与功率输出特性 [J]. 农业工程学报，2009，25（3）：93 – 97.

[65] 田德，姬忠涛，韩巧丽. 浓缩风能装置内部流场模拟计算可靠性分析 [J]. 太阳能学报，2014，35（12）：2362 – 2367.

[66] 南京工学院. 工程流体力学实验 [M]. 北京：电力工业出版社，1982.

[67] 中国科学院卫生研究所防护研究室. 烟气测试技术 [M]. 北京：人民卫生出版社，1982.

[68] 童秉纲. 气体动力学 [M]. 北京：高等教育出版社，2012.

[69] 李庆宜. 通风机 [M]. 北京：机械工业出版社，1982.

[70] 华绍曾. 实用流体阻力手册 [M]. 北京：国防工业出版社，1985.

[71] 牛山泉，三野正洋. 小型风力发电机手册 [M]. 东京：power 社，1986.

[72] 南京工学院. 工程流体力学实验 [M]. 北京：电力工业出版社，1982.

[73] 中国科学院卫生研究所防护研究室. 烟气测试技术 [M]. 北京：人民卫生出版社，1982.

[74] 杜沦聪，白汝娴，秦耀祖. 气象学与气候学原理 [M]. 上海：中华书局，1953.

[75] 南京工学院. 工程流体力学实验 [M]. 北京：电力工业出版社，1982.

[76] 毛晓娥. 浓缩风能装置流场仿真与结构优化 [D]. 北京：华北电力大学，2015.

[77] 田德，毛晓娥，林俊杰，等. 浓缩风能装置内部流场仿真分析 [J]. 农业工程学报，2016，32（1）：104 – 111.

[78] Tian De，Lin Junjie，Deng Ying，et al. Flow field simulation study on the diffuser of concentrated wind energy device [C]. 4th Renewable Power Generation Conference（RPG™），2015，Beijing，China.

[79] 林俊杰，田德，邓英. 浓缩风能装置流场仿真与优化设计 [J]. 太阳能学报，2016，37（7）：1891 – 1899.

[80] 田德，林俊杰，邓英，等. 浓缩风能装置增压板流场性能仿真研究 [J]. 太阳能学报，2017，38（1）：39 – 46.

［81］ Spera D A. Wind Turbine Technology ［J］. Fairfield, NJ (United States); American Society of Mechanical Engineers, 1994, 31 (17): 1561 - 1572.

［82］ Costin Ioan Cosoiu, Andrei Mugur Georgescu. Numerical predictions of the flow around a profiled casing equipped with passive flow control devices ［J］. Journal of Wind Engineering and Industrial Aerodynamics, 2013, 114: 48 - 61.

［83］ 韩芳, 田力文. 草原用能独放异彩——记内蒙古新能源开发利用 ［J］. 太阳能, 2002 (3): 31 - 32.

［84］ 陈松利, 田德, 海宽, 等. 200W 浓缩风能型风力发电机的应用 ［J］. 农村牧区机械化, 2001 (3): 24 - 25.

［85］ 露航, 屈忠义. 田博士和他的"浓缩风" ［J］. 神州学人, 2004 (11): 31 - 33.

［86］ 田德, 王海宽, 韩巧丽. 浓缩风能型风力发电机系列化产品试点示范 ［C］. 中国生态学学会, 2005: 230 - 235.

［87］ 张文瑞, 田德, 王海宽. 浓缩风能型风力发电机系列产品的推广应用 ［J］. 农村牧区机械化, 2006 (1): 36 - 38.

［88］ 田德. 浓缩风能型风力发电机 ［J］. 太阳能, 2006 (5): 29 - 30.

［89］ 田德. 国内外风力发电技术的现状与发展趋势 ［J］. 农业工程技术: 新能源产业, 2007 (1): 51 - 56.

［90］ 徐丽娜, 田德, 王海宽. 浓缩风能型风力发电机性能分析及前景展望 ［J］. 农村牧区机械化, 2007 (1): 43 - 44.

［91］ 韩巧丽, 田德, 王海宽. 200W 浓缩风能型风力发电机相似模型的流场特性实验 ［C］. 中国农业工程学会, 2005: 4.

［92］ 田德, 王海宽, 韩巧丽. 300W 浓缩风能型风力发电机的特性分析 ［C］. 中国农业工程学会, 2005: 388 - 391.

［93］ 韩巧丽, 田德, 盖晓玲. 风力发电机相似模型的能量转换特性实验——以 200W 浓缩风能型风力发电机为例 ［J］. 农机化研究, 2007 (2): 199 - 202.

［94］ 董正茂, 田德, 王海宽. 浓缩风能型风力发电机组的安装、使用与维护 ［J］. 农村牧区机械化, 2008 (6): 33 - 35.

［95］ 辛海升, 田德, 陈松利. 600W 浓缩风能型风力发电机运行特性分析 ［J］. 哈尔滨工程大学学报, 2013 (10): 1321 - 1326.

［96］ 辛海升. 浓缩风能型风力发电机噪声机理的试验研究 ［D］. 呼和浩特: 内蒙古农业大学, 2003.

［97］ 辛海升, 田德, 陈松利, 等. 不同类型风力发电机噪声的对比试验研究 ［J］. 四川大学学报 (工程科学版), 2013, 45 (增 2): 187 - 190.

［98］ 田德, 姬忠涛. 聚碳酸酯材料的浓缩风能装置流固耦合分析 ［J］. 农业工程学报, 2015, 31 (2): 191 - 196.

［99］ 姬忠涛, 田德. 有机玻璃材料的浓缩风能装置流固耦合分析 ［J］. 农业工程学报, 2016, 32 (11): 98 - 102.

［100］ Cosoiu C I, Georgescu A M, Degeratu M. Numerical predictions of the flow around a profiled casing equipped with passive flow control devices ［J］. Journal of Wind Engineering & Industrial Aerodynamics, 2013, 114 (2): 48 - 61.

［101］ Abe K I, Ohya Y. An investigation of flow fields around flanged diffusers using CFD ［J］. Journal of Wind Engineering & Industrial Aerodynamics, 2004, 92 (3 - 4): 315 - 330.

［102］ 宋海辉, 田德. 浓缩风能型风力发电提水系统及其仿真研究 ［J］. 太阳能学报, 2011, 32 (10): 1556 - 1559.

编委会办公室

主　任　胡昌支　陈东明

副主任　王春学　李　莉

成　员　殷海军　丁　琪　高丽霄　王　梅

　　　　邹　昱　张秀娟　汤何美子　王　惠

本书编辑出版人员名单

封面设计　芦　博　李　菲

版式设计　黄云燕

责任排版　吴建军　郭会东　孙　静　丁英玲　聂彦环

责任校对　张　莉　梁晓静　张伟娜　黄　梅　曹　敏

　　　　　吴翠翠　杨文佳

责任印制　刘志明　崔志强　帅　丹　孙长福　王　凌